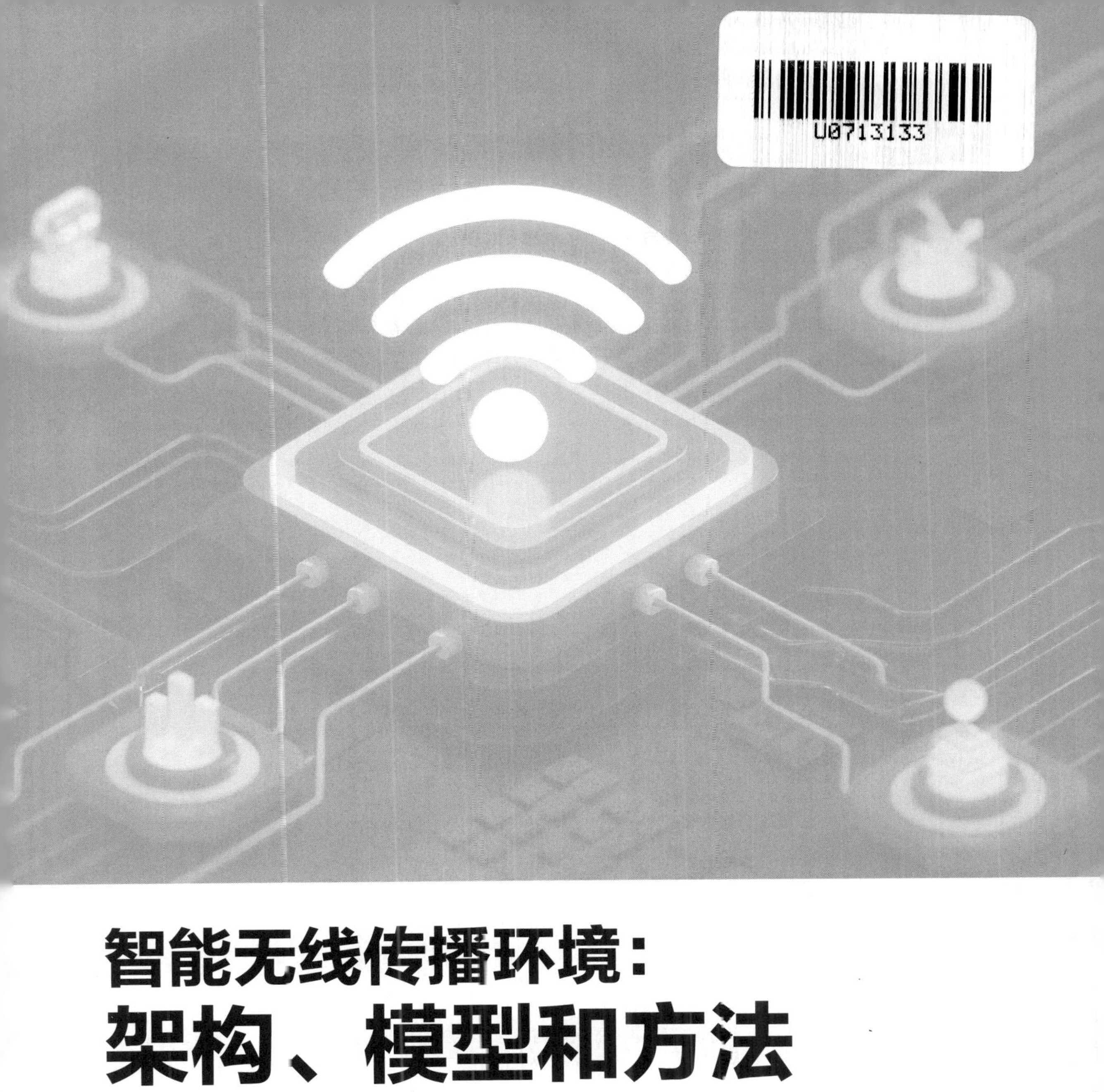

智能无线传播环境：
架构、模型和方法

罗文宇　许磊　著

·北京·

内 容 提 要

本书主要针对智能无线传播环境进行了深入的研究和探讨,力求做到内容详实、层次分明、简洁实用,便于读者对知识的理解、掌握和应用。

本书共8章,包括绪论、视觉感知、雷达感知、多传感器融合感知、近远场模型、区域分割、功率控制及自适应智能无线电环境知识图谱和推荐系统。

本书可作为通信工程类研究生、技术人员的参考书和自学用书。

图书在版编目(CIP)数据

智能无线传播环境:架构、模型和方法 / 罗文宇,
许磊著. -- 北京:中国水利水电出版社, 2024. 12.
ISBN 978-7-5226-2979-7
Ⅰ. TN92-39
中国国家版本馆CIP数据核字第20244VP148号

书　名	**智能无线传播环境:架构、模型和方法** ZHINENG WUXIAN CHUANBO HUANJING: JIAGOU MOXING HE FANGFA
作　者	罗文宇　许　磊　著
出版发行	中国水利水电出版社 (北京市海淀区玉渊潭南路1号D座　100038) 网址:www.waterpub.com.cn E-mail:sales@mwr.gov.cn 电话:(010)68545888(营销中心)
经　售	北京科水图书销售有限公司 电话:(010)68545874、63202643 全国各地新华书店和相关出版物销售网点
排　版	中国水利水电出版社微机排版中心
印　刷	天津嘉恒印务有限公司
规　格	184mm×260mm　16开本　13.75印张　317千字
版　次	2024年12月第1版　2024年12月第1次印刷
定　价	**69.00元**

凡购买我社图书,如有缺页、倒页、脱页的,本社营销中心负责调换

版权所有·侵权必究

前 言

随着移动互联网和物联网的快速发展,B5G/6G 应用呈现出场景和业务需求多样化的特点,如 3GPP 定义了 5G 应用的三大场景为增强移动宽带(eMBB)、极可靠低延迟通信(uRLLC)和海量机器通信(mMTC),每种场景均对应多种多样的业务需求。多场景和多业务共存及其快速切换要求多网络接点进行频繁接入重构和反复通信资源重配,这给无线网络的时延、容量及设计灵活性等带来了极大的挑战。多场景和多业务有效承载的基础是具备灵活的无线空口接入能力,其本质是弱化无线传播环境及其快速变化带来的影响。因此,如何根据实际需求主动操控无线传播环境以解决多场景和多业务异构泛在接入带来的管控复杂和低效问题可能成为 B5G/6G 发展的关键问题之一。

近年来,无线传播环境智能可重构即智能无线环境(smart radio environments,SRE)的概念逐渐成为无线通信特别是毫米波、太赫兹等高频段通信的研究热点之一,其利用可重构智能表面(reconfigurable intelligent surface,RIS)将无线环境本身变成智能可重构的实体,通过动态控制无线电波传播,实现无线连接从"改变自己适应环境"到"改变环境适应自己"的范式转变。因此,SRE 旨在通过智能可重构实现彻底的变革,设计出与之前具有本质区别的可控、智能、可重构和可编程的无线连接,以实现"数创世界新,智通万物灵"的美好愿景。

多场景多业务共存要求 SRE 频繁更新适变架构及参数,占用大量系统资源,凸显其与未来无线通信高可靠低时延等业务迫切需求之间的矛盾。基于此,本书根据场景和业务变化的实际需求,实现具有主动自适应能力的 SRE,在场景或业务变化之初甚至变化之前为无线通信系统提供最适合的资源、最佳的传播路径及最优的传播策略。

本书的研究工作受到国家自然科学基金项目(U1804148),河南省科技攻关计划项目（212102210568）的支持。

本书由罗文宇和许磊共同完成，其中前 4 章由罗文宇完成，后 4 章由许磊完成。此外，本书的撰写还得到了华北水利水电大学许丽、邵霞等老师的指导以及段臣续、钟云开、赵雪飞、轩安南、侯长兴、闫天泽、赵春雨、冯宇、徐嘉辉等研究生的大力支持，对此我们表示衷心的感谢。

信息技术的发展日新月异，新的理论和技术层出不穷，本书无法做到全面覆盖，加之作者的学术水平和视野有限，书中难免存在纰漏和错误，恳请各位专家和读者不吝批评和指正。

作者

2024 年 9 月

目　录

前言

第 1 章　绪论 ·· 1
　1.1　引言 ·· 3
　1.2　国内外研究现状 ·· 3
　1.3　智能无线环境架构 ··· 7
　1.4　智能无线传播环境构建方法及思路 ······································ 9
　1.5　本章小结 ·· 20

感　知　篇

第 2 章　视觉感知 ·· 25
　2.1　引言 ·· 27
　2.2　基础理论知识 ·· 28
　2.3　YOLOv5 - CA 改进模型 ··· 38
　2.4　基于融合注意力 Bi - LSTM 的 V2X 通信阻塞预测方法 ·········· 46
　2.5　阻塞场景下基于位置的 RIS 辅助 V2X 通信波束成形 ············· 56
　2.6　本章小结 ·· 63

第 3 章　雷达感知 ·· 65
　3.1　引言 ·· 67
　3.2　基础理论知识 ·· 68
　3.3　基于毫米波雷达感知的多时刻阻塞预测及波束预测方法 ········· 74
　3.4　基于毫米波雷达感知的 RIS 辅助 IAB 网络波束切换方法 ······· 84
　3.5　本章小结 ·· 93

第 4 章　多传感器融合感知 ··· 95
　4.1　引言 ·· 97
　4.2　多传感器感知信息融合 ·· 97
　4.3　多传感器信息融合算法 ·· 100

  4.4 多传感器信息融合的时空同步 ··· 102
  4.5 多传感器信息感知融合辅助波束预测 ································· 105
  4.6 本章小结 ·· 112

<h1 style="text-align:center">适 变 篇</h1>

第5章 近远场模型 ·· 115
  5.1 引言 ··· 117
  5.2 大规模可重构智能表面近场通信模型 ································· 117
  5.3 大规模可重构智能表面混合场通信模型 ····························· 120
  5.4 基本参数分析 ·· 126
  5.5 仿真结果与分析 ··· 129
  5.6 本章小结 ·· 134

第6章 区域分割 ··· 137
  6.1 引言 ··· 139
  6.2 波束管理及智能反射表面相关理论基础 ····························· 140
  6.3 基于位置信息辅助的网格化波束切换方法 ·························· 152
  6.4 基于"位置-相位"映射表的RIS联合波束成形设计 ············· 161
  6.5 本章小结 ·· 171

第7章 功率控制 ··· 173
  7.1 引言 ··· 175
  7.2 系统模型 ·· 175
  7.3 基于毫米波雷达的可重构智能表面辅助无线通信系统功率控制 ··· 178
  7.4 毫米波雷达定位误差分析 ·· 181
  7.5 数值仿真与分析 ··· 182
  7.6 本章小结 ·· 183

<h1 style="text-align:center">求 变 篇</h1>

第8章 自适应智能无线电环境知识图谱和推荐系统 ··································· 187
  8.1 引言 ··· 189
  8.2 基础理论知识 ·· 190
  8.3 知识图谱构建 ·· 196
  8.4 知识图谱推荐 ·· 202
  8.5 本章小结 ·· 206

参考文献 ··· 208

第 1 章

绪论

1.1 引言

面对未来无线通信全场景、巨流量、广应用的持续发展需求，即便是新一代移动通信技术仍无法完全满足。因此，包括我国在内的许多国家都竞相展开了对第六代移动通信技术（6G）的前期研究[1-2]。为了获得符合未来用户需求的高数据速率，在6G系统中采用更高的频段，如毫米波（30～300GHz）、太赫兹（0.3～10THz）等，已在业内达成共识[3-4]。但是，由于严重的自由空间路径损耗、氧气吸收损耗以及多径传播导致的剧烈衰落等问题[5-6]，无法根据实际需求进行主动操控以消除瞬息万变的无线环境对传输的负面影响可能成为阻碍6G发展的关键因素之一。

近年来，无线传播环境智能可重构即SRE的概念逐渐成为无线通信特别是毫米波或太赫兹等高频段通信的研究热点之一[7-8]，其利用RIS将无线环境本身变成智能可重构的实体，通过动态控制无线电波传播，有望实现无线连接从"改变自己适应环境"到"改变环境适应自己"的范式转变[9-11]。因此，SRE旨在通过智能可重构实现彻底的变革，设计出与之前具有本质区别的可控、智能、可重构和可编程的无线连接[11]，以实现"数创世界新，智通万物灵"的美好愿景[12]。然而，移动场景特别是复杂动态环境下无线通信的环境多变性要求SRE频繁更新适变架构及参数，不仅占用大量系统资源，还凸显了其与未来无线通信高可靠、低时延等业务迫切需求之间的矛盾。如何根据动态变化环境的实际需求，实现具有主动自适应能力的SRE，在无线环境变化之初甚至之前为无线通信系统提供最适合的资源、最佳的传播路径及最优的传播策略是该领域需要突破的核心问题。

基于此，本书针对具有主动自适应能力的SRE构建机理和方法展开研究，从无线环境信息的多模态学习表征入手，将感知的多维信息融合为可理解和操作的知识描述，完成对无线传播环境的准确认知和理解。研究无线传播环境智能适变架构和方法，进行无线传播环境的自适应智能适配。以一定的适变知识图谱为基础，结合新掌握的信息进行推理和增强进化，使SRE具备自主调控能力，不仅能够迅速甄别和适配熟悉的传播环境，还能通过推理适配新的未知场景，将其传统的感知智能推进到具备理解、推理能力的认知智能，从而构建"准确识变，科学适变，主动求变"的自适应SRE，探索能够主动自适应复杂无线环境特征变化的未来无线互联新范式，为未来6G实现全域融合和极致连接的能力提升提供基础支撑。

1.2 国内外研究现状

针对无线传播环境智能可重构的相关研究主要涉及无线环境信息感知和理解、RIS辅助的无线通信环境智能适变以及智能无线环境及其自适应调控等几个方面。

1.2.1　无线环境信息感知和理解

由于无线信道特性直接由无线传播环境决定，所以利用环境感知信息或环境语义辅助通信的通感融合技术已经成为未来无线通信的重要方向之一[13]，如利用环境的感知信息来指导波束管理以显著减少波束训练开销等[14-16]。美国无线智能实验室的 Ahmed Alkhateeb 教授团队构建了用于 6G 深度学习研究的大规模真实世界多模态感知和通信数据集[17]，并在此基础上进行了多种场景的测试与验证。清华大学高飞飞教授团队提出了基于环境感知的毫米波波束管理方案，并搭建通感融合原型平台完成了演示验证。多模态融合感知也常用于建模无线环境的 3D 形状（如障碍物位置、视距和非视距路径以及移动模式等），以提高环境感知的准确性。然而，现有研究多采用浅层融合策略（如加权融合和级联融合等），尽管获得了一定的性能提升，但这些方法的损失函数仅基于数据的浅层特征，无法从多个角度捕获复杂信息。常用的深层融合手段包括基于对比学习的融合和基于 Transformer 的融合等[18-26]。

一方面，Transformer 在图像、点云等多模特征学习问题上取得了出色的表现，提供了一种在大型未标记数据集上进行特征预训练的方法，大大提升了下游任务表现；另一方面，Transformer 在时间序列预测、计算机视觉和多模态数据融合中得到了广泛的应用。

基于上述分析，要更全面地把握无线环境信息感知和理解，还需进一步思考以下两点。

（1）本质上，无线信道特性是由无线传播环境决定的，利用多种手段进行融合感知以提取无线信道的语义信息，在没有常规信道估计的情况下完成与信道相关的下游任务，可以显著节省与导频训练或信道反馈相关的时间和计算成本，甚至可以预测突发信道干扰以提高通信可靠性。因此，需要在分析无线传播环境影响要素的基础上，充分融合无线环境多种模态感知信息以提高感知精度。

（2）目前数据融合方法的局限性有两个方面：①依赖卷积神经网络（CNN）进行特征提取，而不是纯粹的 Transformer 架构；②图像和 LiDAR 数据源都表示视觉和空间信息，具有一定的相似性，前者计算效率较低，后者缺乏特征多样性。此外，当前的研究工作大多关注图像和文本输入，而无线传播环境通常包含更多的无线环境和时间特征。因此，无线传播环境的融合感知需要新的融合方法和手段。

1.2.2　RIS 辅助的无线通信环境智能适变

通过改变空间和时间变化的电磁（EM）特性，使 RIS 能够操纵电磁波或局部控制电磁波的幅度和相位，实现反射、折射、吸收、聚焦和转向等特定的电磁特性。RIS 以其高性能、低成本和低能耗的特点被认为是未来 6G 通信中提高覆盖率和容量的潜在技术[27-28]，近两年在学术界和工业界受到了极大的关注[29-31]。东南大学的金石、程强等从不同的角度阐述了基于 RIS 的通信框架和基于人工智能的 RIS 辅助无线通信系统等内容。此后，该团队改进了先前提出的 RIS 自由空间路径损耗模型，并在毫米波波段对其进行了测量和验证[32-34]。

针对 RIS 辅助的多用户通信，澳门大学的武庆庆及其团队综述了 RIS 的基础知识、面临的主要挑战和进一步研究方向等内容，提出一种实用的相移模型，并求解了 RIS 辅助多用户系统中的发射和反射波束联合优化问题[35]。浙江大学的黄崇文及其团队针对双 RIS 辅助的大规模多输入多输出系统中级联信道的估计问题，提出了一种跳跃连接注意网络，利用自注意力层和跳跃连接结构提高基于噪声导频观测的信道估计性能，并对 RIS 的硬件设计、信道模型及信道估计等技术进行了系统的阐述[36-37]。此外，本章在梳理大规模 RIS 辅助通信近场和远场信道模型的基础上，通过引入权重因子，构建了大规模 RIS 辅助无线通信场景下近、远场混合信道模型。

基于上述分析，若要全面地把握 RIS 辅助的无线通信环境智能适变，还需进一步思考以下两点。

（1）RIS 辅助通信系统的信道估计开销较大，很难实时配置参数以匹配用户的移动性。RIS 缺乏处理和感知能力且需要较大的单元数量才具有竞争力，这大大降低了信道估计精度并产生了较长的估计时延，无法保证通信的实时性。无线环境的融合感知能够及时准确获取环境信息，显著节省与导频训练或信道反馈相关的时间和计算成本，甚至可以预测突发信道干扰以提高通信可靠性。

（2）RIS 的主要特征是将无线环境转变为可定制的电磁波传播实体，在一定环境下能够在增强覆盖的同时降低实现复杂度。然而，面向未来无线通信全场景、巨流量、广应用的持续发展需求，单独依赖 RIS 并不能完全实现所有无线环境的智能适变，需要结合移动自适应 RIS、集成接入与回传（integrated access and backhaul，IAB）节点和智能中继等，以构建智能、可持续和动态可编程的无线传播环境。

1.2.3 智能无线环境及其自适应调控

传统无线通信系统环境不可控，通过优化传输方法（如编码、调制和波束形成）、检测机制（如同步和信道估计）和其他操作（如重传和资源分配）以逼近香农极限[38-42]。然而，不可控无线环境带来的影响包括信号衰减限制传输距离，多径传播导致信号衰落，大量物体的反射、折射造成不可控干扰等。近年来，作为一种新的变革，结合 RIS 和人工智能提出的智能无线环境受到了学术界和工业界的广泛关注。该思想最早由文献［43］提出，即 HyperSurFace，涉及一种内部集成控制器组，能在本地交互并进行全局通信以实现既定的电磁特性。大量低成本超表面涂敷在无线环境中并通过软件加以控制，可以有效重塑电磁波的传播，如波吸收、异常反射、极化偏转和聚焦等。因此，那些被传统通信范式认为无法控制的对象变成了有助于通信和信息处理的可编程要素，无线环境本身也相应变成了一个可以进行编程、配置和优化的实体[44-48]。在此基础上，本章对 SRE 特定频段的信道模型和相关概念进行了研究，并指出了其未来发展所面临的挑战。

2021 年，CEA-Leti 资助了一项针对欧盟下一代无线连接的 6G 研究计划，即 RISE-6G[49]，旨在利用新兴的 RIS 技术，提供动态和面向目标的无线电波传播控制，实现无线环境即服务的概念[50]。尽管现有研究对如何优化 RIS 及其最终性能限进行了分析，但很少有人致力于分析 RIS 商业化的挑战及如何标准化[51-52]。针对当前 RIS 配置繁琐难以在复杂动态无线环境中实现的问题，鹏城实验室的王伟等提出了无模型 RIS 控制方法，并将 DRL 集成到 RIS 的无模型控制中，提高了 SRE 对不同信道状态的适应性[54]。

基于上述分析，若要更全面地把握智能无线环境及其自适应调控，还需进一步思考以下两点。

（1）为了实现"真正智能"的 SRE，仅能够根据需要定制无线传播环境是不够的。需要在充分了解复杂且动态的无线传播环境的基础上，主动自适应地提供最适合的资源、最佳的传播路径及最优的传播策略等，以支撑未来新的应用场景，如远程医疗、自动驾驶、元宇宙等。

（2）机器学习和人工智能（AI）可能是未来无线通信 SRE 实现主动自适应的有效方法。然而，目前该内容的研究主要集中在利用人工智能优化单个或者多个 RIS 的配置方面，侧重于无线资源管理和分配等领域。如果能更进一步结合知识图谱和 DRL 等技术增强无线传播环境的自学习、自优化、自维护能力，有可能将 SRE 传统的感知智能推进到具备理解、推理能力的认知智能。

因此，针对未来无线通信"人机物智慧互联、智能体高效互通"的演进需求，设计一种能够主动自适应适配无线环境变化的可控、智能、可重构和可编程的无线通信方式已成为未来无线通信领域亟待解决的关键问题。

1.2.4 存在的问题及分析

当前针对具有主动自适应能力 SRE 的研究才刚刚起步，其主要优势有以下两个方面：

（1）面对支持不同异构服务需求的未来无线网络，允许重塑无线传播环境的电磁响应。构建具有足够灵活的空中接口学习框架的主动自适应 SRE，可以主动调整以适应无线环境的变化，适应不同的场景和业务，而不是直接优化非常复杂的选项和参数，从而避免实际应用中复杂度过高等问题。

（2）主动自适应 SRE 的概念彰显了人、机、物之间的深度融合，能够适应不断变化的未知无线场景。与传统 SRE 相比，主动自适应 SRE 以一定的无线传播环境知识库为基础，结合新掌握的信息进行推理和增强进化，不仅能够迅速甄别和适配熟悉的传播环境，还能通过推理适配新的未知场景。

然而，当无线环境发生变化时，SRE 的主动自适应需要感知哪些数据、如何感知、如何融合等问题尚未被明确刻画。同时，面向未来无线通信全场景、巨流量、广应用的持续发展需求，RIS 并不能完全实现所有无线环境的智能适变。改变哪些信息才能充分补偿无线环境的变化，在此基础上如何构建具备自适应能力的 SRE 适变架构仍待解决。此外，在高度动态的无线环境中，迫切需要利用强化学习、迁移学习和知识图谱等 AI 技术实现无线传播环境的自适应、自学习、自组织。

在智能化时代，未来谁先占领 6G 网络的制高点，谁就能率先开启智能万物互联的新时代[44]。本书面向未来移动通信对 SRE 的自我优化需求，从基础理论与方法两个角度着手展开阐述，旨在将"主动自适应"的思想引入到 SRE，构建"准确识变，科学适变,主动求变"的自适应 SRE,将其传统的感知智能推进到具备理解、推理能力的认知智能,从而拓宽其研究边界,为构造高灵活、高容量、高覆盖、低时延的未来无线通信新质能力提供基础支撑。

1.3 智能无线环境架构

针对无线传播的开放性、时变性和多样性等为 SRE 自适应调控带来的挑战,本书以构建具备主动自适应能力的 SRE 为目标,通过"感知-适变-进化"的环路增强无线传播环境的自适应、自学习、自组织能力,使 SRE 不仅能够迅速甄别和适配熟悉的传播环境,还能通过推理适配新场景,将传统的感知智能推进到具备理解、推理能力的认知智能,提供高灵活、高容量、高覆盖、低时延的无线连接新质能力,探索主动改造无线传播环境的未来无线通信新范式。

1.3.1 概述

本书将深入介绍智能无线传播环境架构,内容基本结构如图 1.1 所示。

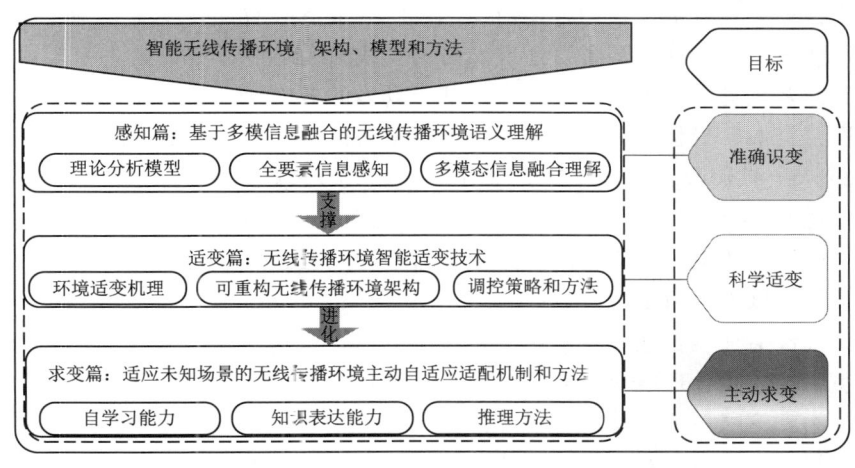

图 1.1 内容基本结构

1. 基于多模信息融合的无线传播环境语义理解

在某种程度上,SRE 主动自适应能力的大小与其掌握的先验信息密切相关。因此,要构建具备主动自适应能力的 SRE,其首要任务是明确无线环境发生变化时,需要感知哪些信息、如何感知信息、如何融合信息等,以便对无线传播环境及其变化进行全面感知和准确理解。该内容拟从以下方面介绍:

(1) 无线传播环境各要素影响分析及其相互关联关系建模。包括无线网络空间用户行为、地理位置、空间环境、障碍物及移动性、RIS 数量及分布等对通信环境的影响,探寻各要素与无线电波交互作用机理,研究无线传播环境各要素之间的耦合关系及其对无线传输的叠加影响,构建其关联性模型。

(2) 无线传播环境的全要素信息感知。包括针对无线传播环境多维特性的全要素感知，通过采用射频、非射频（如视觉、激光雷达、毫米波雷达等）感知技术，构建全时空动态感知体系，实现高效样本获取和训练学习。

(3) 无线传播环境多模态信息融合和理解。在理清无线传播环境各要素之间相互影响的基础上，抽离静态、不可控扰动和可控 RIS 扰动等参数，提出多模态融合的环境-动因网络模型，引入多模型协同的信息融合框架，通过采用多模态学习表征，将感知的多维信息融合为可理解和操作的知识描述，以准确、全面地理解当前所处的通信环境及预测其即将发生的变化。

2. 无线传播环境智能适变技术

面向未来无线通信全场景、巨流量、广应用的持续发展需求，RIS 并不能完全实现所有无线环境的智能适变需求。针对该问题，该内容拟从以下方面展开：

(1) 无线传播环境智能适变机理。基于无线环境信息的感知和预测，其包括无线传播环境及其变化、可控要素及优化配置参数与特定关键绩效指标（KPI），如系统容量、覆盖率、时延等之间的适配关系，不同因素对通信性能的定量影响等。理论性能限为无线环境的智能适变建立完备的理论依据。

(2) 具备自适应能力的无线传播环境智能适变架构。根据当前无线传播环境的语义理解和适变机理，通过引入移动自适应 RIS、IAB 节点和智能中继等构建无线传输环境开放接口，使无线传播环境具备自适应能力的无线传播环境适变架构。

(3) 无线环境自适应智能适变方法。基于具体的 KPI 要求和动态环境适变架构，能够选出最适合资源、最佳传播路径及最优传播策略的动态参数配置方法。

3. 适应未知场景的无线传播环境主动自适应适配机制和方法

主动自适应 SRE 不仅要根据感知的外部变化按照一定的机理和方法进行适变，还要能够通过"感知—适变—进化"的环路不断自学习、自组织、自适应，以便迁移适应未知的复杂场景。该内容拟从以下方面介绍：

(1) 无线传播环境自适应学习和生长机制。通过构建传播环境模型、适变知识模型和自适应引擎等，结合环境变化的精细感知，提高无线环境的自适应学习能力。

(2) 跨物理不同环境迁移的知识库设计。SRE 具备知识表示能力的基础是以知识库的形式构建经验库，通过对传播环境的数据、知识和经验的积累，不断丰富和完善知识库，利用过去的经验来增强新的操作。

(3) 基于知识图谱的无线传播知识推理。利用无线通信协议、历史数据和领域专家知识构建适变知识图谱，并以此为基础结合新掌握的信息，利用知识图谱支持无线传播环境适变机制的高精度推理方法。

1.3.2 关键问题分析

如前所述，在复杂动态场景下如何构建具有主动自适应能力的 SRE 和在无线环境变化之初甚至之前为无线通信系统提供最适合的资源、最佳的传播路径及最优的传播策略是该领域需要突破的核心问题。为此需要从精细感知、智能适变、迁移进化的角度探索无线环境主动自适应机理和方法，并解决以下关键问题。

1. 无线传播环境时空高精度多元协同感知与融合问题

为了能够配置和优化无线传播环境,需要感知收发器的散射体形状和姿态等信息,并将这些信息与其对非线性参数化信道的理解相结合。然而,在无线环境发生变化时,至少需要感知哪些信息、如何感知信息、如何融合信息等问题尚未被明确刻画,这些直接导致了 SRE 的评价方式不完善,不利于后续系统的整体设计和实现。因此,无线传播环境时空高精度多元协同感知与融合问题是实现自适应 SRE 亟待解决的关键问题。

2. 高度动态无线网络中 SRE 的自适应调控问题

在高度动态的无线场景中,通信环境的变化通常是不可预测的。依据对当前传播环境的感知和理解,SRE 能够对包括移动自适应 RIS、IAB 节点和智能中继等的位置、功率及波束方向甚至适变架构等各个可重构要素的多维参数做出精确调整,但其并不知道接下来的时间段该如何自适应地完成调控。实现无线传播环境的自适应智能适变是个十分复杂的问题,显然不适合利用传统的凸优化方法解决。因此,在具有高度动态性的无线环境中,如何利用丰富的无线传播环境感知知识和先验信息,设计在短时间内以最佳方式自动收敛到最优的调控策略是实现自适应 SRE 亟待解决的关键问题。

3. 支持个性化适变的 SRE 主动推理问题

动态无线通信场景中面临各种未知无线传播环境,是知识库所缺失的。因此,SRE 在适应当前通信场景的同时,还需要具备知识的表达和推理能力。SRE 如何自我完成感知环境数据、知识和经验的积累,完善控制决策以及利用知识推理减少控制信息交互和提高新环境适应能力,是未来无线通信主动自适应 SRE 研究的一个开放且具有挑战性的问题。

1.4 智能无线传播环境构建方法及思路

当前研究大都集中在 RIS 辅助无线通信的设计、信道估计及系统优化上,缺乏在 SRE 感知及自适应适配等方面的研究。实际上,由于未来无线通信作为支持不同需求异构服务的融合网络及服务复杂多元业务的需要,仅依赖对无线环境的"识变"和"适变",虽然可以在一定程度上改善系统性能,但无法从根本上满足未来无线通信人机物智能互联、高效互通的新需求。

由此可见,在面向未来无线通信的 SRE 主动适应性方面,需要转变之前被动适应的思路,从突破传统通信范式的角度出发,找出解决以上问题的本质方法,着眼于依赖电磁超表面材料对传统天线阵性能与功耗、体积及成本之瓶颈的突破,利用移动自适应 RIS、IAB 节点及智能中继等对电磁波的超强调控能力,通过融合感知、智能适配和学习进化等手段,重构电磁波的传播,将"主动自适应"的思想延伸到 SRE,使原本随机的无线传播环境自适应地变成可以积极改善信息传输性能的可用资源,从系统的角度创建一套面向未来无线通信的 SRE 主动自适应理论和方法。

为了实现上述转变,首先构建全时空动态感知体系,实现对无线环境的准确认知和理解,完成当前无线传播环境的"准确识变";其次明晰特定 KPI 的无线传播环境适变机理和方法,实现对不同变化环境的"科学适变";最后以一定的知识图谱为基础,结合新掌握的信息进行推理和增强进化,以快速适应未知无线传播环境,实现当前无线传播环境的"主动求变",总体方案如图 1.2 所示。

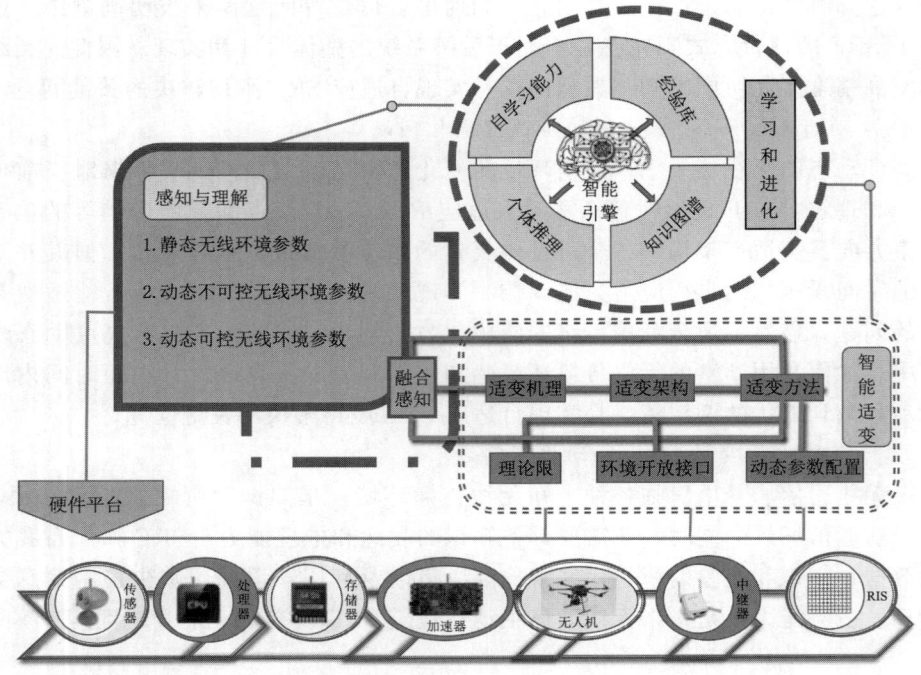

图 1.2　总体方案

总体方案的主要特征可归纳为以下三点:

(1) 感知与理解是实现主动自适应 SRE 的前提和基础,其目的是解决"感知什么信息才能全面理解无线环境的变化"的问题。

(2) 智能适变是实现主动自适应 SRE 的手段和关键,其目的是解决"改变什么信息才能充分补偿无线环境的变化"的问题。

(3) 学习和进化是实现主动自适应 SRE 的实质和保证,其目的是解决"面对未知复杂场景,如何做到自学习、自组织、自适应"的问题。

综上所述,以上内容互相支撑共同构建具备主动自适应能力的 SRE,从而为满足未来无线通信人机物智能互联、高效互通的新需求提供支撑。该领域是一个较新的研究方向,没有过多的直接经验可以借鉴,必须闯出一条崭新的学术思路来才有可能取得突破。

1.4.1　基于多模信息融合的无线传播环境语义理解

1. 无线传播环境各要素参数化及其影响分析和相互关联关系建模

由于无线网络空间用户行为、地理位置、空间环境、障碍物及移动性、RIS 数量及分布等均对信号的传播产生影响,无线传播环境参数化建模是进行无线环境语义理解、从而实现主动自适应无线环境的先决前提。与传统衰落信道统计模型不同，RIS 和 SRE 的出现引入了无线信道的确定性参数化。然而，考虑色散、单元耦合等因素，无线信道 RIS 参数化在丰富散射环境下具有高度的非线性，不能被模型化为单个 RIS 元件配置的线性函数，且其非线性程度取决于环境中的混响量。无线通信部署场景可分为复杂的室内丰富散射场景和室外开阔场景。

针对室内丰富散射场景，首先将所有影响无线环境的三类实体（即收发天线、散射环境和可编程 RIS 单元）描述为具有特定特性的偶极子或偶极子集合，将该耦合偶极子形式引入散射环境，并通过添加动态效应使散射环境快速变化，形成快衰落。然后将无线环境三重参数化，即动态可控无线环境参数化，静态无线环境参数化以及动态不可控无线环境参数化，并利用完全连接的人工神经网络（ANN）作为替代逆模型，辅助场测量作为 ANN 的输入，输出静态和动态不可控无线环境参数。最后由偶极子建模的 RIS 单元提供可控的 RIS 参数集，结合静态和动态不可控无线环境参数通过 ANN 将 RIS 参数化无线环境转换为具有可控衰落功能的端到端参数矩阵，其参数化建模及仿真结果如图 1.3 所示。

基于开源无线信道模拟器 PhysFad，得出发射机到 RIS、RIS 到接收机、发射机到接收机链路的信道响应，对自适应 SRE 进行仿真分析。假定系统中有 M 个 RIS，每个 RIS 包含 N 个独立单元，发射天线个数 N_T 和接收天线个数 N_R 均为 8。仿真结果如图 1.3 所示，从图中可以得出以下两个结论：

（1）每组扰动参数训练一个 ANN，所以每个 ANN 对其他扰动参数的波动不敏感，以便能够稳健地估计分配的参数。

（2）可控信道参数的预测值与扰动状态估计的精度与扰动水平有关，该仿真获得的预测值可以很好地逼近真实值。

针对室外开阔场景，考虑一个 UAV-RIS 辅助的多用户无线通信系统，如图 1.4 所示。该系统由 K 个单天线用户、两架搭载 RIS 的 UAV、一个智能中继、多个固定 RIS 和一个基站等组成。常用的 Rician 信道模型将 NLoS 信道建模为随机参数，而且不考虑场景几何结构，这与 SRE 中 RIS 等引入的确定性参数化相矛盾。同时，射线追踪方法对于无线环境的模拟需要大量的数字地图，在实际应用中很难方便应用。因此，为了在射线追踪和 Rician 模型之间取得了很好的平衡，本书采用基于几何的随机模型（BGSM）构建无线传播环境模型。根据影响因素将该模型参数分为静态无线环境参数、动态不可控无线环境参数和动态可控无线环境参数三部分。

基于开源无线信道仿真平台 QuaDRiGa，通过将 RIS 表示为具有相同坐标和相同单元阵列的虚拟接收机和虚拟发射机，得出发射机到 RIS、RIS 到接收机、发射机到接收机链路的信道矩阵，对智能无线传播环境进行仿真分析。仿真结果如图 1.4 所示，从图中可以得出以下两个结论：

（1）没有使用 RIS 的情况下的平均可达速率是 Rician 模型的 2.2 倍。

（2）Rician 模型下 RIS 仅能提供 31% 的增益，而 QuaDRiGa 模型下 RIS 能够提供几乎 100% 的增益。

以上针对室内外场景的方案一方面初步验证了所提思路的正确性，另一方面也为本

第1章 绪论

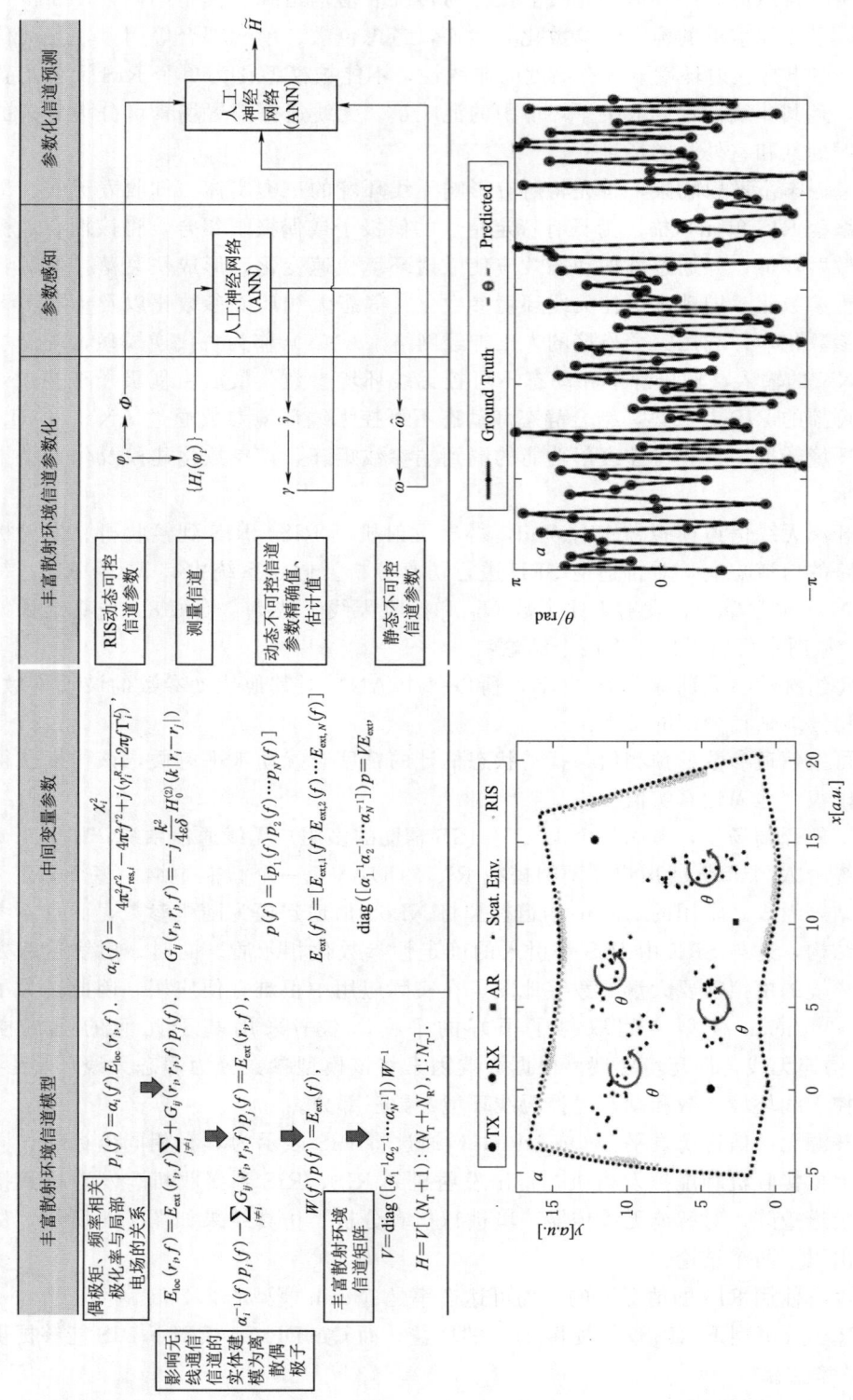

图 1.3 丰富散射环境参数化建模及仿真

1.4 智能无线传播环境构建方法及思路

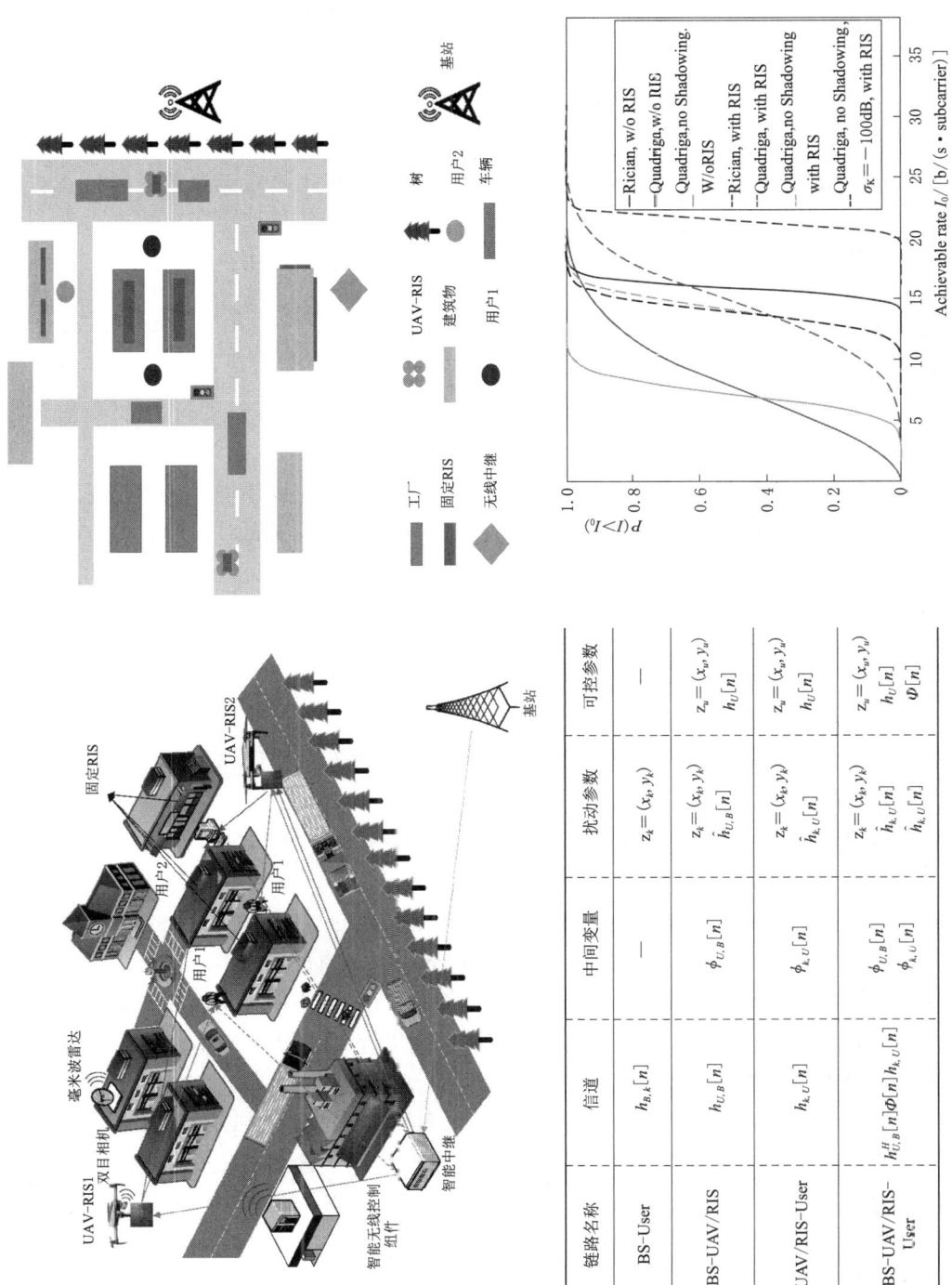

图 1.4 室外参数化建模

书的进一步深入研究提供了强有力的支撑。基于以上内容，本书后续将信道模型拓展到三维空间，按照图 1.3 和图 1.4 的思路进行无线环境各要素的参数化建模，并逐步提高模型的可扩展性以及与真实室内外无线环境的适配，进而分析各种参数之间的相关关系。

2. 无线传播环境的全要素信息感知

针对该内容，拟采用的方案如下：基于以上信道模型，结合静态地图和机器视觉感知静态环境参数，如基站和无线环境周边道路、建筑物、树木等对无线信号传播具有影响的物体的位置、形状等。动态不可控无线环境参数是指无线环境中不可控的参数，如随机移动物体的位置、方向、速度以及状态改变等时空信息，如用户位置移动、周围移动物体的位置和形状等，可以通过射频或者非射频（如摄像头、激光雷达、毫米波雷达等）技术感知。而动态可控无线环境参数是指动态部署的 IAB、智能中继和 RIS 等的空间位置及其配置等，可控移动物体及参数信息可以直接从边缘服务器或边缘控制器获取。

3. 无线传播环境多模态信息融合和理解

各渠道获取的数据经过融合处理后，能够实时反馈当前无线环境的语义信息，可为无线连接的综合决策提供有效的数据支撑。本方案拟在采用多模态对比融合的方式增强对无线传播环境的语义理解的基础上，将骨干网络从残差换成 Vision Transformer，以便建立长期依赖关系，从而在浅层和深层中更好地利用全局信息。如图 1.5 所示，输入数据包含三种模态的样本，分别是 RGB、Radar 和 LiDAR 数据。首先将三种模态串联生成锚样本，然后对锚样本进行数据增强，并生成本章的正样本。同时，对锚样本进行扰动生成一些具有挑战性的负样本。这些具有挑战性的负样本促使学习模型检查输入样本中各个元素之间的对应关系，确保较弱的模态和模态之间的协同作用不会被忽略，从而产生更好的融合表征。

针对数据扰动，给定一个锚样本 $(v_{1,i}^1, \cdots, v_{1,i}^k, \cdots, v_{1,i}^k)$ 及其正样本 $(v_{2,i}^1, \cdots, v_{2,i}^k, \cdots, v_{2,i}^k)$，$k$ 个受扰动的负样本表示为 $(v_{2,j}^1, \cdots, v_{2,d(j)}^k, \cdots, v_{2,j}^k)$，其中 $d(j)$ 是一个从样本集中产生随机指数的扰动函数，负样本由来自一个场景的 $k-1$ 个模态 $v_{2,j}^k$ 和来自不同场景的一个模态 $v_{2,d(j)}^k$ 组成。为了从 k 个受扰动的负样本中正确地区分出正样本，学习到的表征必须编码第 k 个模态的信息。因此，k 个受扰动的负样本促使模型探索每个模态与其他模态之间的相关性。采用 α_k 表示 k 个受扰动负样本的比率，其值越大，第 k 个模态越被重视。

针对数据增强，给定一个锚样本 t_1，分别对每个模态进行数据增强以生成正样本 t_2。应用于模态 v^k 的数据增强将直接影响 $I(v_2^k, v_1^k)$，它大致衡量 v^k 在 $I(v_2^k, v_1^k)$ 中的贡献。为了进一步平衡每个模态在融合表示中的贡献，用一个超参数 β 对这些数据增强进行参数化，并使 β 对不同模态进行优化。

学习模型的目标是融合多模态输入样本，即 $t=(v^1, v^2, \cdots, v^k)$。给定一个锚样本 $t_{1,i} \sim p(t_1)$，并生成正样本 $t_{2,i} \sim p_\beta(t_2|t_{1,i})$ 和负样本 $t_{2,j|j \neq i} \sim q_\alpha(t_2)$，其中所有模态都是对应的，但来自不同的场景，或者每个模态都受到干扰以促进模态的协同。负样本分

1.4 智能无线传播环境构建方法及思路

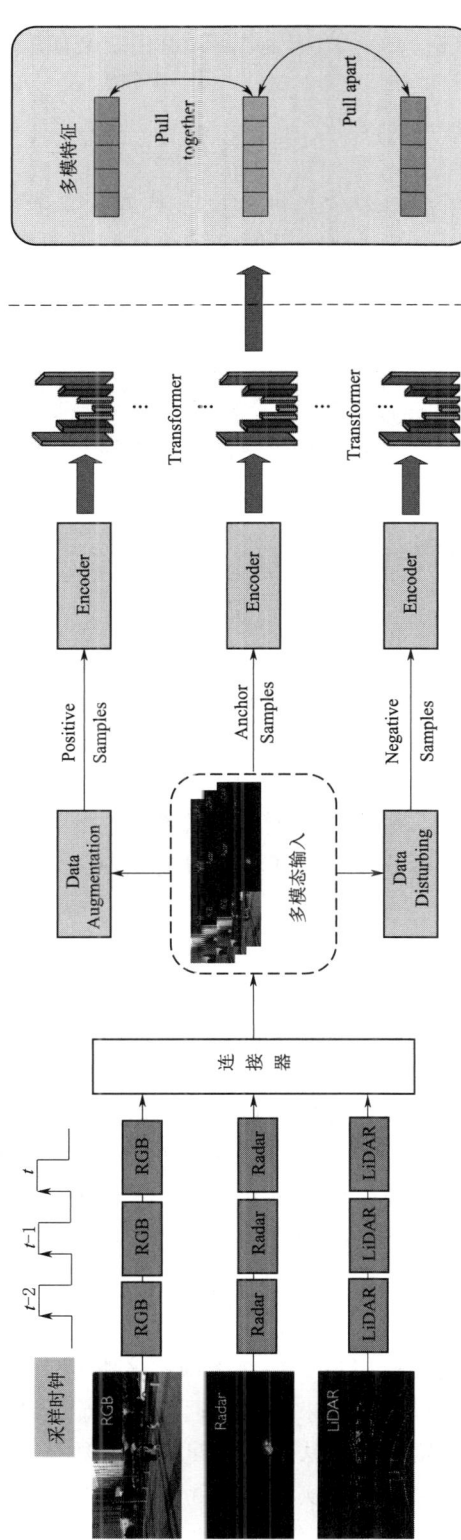

图 1.5 基于 Transformer 的多模态信息对比融合

布为 $q_\alpha(t_2) = \alpha_0 p(t_2) + \sum_{k=1}^{k} \alpha_k p(\bar{v}_2^k) p(v_2^k)$。因此，其目标定义如下：

$$\mathcal{L}_{TNCE}^{\alpha\beta} = \mathop{\mathrm{E}}_{\substack{t_{2,i} \sim p_\beta(t_2|t_{1,i}) \\ t_{2,j}|j \neq i \sim q_\alpha(t_2)}} \left[\log_2 \frac{f(t_{2,i}, t_{1,i})}{\sum_j f(t_{2,j'}, t_{1,i})} \right] \tag{1.1}$$

其中，$f(t_{2,j}, t_{1,i}) = \exp[g(t_{2,j}) \cdot g(t_{1,i})/\tau]$ 和 $g(\cdot)$ 代表一个多模态特征编码器，τ 是一个温度参数。超参数 α 和 β 可以被优化，以便灵活地控制不同模态的贡献。在整个骨干网络结构中多次使用 Transformer 注意力机制，产生多头注意力层以学习多模态数据之间的全局空间关系，更有利于对比融合的上下文信息提取。

总之，在以上思路的基础上，本书后续结合无线传播环境感知，构建多模态融合的环境-动因网络模型，引入多模型协同的信息融合框架，并用递归神经网络进行时间序列预测，以便将感知的多维信息融合为可理解和操作的知识描述，并主动预测无线传播环境的时空演变。

1.4.2 无线传播环境智能适变架构和方法

1. 无线传播环境智能适变机理

在内容 1.4.1 给出的无线传播环境各要素参数化及其关联关系建模的基础上，面向特定 KPI（如系统容量、覆盖率、时延等）分析无线传播环境及其变化、可控要素及优化配置参数等的影响，获得复杂参数之间的适配关系。首先基于内容 1.4.1 分析面向特定业务的无线传播环境参数关联关系，重点考察不可控环境参数对无线传播环境的影响，找出影响当前 KPI 的关键因素，建立对应的映射关系。在此基础上研究可控环境参数的叠加影响及其理论性能限。最后分析可控环境参数适配规律，为无线传播环境的智能适变建立完备的理论依据。

2. 无线传播环境智能适变架构

无线传播环境智能适变架构根据当前无线传播环境的语义理解和适变机理，通过引入移动自适应 RIS、IAB 节点及智能中继等构建无线传输环境开放接口，并结合无线智能控制组件动态构建无线传播环境，提供快速处理用户移动性和切换的机制以响应无线环境的变化，如图 1.6 所示。具体而言，根据感知的无线环境信息，无线智能控制组件依据计算和决策结果控制 IAB 节点、UAV-RIS、智能中继等可调谐地将来自基站的信号自定义地传输到单个或多个指定用户，完成由基站—自适应无线环境—用户的无线通信链路。与传统通信系统相比，该架构具有高灵活、高可靠、低延迟等显著优势，可应用于各种复杂动态场景中。

3. 无线环境智能适变方法

本方法通过构建无线传输环境开放接口，并在无线接入侧引入智能无线控制组件，作为无线网络与传播环境协同的锚点。面向未来无线通信，智能无线控制组件需要控制和优化的变量有很多，采用现有深度学习方法需要大量的训练数据。在高度动态的无线环境中，如何在短时间内以较低的训练开销实现系统优化是一项重要内容。

为了对抗环境变化及避免大量的训练标签，本方案基于 DRL 算法，利用

1.4 智能无线传播环境构建方法及思路

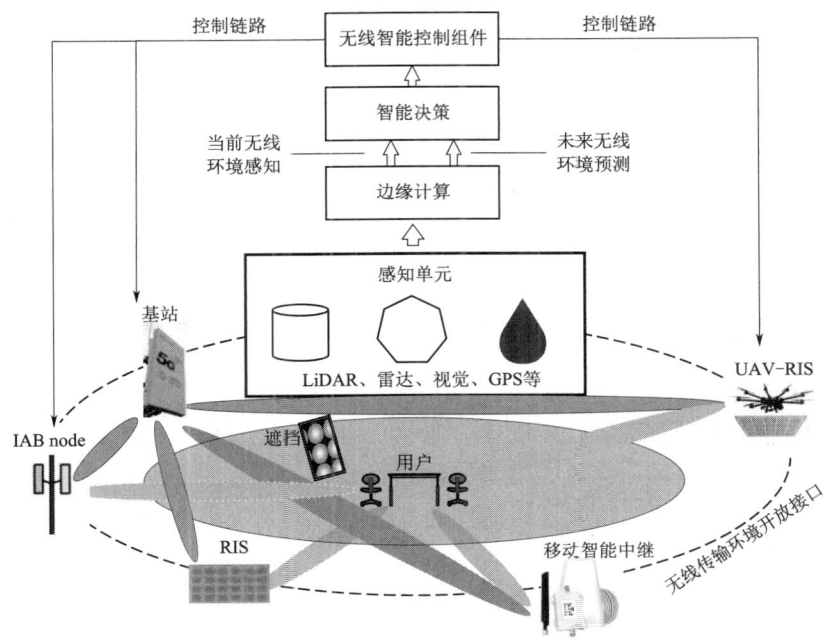

图 1.6 智能无线环境适变架构

Agent（图 1.7 中的开放接口作为强化学习代理）与环境交互，将基于模型的优化集成到 DRL 框架中，通过经验学习以优化网络参数和配置资源，如图 1.7 所示。其决策变量分为两部分：一部分决策变量通过外环 ML 方法得到，另一部分决策变量在给定外环控制变量的情况下，利用它们的物理联系通过求解近似问题进行快速优化。与传统无模型学习方法相比，该思路既具有基于模型优化的效率，又具有无模型 ML 方法的灵活性。此外，申请团队后续拟尝试使用迁移学习及领域自适应技术进一步减少模型训练的工作量。

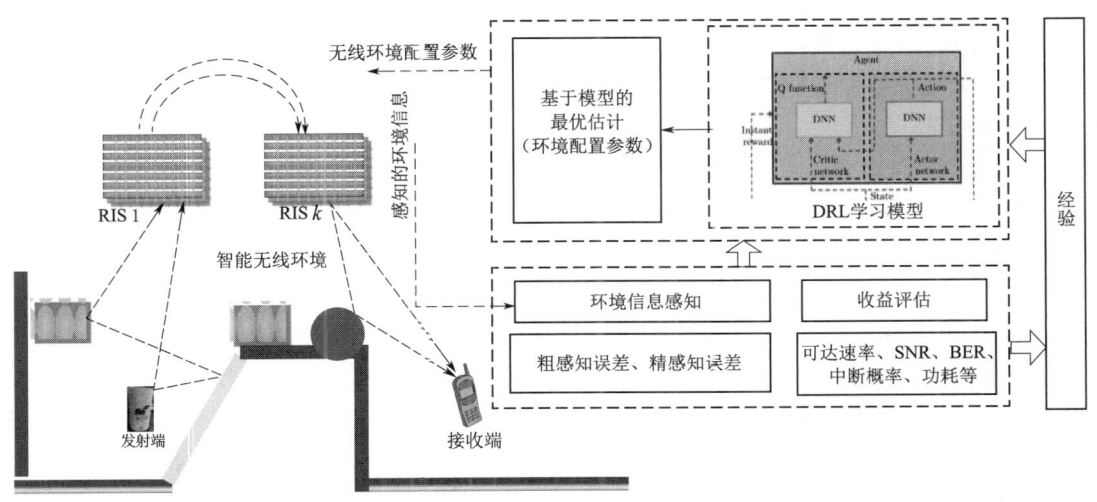

图 1.7 基于 DRL 的可重构优化方案

1.4.3　适应未知场景的无线传播环境主动自适应适配机制和方法

1. 无线传播环境主动自适应学习和生长机制

无线传播环境主动自适应学习机制本质上是一种依据感知信息（如静态环境信息、动态不可控无线环境信息等）和无线环境适变特征支持个性化适变的泛在无线环境。首先建立传播环境模型、适变知识模型和自适应引擎三个核心组件。其中，传播环境模型是基于感知信息对无线环境"动静"多方面特征（如场景的纹理、深度等数据）的高度抽象提炼，也是无线传播环境实现自适应适变的基础与依据。适变知识模型是适变知识及其相互关系的集合，也是无线传播环境实现自适应适变重要根基。自适应引擎是无线传播环境实现自适应适变的智能内核，也是传播环境模型和适变知识模型的桥梁和纽带。然后利用自适应引擎衔接以环境感知为中心构建的传播环境模型和以知识图谱为核心构建的适配知识模型，在合适的时间、合适的地点、合适的场景以合适的方式选出最适合的资源、最佳的传播路径及最优的传播策略，帮助系统根据动态变化的实际需求精准提供相应的适配方法和配置参数，如图 1.8 所示。

2. 跨物理不同环境迁移的知识库设计

无线传播环境知识库设计包括从大量数据（如静态无线环境参数、动态不可控无线环境参数以及动态可控无线环境参数）、专家知识（如模型、优化算法）、环境感知信息（如动态不可控无线环境信息）等要素中萃取知识和规则，构建相应的无线传播环境结构化、易操作、易利用，全面有组织的知识集群。无线传播环境知识库不仅包括人为设定的特征知识和规则，还包括从多模态感知系统获取并利用人工智能算法学习抽象的高层次环境知识和规则，如用户行为、地理位置、空间环境、障碍物以及固定 RIS、移动自适应 RIS、IAB 节点和智能中继等对信号传播产生影响因素的参数及其相互关系。当熟悉的场景出现，SRE 能够及时提取场景特征并做出相应的响应。当无线传播环境发生新的变化，利用人工智能算法提取新环境的知识，并将其不断扩充和完善到无线传播环境知识库中。因此，SRE 可以持续不断地对传播环境进行认知，获取全方位的无线传播环境信息，并建立跨物理不同场景的迁移的知识库，具体包括无线环境感知信息建模与表示、无线环境信息存储、无线环境感知信息推理利用、无线环境感知信息与自适应引擎的交互等。

3. 基于知识图谱的无线传播知识推理技术

将知识图谱应用到 SRE 中，可以为其提供一种快速便捷的无线环境适变能力，并利用"庞大"的知识库针对未知无线场景和需求进行推理，生成自主适应环境变化的无线通信网络。首先将无线传播环境及其适变配置关系定义为无线传播环境知识图谱（wireless radio environment knowledge graph，WREKG），并针对其实体、关系与属性进行知识抽取完成知识图谱的构建。在 WREKG 中，将无线传播环境影响要素（静态无线环境参数、动态不可控无线环境参数）定义为头实体；将可控无线环境参数与无线传播环境影响要素之间的关联性定义为关系集合；将固定 RIS、移动自适应 RIS、IAB 节点和智能中继等动态可控无线环境参数定义为尾实体。然后基于期望的数据速率、误码率等 KPI 指标，将特定收发信机参数和需求视为"用户"实体，构建用户知识图谱（user

1.4 智能无线传播环境构建方法及思路

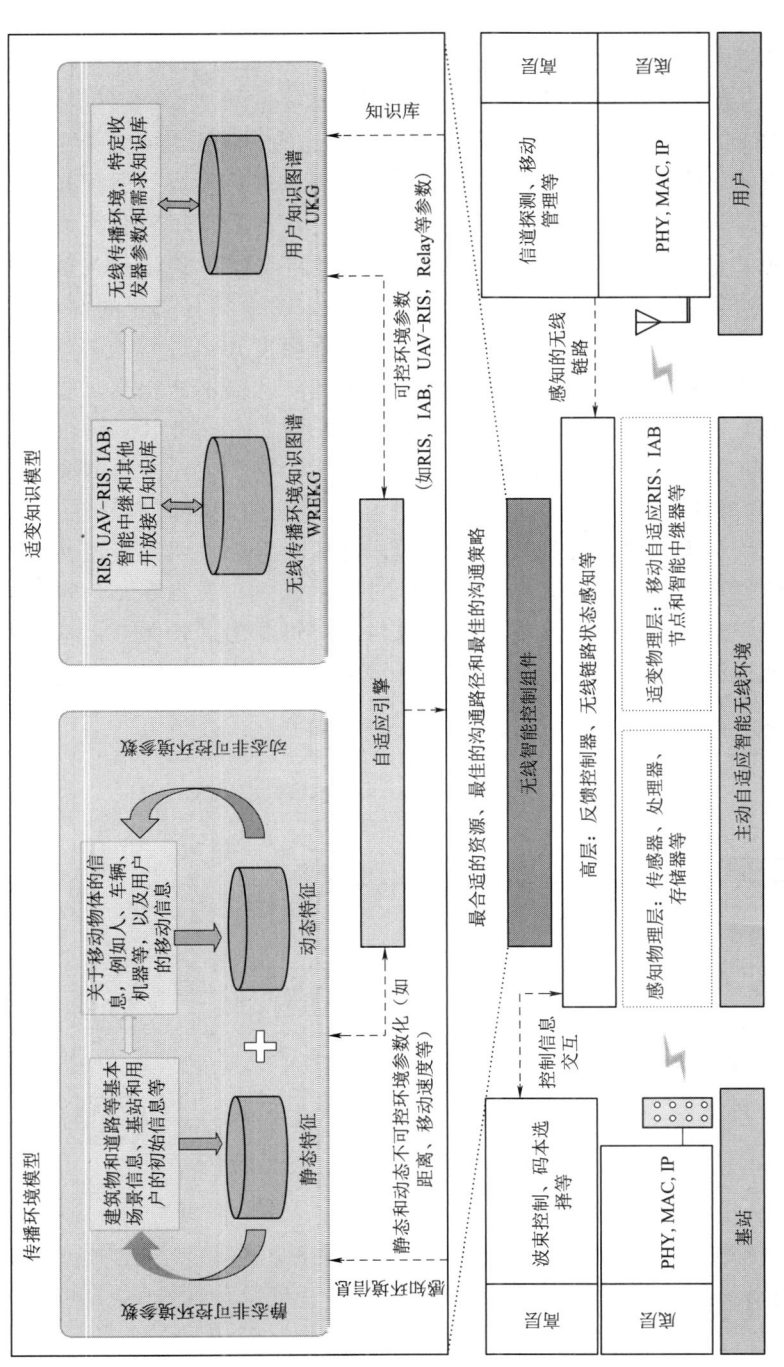

图 1.8 无线传播环境主动自适应学习机制

knowledge graph，UKG)。最后归纳总结无线传播环境适变相关知识，建立环境适变配置知识的性能表示模型，通过 Trans D 模型将结构化环境适变配置三元组信息映射为低维向量，利用 Word2Vec 模型提取环境适变配置信息并映射为向量，并自定义字典与参数取值构建数值特征向量，将三种特征进行拼接得到环境适变配置知识表示学习的结果。

为了实现 SRE 的主动自适应，本方案依据以上构建的知识图谱对复杂的无线环境及其适变知识进行表示、存储和管理，并利用新获取的知识进行环境和适配知识的累积进化，从而完成无线环境适配的"主动求变"。首先依托历史无线环境适配数据相关性及属性相关性，在对知识图谱 WREKG（UKG 的进化思路类似）实体和关系建模的基础上，基于马尔可夫决策过程（MDP）的强化学习使知识图谱具有初步的知识推理能力，通过贝叶斯神经网络对历史数据环境适变架构中节点重要度知识进行挖掘，通过不断增长无线环境适变历史数据，实现知识图谱的自适应更新，从而不断根据场景、业务特征及无线环境的变换，及时预测和更新实体及其关系模型，补全知识图谱，增强泛化能力。然后利用 NashQ-learning 算法及蒙特卡洛树搜索（MCTS）方法解决无线环境参数选择过程（RSP）和适变资源分配过程（RAP）中存在的同时博弈和序贯博弈问题，如图 1.9 所示。最后根据对当前无线环境的感知，自适应引擎按照该策略在知识库中匹配以获得对无线传播环境的准确认知和理解，针对数据速率、误码率和信噪比等确定需求，基于适配知识图谱的推理确定无线环境信息与适变资源的逻辑关系，从适变知识库中推荐适合的适变资源，主要包括自适应节点类型、数量、空间位置、适变时间、配置参数等。

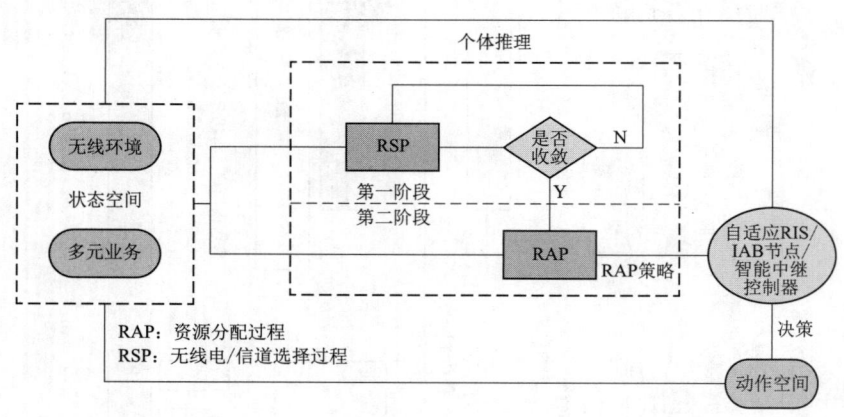

图 1.9　无线环境知识推理架构

1.5　本章小结

本章基于智能可重构和主动自适应的思想，从无线环境的"识变"和"适变"切入并逐步拓展到"求变"，将 SRE 传统的感知智能推进到具备理解、推理能力的认知智能，力争在无线环境的主动自适应调控方面取得突破,构建高灵活、高容量、高覆盖、低时延的无线连接新质能力。围绕上述内容,本章的特色和创新之处主要体现在以下三个方面。

1. 智能无线环境中基于 Transformer 的多模态对比融合感知方法(感知篇)

复杂无线场景下,无线环境的非线性参数化模型包括静态无线环境参数、动态不可控无线环境参数和动态可控无线环境参数等。各渠道获取的感知数据在融合过程中很容易被相对较强的模态信号主导,不利于无线环境的全面刻画,从而降低无线连接的综合决策效果。本章提出一种基于 Transformer 的多模态对比融合的无线环境感知方法。其主要特色和创新之处在于通过增加具有挑战性的负样本和 Vision Transformer,避免弱的感知模态被忽略,从而达到各模态数据互相消除歧义,互相补足,并构建长期依赖关系,在浅层和深层中更好地利用全局信息,从而能够更全面地了解无线传播环境。

2. 基于有模型 DRL 的智能无线环境适配方法(适变篇)

针对当前 SRE 控制和优化变量多、适配效率低等问题,有别于此前采用的信道估计、波束控制和 RIS 参数优化等技术,本章根据感知的无线环境信息,通过协同控制利用 DRL 实现资源全局动态优化。其主要特色和创新之处在于构建无线传输环境开放接口,利用丰富的无线传播环境感知知识和先验信息构建优化模型,并将基于模型的优化集成到 DRL 框架中,通过经验学习优化网络参数和配置资源,大大提高了 SRE 的配置效率。

3. 基于多主体马尔可夫决策的无线环境知识推理方法(求变篇)

在复杂动态场景下,无线传播环境的自学习、自组织、自适应涉及大量原始数据的特征提取,单独依靠源域数据进行训练会使系统繁琐且效率低下,被动适应变化的方法已经不能满足未来无线通信的新需求。本章提出基于多主体马尔可夫决策的无线环境知识推理方法。其主要特色和创新之处在于采用适变知识图谱对复杂的无线传播环境及其适变关系进行表示、存储和管理,利用基于 MDP 的强化学习使知识图谱具有初步的知识推理能力,通过贝叶斯神经网络对历史数据环境适变架构中节点重要度知识进行挖掘,实现知识图谱的自适应更新,从而不断根据场景、业务特征及无线环境的变换,及时预测和更新实体及其关系模型,补全知识图谱,增强泛化能力。

感 知 篇

第 2 章

视觉感知

2.1 引言

未来6G将不再是简单的人联和物联,而是集通信、感知、人工智能为一体,建立"万物互联,万物互通"的智能世界,实现认知服务网络架构的范式转变。未来6G网络的智能化也必将带动物联网、智能交通等智能内生网络的发展。车到万物(Vehicle to Everything V2X)通信作为6G无线网络构建智能交通系统的关键使能技术,以整个V2X场景协作为基础,包括车到车(Vehicle to Vehicle,V2V)、车到基础设施(Vehicle to Infrastructure,V2I)、车到行人(Vehicle to Pedestrain,V2P)和车联网(Vehicle to Network,V2N)的信息交互。

V2X通信凭借支持实时的车辆间通信,帮助车辆感知周围环境、交换信息并提供协同决策等优势在社会引起广泛关注。V2X通信概念的出现加速了智慧交通体系的构建、新型基础设施建设统筹及交通新模式新业态的发展。同时,意味着用户对V2X通信指标的需求变得更加严格,如需要更高的能源和频谱效率、超低的时延和更安全的通信协议等。为了满足用户对V2X通信技术可靠低延迟的需求,众多潜在的使能技术被提出并得到了广泛发展,如人工智能、网络切片、毫米波频段通信、大规模MIMO(multiple-input multiple-output)等。尽管如此,环境中散射体的复杂性及高频段通信系统对阻塞的敏感性都将不可避免地导致V2X通信链路损耗增加甚至中断。因此,寻找低时延、高可靠的解决方案是V2X通信网络的当务之急。

V2X通信信号衰减或中断大多是由于毫米波信号穿透能力弱的缺点所导致的,且随着环境中不固定变量的增多,传统的数学建模方式远不足以支撑环境中多样化的信息感知和预测,为了获取多样化的环境信息,通感一体化(integrated sensing and communication,ISAC)应运而生。ISAC是利用智能终端上配备的传感器(如相机、雷达辅助通信等)感知环境中的各种信息,并通过深度神经网络与传感器辅助相结合来有效减小系统选择最优波束所造成的开销,这些工作往往从无线传感数据中学习一些统计规律来预测未来链路阻塞的发生。然而,雷达高昂的价格和感知的繁琐性(需要无线资源作支撑)令人望而却步,高清摄像机凭借价格廉价、部署容易等优势成为商业化的良好选择,在人工智能快速发展的环境下计算机视觉达到了前所未有的高度。

基于机器学习的计算机视觉系统具有识别、估计和提取关于静态系统拓扑(如终端的数量、位置、物体间距离等)和动态系统信息(如移动速度、方向和终端数量的变化等)的功能,从而为无线网络提供急需的环境感知信息,以帮助主动实现前瞻性的阻塞预测。视觉辅助无线通信系统不仅能够实现波束跟踪,还可实现遮挡判断、参数获取、资源配置等多种功能。对多类其他通信场景如可重构智能表面(reconfigurable intelligence surface,RIS)等也有良好的支撑,其本质是将传统通信转化为"主动感知"的通信,属于ISAC主动感知辅助的通信方式,是感知通信一体化新体系中的重要技术。采用主动感知的方案,使得基站(base station,BS)端能够利用人工智能算法对周围通信环境做出判断,从而基于愿景主动做出相关决策,如通过预测每个BS未来发生的阻塞,并根据相关切换策划略可以无缝地切换用户,以避免体验非直瞄信道,或者在阻塞来临之前对内容主动更新并缓存在用户上。然而如何精确预测阻塞的到达以及如何保证系统切换通信开销最小化,是一个极具挑战性的任务。因此,本章对于阻塞预测和切换决策开销最小化进行了阐述,对于未来通信领域发展提供了重要的理论依据。

2.2 基础理论知识

2.2.1 视觉感知算法

在计算机科学领域,视觉感知使用计算机视觉技术感知和理解周围环境,包括对物体、场景以及其他视觉信息的识别和推理。当前常用的视觉感知算法大致可以分为 Two-stage 和 One-stage 两种。Two-stage 算法也称为两阶段算法,主要分为提出候选区域和分类回归两个阶段,典型代表是 RCNN 系列算法。One-stage 也称单阶段算法,以 YOLO 系列为主,它不需要显式的候选区域提取阶段,而是通过单个网络端到端地直接对图像的各个位置进行分类和边界框回归,速度通常更快。

1. YOLO 系列

随着各个领域的发展,对目标检测算法的精准度和实时性要求也越来越高,YOLO 系列算法因其高速度和较好的检测准确性,在需要实时目标检测的诸多领域中都具有重要的应用前景,成为了当今目标检测领域的主流算法之一。YOLO 算法整体的结构相对比较简单,它将整幅图像作为网络的输入,并将其划分为 $S \times S$ 网格,对于每个网格都要预测 B 个边框和 C 个类别概率值,每个边框包括 (x,y,w,h) 和置信度五个值,也就相当于一幅图需要预测 $S \times S \times (5B+C)$ 大小的张量。通过对大量图像的学习,YOLO 可以很好地学习图像的特征及其关联,从而实现有效且精确的目标检测。

初期 YOLO 因其一直存在漏检误检的情况未被广泛采用,直至 YOLOv3 的问世才慢慢解决这一问题的频繁发生。YOLOv3 相较于 YOLOv2 主要有两个亮点:①引入了残差网络来深化网络结构;②借鉴了金字塔这一特征思想,在三个不同尺寸上分别进行预测[37]。YOLOv3 检测流程大体如下,首先利用新提出的 Darknet-53 网络架构提取图像特征。其次对特征图进行划分尺度操作来提取三个不同尺寸的特征图,主要目的是让算法适应不同的尺寸大小。然后按照金字塔思想对三个不同尺寸大小的特征图进行特征融合以实现更好的效果。最后分别对其进行一个 3×3 和 1×1 的卷积操作来实现目标分类和回归预测。除此之外,YOLOv3 在损失函数、边框先验策略和检测策略等方面都有所改进,如将 YOLOv2 的 Softmax loss 变成 Logistic loss,每个 Ground truth 只匹配一个先验边框;边框先验策略也由 5 个 Anchor 变成了 9 个,提高了检测系统的 IOU;检测模块从一个增加到了三个(一个下采样,两个上采样)。这不仅提高了 YOLO 算法的检测精度和速度,还使其可以处理不同尺度的目标,实现更加全面的检测效果。但由于 YOLOv3 对图片仅限于全局提取,未考虑图片相邻通道间的关系,会导致特征提取不充分,并且 YOLOv3 复杂的网络结构也会使其在资源受限的设备上部署和运行受到一些限制。

YOLOv5 是 YOLOv3 的算法再升级版本，其网络结构如图 2.1 所示。它由输入端、Backbone 网络、Neck 网络及输出端四部分组成。首先输入端输入图像并对图象进行缩放、归一化等预处理操作。然后 Backbone 相当于一个分类器，用来提取一些通用的特征，位于 Backbone 网络和 Head 输出端之间的 Neck 网络进一步提升特征的多样性和鲁棒性。最后 Head 输出端完成目标检测的输出。具体来说，YOLOv5 的骨干网络主要由 Focus、Bottleneck CSP 和 SSPF 三部分组成。Focus 模块通过切片操作对输入的图像进行裁剪之后通过 conv 卷积模块输出特征映射，接着提取的特征图经过 Bottleneck CSP 和 conv 卷积操作后得到变换后的特征图，最后 SSPF 模块对其进行多尺度特征融合。与只采用了普通卷积操作 YOLOv3 中的 Neck 网络不同，YOLOv5 的 Neck 网络引入了 CSP2 结构，从而加强了网络特征融合能力。YOLOv5 中的输出端首先对 Neck 网络的三种不同尺度的特征图进行 Conv2d 卷积操作并在特征图上生成候选框，然后采用加权非极大值的方式对候选框进行筛选，最后输出目标类别和边框。相较于 YOLOv3，YOLOv5 有以下几个优点：①YOLOv5 采用了更先进的技术和网络结构，使用了更大的网络版本、PANet 和数据增强 Mosaic 数据增强等，检测精度更高；②YOLOv5 具有较小的网络结构，在保证检测精度的同时，可以减小模型所需的计算资源，有利于在资源受限的设备上部署使用；③YOLOv5 支持更多目标的检测任务，具有更广泛的应用场景以及良好的通用性和泛化能力。

YOLOv7 初问世就凭借更精确的交叉熵、更高效的标识分派方式和训练方法迅速引发了学术界的广泛关注。YOLOv7 扩展了 E-ELAN 的高效率程增强注意力机制，这使得 YOLOv7 在不损害初始梯度的情景下提升了对目标的学习能力，但如果过度对 E-ELAN 里的算块数量叠加将会导致算法性能失衡。虽然基于更加快的卷积操作的 YOLOv7 在相同资源下可以达到更好的检测速度，且在计算效率和精度方面优于 YOLOv5，但是 YOLOv7 较大的模型尺寸很难部署在移动设备或资源受限的系统中，并且由于 YOLOv7 的网络结构设计特点，导致了其对小目标的检测远不如 YOLOv5，因此对于大多数场景依旧采用适用性强的 YOLOv5。

2. RCNN 系列

RCNN 是一种用于目标检测的深度学习模型，设计目的是解决复杂场景和目标种类较多时检测效果差的问题。它的工作步骤大致如下：首先利用算法通过组合相似像素区域生成不同尺度和形状的候选区域；其次使用 CNN 卷积神经网络来提取特征，这个步骤是独立进行的，即对每个候选区域都要进行提取一次；接着引入一个支持向量机 SVM 对每个类别进行分类；最后利用回归器微调边界框，提高位置识别的准确性。RCNN 包括候选区域生成和 CNN 提取特征两个阶段，因此可以采用不同的网络架构，以更好地适应各种不同的数据和任务。虽然 RCNN 灵活性高且精确性强，但是也存在一些缺点，如计算占用资源多、复杂度高、训练推理速度慢等。

为了解决 RCNN 上述所存在的一些问题，Fast-RCNN 和 Faster-RCNN 等以 RCNN 为基础的改进优化版本陆续被提出。Fast-RCNN 是 RCNN 改进的一个主要里程碑，Fast-RCNN 在 RCNN 的基础上引进了 ROI 池化层来对特征图截取与候选区域固

第 2 章 视觉感知

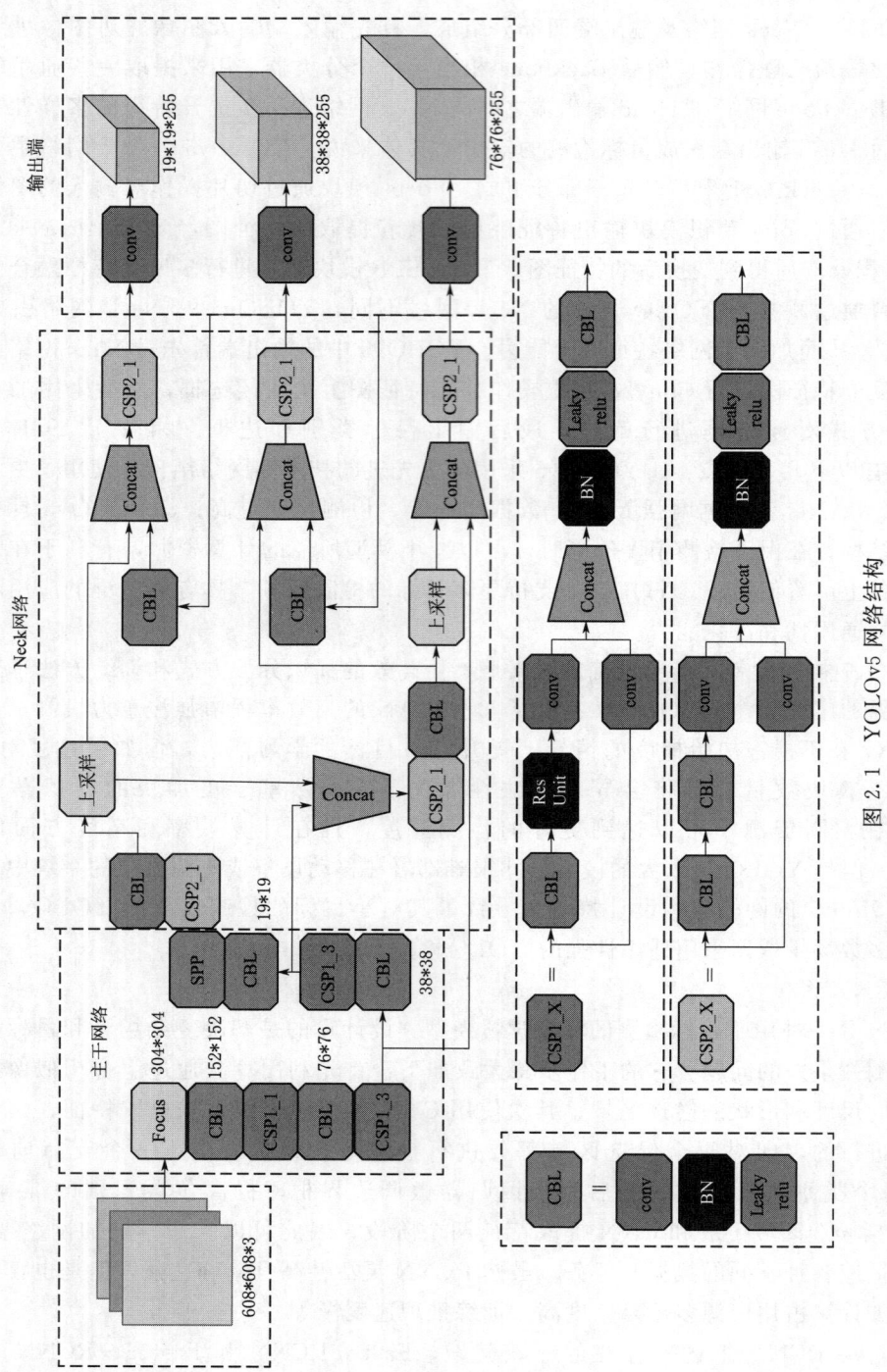

图 2.1 YOLOv5 网络结构

定大小的特征，这种方法不仅可以对不同尺寸的候选区域快速准确地提取特征，而且可以消除 RCNN 独立运行 CNN 的需要。相比于 RCNN 对某个区域独立运行卷积网络的选择性搜索算法，Fast-RCNN 的快速选择性搜索算法是通过共享整个图像卷积特征来处理所有候选区域，这无疑大大加速了整个算法的检测流程。通过以上改进，Fast-RCNN 在推理和训练阶段都取得了显著的提升，同时保持了与 RCNN 相媲美的检测性能，为后续 Faster-RCNN 的出现奠定了一个稳定的基础。

Faster-RCNN 是以 Fast-RCNN 为基础进行改进的目标检测模型，相比于 Fast-RCNN 最大的不同在于 Faster-RCNN 引进了 RPN（region proposal network）网络，使得整个目标检测系统更加高效，同时避免的复杂的区域提议过程。作为小型卷积神经网络的 RPN 是 Faster-RCNN 的一个关键组件，用于改进候选区域的生成过程。它包含两个并行的卷积分支，分别用于预测锚框（Anchor Box）目标和调整 Anchor Box。RPN 的第一个卷积分支相当于一个二元分类问题，主要用于对 Anchor Box 进行分类，通过网络输出的一个概率值判断是否包含感兴趣的目标。第二个卷积分支主要用于微调 Anchor Box 以对准目标，实现边框回归。具体而言，系统首先通过共享的卷积神经网络（如 Resnet，VGG 等）提取输入图像特征，以用于 RPN 网络的输入；其次生成 Anchor Box 作为目标区域的建议；然后通过 RPN 网络的两个并行卷积分支分别对 Anchor Box 进行分类和边框回归；最后根据每个 Anchor Box 的得分微调参数，使用非极大值抑制（non-maximum suppression，NMS）来筛选出最终得分最高的目标区域。同时 Faster-RCNN 引入多尺度特征金字塔模型来处理不同尺度的目标，以确保模型在不同大小尺度的目标上有更好的泛化能力，所以说 Faster-RCNN 才是真正意义上端到端的深度学习目标检测模型。

虽然说 RCNN 系列算法在处理图像方面更加细致，精确度较高，但是推理速度远不如 YOLO 系列算法，这也导致了其在一些实时性要求较高的场景中不能完全适用。YOLO 系列算法实时性强、模型体积小而轻便，易于部署在各种移动终端和嵌入式设备上，且 YOLO 的设计是端到端，没有 RPN 网络，工作流程简单，更易于理解和实现，在一定准确性下能够满足大多数场景的需要，因此其在应用场景中使用更为广泛。

2.2.2 双目测距原理

双目视觉是一种模仿人类双眼感知机制的图像处理技术，通过使用两个摄像机模拟人眼的左右视野，以获取场景的深度信息和立体视觉效果。在双目视觉系统中，两个摄像机（通常称为左眼摄像机和右眼摄像机）被安置在一定的距离上，模拟人眼的间距。

1. 双目视觉的成像模型

双目视觉三维坐标测量系统是一种借鉴人类视觉原理的技术。它模仿人的左、右眼的布局，使用两个相机（称为左眼相机和右眼相机）同时对同一个物体进行采集和观测，以实现对物体在空间中的三维坐标的测量。这种系统基于视差原理，即左右眼观察同一个物体时，由于左右眼的位置差异，它们对物体的观察角度存在微小的差异。通过分析左右相机图像之间的视差，可以计算出物体到相机的距离，并进而确定物体在三维空间中的坐标位置。双目视觉测量系统成像模型如图 2.2 所示。

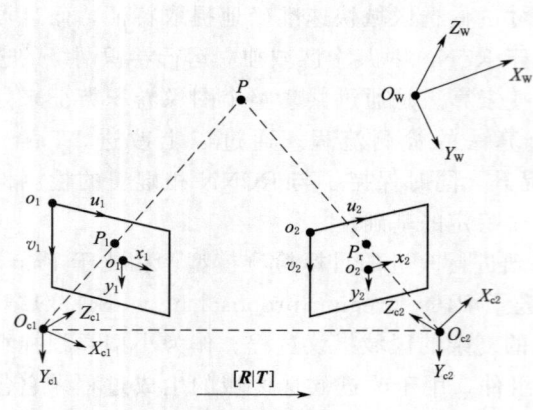

假设在工业场景中有一空间点 P，该点通过双目镜头在左、右成像平面上各自形成对应的像点 P_l、P_r。设左右相机的光心分别为 O_1 和 O_2，基于此定义了各自的相机坐标系统 $O_{c1}-X_{c1}Y_{c1}Z_{c1}$ 和 $O_{c2}-X_{c2}Y_{c2}Z_{c2}$。同时，以每个相机的主光轴与其图像平面的交点被选作各自图像物理坐标系 $o_1-x_1y_1$ 和 $o_2-x_2y_2$ 的原点。以图像的顶点为坐标原点，构建图像像素坐标系 $o_1-u_1v_1$ 和 $o_2-u_2v_2$，其中 u 和 v 轴与 x 和 y 轴方向平行。在双目视觉系统中，世界坐标系的

图 2.2 双目视觉测量系统成像模型

设置通常是为了明确相机的空间位置关系，常规做法是将世界坐标系的原点置于左右相机光心连线的中点位置，如图 2.2 中的 $O_w-X_wY_wZ_w$。通过不同坐标系之间的转换，可求得三维空间中一点到二维图像中的对应关系。转换关系如图 2.3 所示。

图 2.3 四大坐标系转换关系图

世界坐标系转换到相机坐标系：给定旋转矩阵 R，它表示相机坐标系相对于全局世界坐标系的转动联系；同时，平移矩阵 T 则展现了相机坐标系与世界坐标系相互之间的位移关系。利用这些旋转向量 R 和位移向量 T，可以将世界坐标系内的点坐标有效转换至对应的相机坐标系内，即

$$R=\begin{bmatrix} r_1 & r_2 & r_3 \\ r_4 & r_5 & r_6 \\ r_7 & r_8 & r_9 \end{bmatrix}; T=\begin{bmatrix} t_1 \\ t_2 \\ t_3 \end{bmatrix} \tag{2.1}$$

其中，R 代表一个 3 行 3 列的旋转矩阵，用于描述旋转信息；T 表示一个 3 行 1 列的位移向量，用于表达平移变换。关于 R 和 T 的获取会在后面讲解外参时说明。则空间中一点 $P(X_wY_wZ_w)$，把它转换到相机坐标系时为

$$\begin{bmatrix} X_c \\ Y_c \\ Z_c \end{bmatrix} = \begin{bmatrix} R & T \\ 0^T & 1 \end{bmatrix} \begin{bmatrix} X_w \\ Y_w \\ Z_w \\ 1 \end{bmatrix} = \begin{bmatrix} r_{11} & r_{12} & r_{13} & t_1 \\ r_{21} & r_{22} & r_{23} & t_2 \\ r_{31} & r_{32} & r_{33} & t_3 \end{bmatrix} \begin{bmatrix} X_w \\ Y_w \\ Z_w \\ 1 \end{bmatrix} \tag{2.2}$$

相机坐标系转换到图像物理坐标系：从相机坐标系过渡到图像坐标系的过程，实质上是三维空间信息向二维平面投影的转变，这一过程中涉及的是透视投影的关系，如图 2.4 所示。

由相似三角形定理可得

$$x = \frac{X_c f}{Z_c}; \ y = \frac{Y_c f}{Z_c} \tag{2.3}$$

矩阵形式为

$$Z_c \begin{bmatrix} x \\ y \\ 1 \end{bmatrix} = \begin{bmatrix} f & 0 & 0 \\ 0 & f & 0 \\ 0 & 0 & 1 \end{bmatrix} \begin{bmatrix} X_c \\ Y_c \\ Z_c \end{bmatrix} \tag{2.4}$$

图像物理坐标系到图像像素坐标系：这一操作步骤虽然仍在同一个平面上进行，但其实质包括了两次变换，一次是改变了度量单位，另一次是调整了坐标原点的位置。在成像模型中，(u, v) 表示了图像坐标系中的像素之间的关系，但并未直接表示像素与物理尺寸之间的关系。因此，为了将图像坐标与物理尺寸对应起来，需要建立一些物理单位来表示图像坐标 (x, y)。其关系如图 2.5 所示。

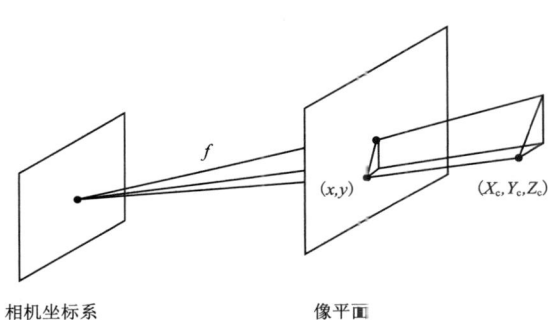

图 2.4　相机坐标系和图像物理坐标系关系图

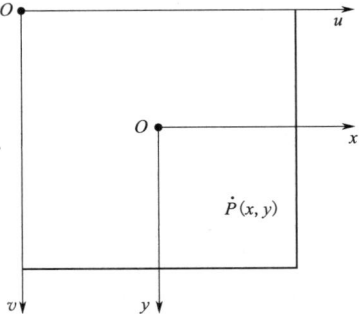

图 2.5　图像物理坐标系和图像
像素坐标系关系图

将图像物理坐标系映射到图像像素坐标系的转换公式为

$$u = \frac{x}{\mathrm{d}x} + u_0; \ v = \frac{y}{\mathrm{d}x} + v_0 \tag{2.5}$$

矩阵形式为

$$\begin{bmatrix} u \\ v \\ 1 \end{bmatrix} = \begin{bmatrix} \frac{1}{\mathrm{d}x} & 0 & u_0 \\ 0 & \frac{1}{\mathrm{d}y} & v_0 \\ 0 & 0 & 1 \end{bmatrix} \begin{bmatrix} x \\ y \\ 1 \end{bmatrix} \tag{2.6}$$

其中，使用 $\mathrm{d}x$ 和 $\mathrm{d}y$ 分别表示每个像素在图像坐标系中的物理长度。

综上所述，通过上述四个坐标系间的相互转换，实现了将一个点从世界坐标系转换到像素坐标系的过程，转换公式为

$$Z_c \begin{bmatrix} u \\ v \\ 1 \end{bmatrix} = \begin{bmatrix} \frac{1}{\mathrm{d}x} & 0 & u_0 \\ 0 & \frac{1}{\mathrm{d}y} & v_0 \\ 0 & 0 & 1 \end{bmatrix} \begin{bmatrix} f & 0 & 0 & 0 \\ 0 & f & 0 & 0 \\ 0 & 0 & 1 & 0 \end{bmatrix} \begin{bmatrix} \boldsymbol{R} & \boldsymbol{T} \\ \boldsymbol{0}^{\mathrm{T}} & 1 \end{bmatrix} \begin{bmatrix} X_\mathrm{w} \\ Y_\mathrm{w} \\ Z_\mathrm{w} \\ 1 \end{bmatrix} = \boldsymbol{M}_1 \boldsymbol{M}_2 \begin{bmatrix} X_\mathrm{w} \\ Y_\mathrm{w} \\ Z_\mathrm{w} \\ 1 \end{bmatrix} \tag{2.7}$$

将式（2.7）简化，将部分式子缩写为 M_1、M_2，即

$$M_1 = \begin{bmatrix} \dfrac{1}{dx} & 0 & u_0 \\ 0 & \dfrac{1}{dy} & v_0 \\ 0 & 0 & 1 \end{bmatrix} \begin{bmatrix} f & 0 & 0 & 0 \\ 0 & f & 0 & 0 \\ 0 & 0 & 1 & 0 \end{bmatrix} \tag{2.8}$$

$$M_2 = \begin{bmatrix} R & T \\ 0^T & 1 \end{bmatrix} \tag{2.9}$$

相机的内部参数矩阵和外部参数矩阵是在双目视觉系统中用于描述摄像机的内部特性和外部姿态的矩阵。相机的内部参数矩阵 M_1 是固定的，由相机制造工艺和元器件因素决定；外部参数矩阵 M_2 本质上反映的是摄像机的姿态和位置信息。这两个矩阵在双目视觉系统中扮演着核心角色，它们对于构建成像模型和实现图像坐标到物理尺寸之间的相互转化至关重要。

2. 双目相机标定原理

在建立现实世界坐标和像素坐标系之间的关系后，为了尽可能减少误差，需要对双目相机进行标定。当使用双目视觉系统进行目标检测和测量时，标定是一个关键的步骤。通过标定，可以获取相机的内参（如焦距、主点位置等）和外参（如相机的位置和朝向等），以及畸变参数（用于补偿相机镜头的畸变）。这些参数对于畸变校正和算法匹配非常重要。通过对相机进行畸变校正，可以消除图像中的畸变，使得图像中的物体更加准确地对应于实际世界中的物体。在此基础上，通过算法匹配，可以计算出物体在三维空间中的准确坐标信息，从而实现对物体的三维测量。

摄像头参数的确定主要由物体位置、相机光点位置、摄像头的焦距及摄影机上的凸透镜等因素共同决定。这些参数包括相机的内参和外参。内参描述了摄像头的固有特性，如畸变参数、光学中心位置和焦距等。外参用于表述相机坐标系统与实际物理世界坐标系统二者之间的关联性，其主要内容包括描述旋转特性的旋转矩阵和表示平移特性的位移矩阵这两部分内容。通过进行摄像头标定实验，可以计算并确定出摄像头的内参与外参，进而顺利完成摄像头的标定任务。

采用张正友提出的棋盘格标定法（即张正友标定法）确定相机的参数。相比于传统标定技术对高精度标定物体的依赖性，张正友标定法在标定工具上做了简化处理，只需要采用一张普通打印出的棋盘格图案作为标定目标即可。相较于自标定方法，张正友标定法在精确度方面实现了明显的改善。因此，在计算机视觉的诸多应用中，张正友标定法得到了广泛应用。

张正友标定法主要是通过棋盘格标定板对内、外参进行推测，该参数表示为

$$A = \begin{bmatrix} \alpha & \gamma & u_0 \\ 0 & \beta & v_0 \\ 0 & 0 & 1 \end{bmatrix}, R = \begin{bmatrix} \gamma_{11} & \gamma_{12} & \gamma_{13} \\ \gamma_{21} & \gamma_{22} & \gamma_{23} \\ \gamma_{31} & \gamma_{32} & \gamma_{33} \end{bmatrix}, t = \begin{bmatrix} t_1 & t_2 & t_3 \end{bmatrix} \tag{2.10}$$

上述的三个矩阵组成了相机的内参和外参，其中旋转矩阵 R 和位移矩阵 t 组成双目

相机的外参，矩阵 A 组成双目相机的内参。式中，$\alpha = \dfrac{f}{d_x}$ 表示像素坐标系下 u 轴方向上的缩放因子；$\beta = \dfrac{f}{d_y}$ 被定义为 v 轴上的尺度因子；γ 则代表在像素点尺度上的偏差量。f 表示摄像头的焦距，$\mathrm{d}x$ 和 $\mathrm{d}y$ 则分别表示在横轴和纵轴上的像素的宽与高。由于标定用的棋盘格为平面结构，可以假设该棋盘格在世界坐标系中 $Z_W = 0$ 的位置依照针孔成像原理进行转换，从而将其从世界坐标转变为像素坐标。世界坐标转换为像素坐标可表示为

$$s\begin{bmatrix} u \\ v \\ 1 \end{bmatrix} = A\begin{bmatrix} r_1 & r_2 & r_3 & t \end{bmatrix}\begin{bmatrix} X_W \\ Y_W \\ 0 \\ 1 \end{bmatrix} = A\begin{bmatrix} r_1 & r_2 & t \end{bmatrix}\begin{bmatrix} X \\ Y \\ 1 \end{bmatrix} \tag{2.11}$$

由于在张定友标定法中，$A\begin{bmatrix} r_1 & r_2 & t \end{bmatrix}$ 为单应性矩阵，设为 H，令 $\overline{m} = \begin{bmatrix} u & v & 1 \end{bmatrix}^T$，$\overline{M} = \begin{bmatrix} X & Y & 1 \end{bmatrix}^T$，则公式可写为

$$s\overline{m} = H\overline{M} \tag{2.12}$$

将单应性矩阵写为三个列向量表示，即

$$\begin{bmatrix} h_1 & h_2 & h_3 \end{bmatrix} = \lambda A\begin{bmatrix} r_1 & r_2 & t \end{bmatrix} \tag{2.13}$$

由上式可得 $\lambda = \dfrac{1}{s}$，$r_1 = \dfrac{1}{\lambda} K^{-1} h_2$，$r_2 = \dfrac{1}{\lambda} K^{-1} h_2$。因为 r_1 和 r_2 标准正交，即

$$\begin{cases} h_1^t A^{-T} A^{-1} h_2 = 0 \\ h_1^t A^{-T} A^{-1} h_1 = h_1^t A^{-T} A^{-1} h_2 \end{cases} \tag{2.14}$$

通过单应性矩阵，可以构建起两个方程式来求解相机的各项参数。为了精确计算出相机的所有参数，理论上讲，至少需要三个不同的单应性矩阵作为依据。因此，在进行相机标定的过程中，至少需要采用三张不同的棋盘格图像来进行相关计算，这样才能获得足够的方程来求解相机参数。在实际标定中，需要不断地变换标定板的平面位置与摄像机的位置，以获取足够的图像数据来进行标定。为方便计算，做如下定义：

$$B = K^{-T} K^{-1} = \begin{bmatrix} B_{11} & B_{12} & B_{13} \\ B_{21} & B_{22} & B_{23} \\ B_{31} & B_{32} & B_{33} \end{bmatrix} = \begin{bmatrix} \dfrac{1}{\alpha^2} & -\dfrac{\gamma}{\alpha^2 \beta} & \dfrac{v_0 \gamma - u_0 \beta}{\alpha^2 \beta} \\ -\dfrac{\gamma}{\alpha^2 \beta} & \dfrac{\gamma}{\alpha^2 \beta} + \dfrac{1}{\beta^2} & -\dfrac{\gamma(v_0 \gamma - u_0 \beta)}{\alpha^2 \beta} - \dfrac{v_0}{\beta^2} \\ \dfrac{v_0 \gamma - u_0 \beta}{\alpha^2 \beta} & -\dfrac{\gamma(v_0 \gamma - u_0 \beta)}{\alpha^2 \beta} - \dfrac{v_0}{\beta^2} & \dfrac{v_0 \gamma - u_0 \beta}{\alpha^2 \beta} + \dfrac{v_0}{\beta^2} + 1 \end{bmatrix} \tag{2.15}$$

矩阵 B 是一个对称矩阵，因此可以用一个六维向量 b 来表示，其中，$b = \begin{bmatrix} B_{11} & B_{12} & B_{22} & B_{13} & B_{23} & B_{33} \end{bmatrix}^T$。同时，将矩阵 H 的列向量表示为 $h_i = \begin{bmatrix} h_{i1}, h_{i2}, h_{i3} \end{bmatrix}^T$。故由此可推导出：

$$h_i^T B h_j = v_{ij}^T b \tag{2.16}$$

$$v_{ij} = \begin{bmatrix} h_{i1} h_{j1} & h_{i1} h_{j2} + h_{i2} h_{j1} & h_{i2} h_{j2} & h_{i1} h_{j3} + h_{i3} h_{j1} & h_{i2} h_{j3} + h_{i3} h_{j2} & h_{i3} h_{j3} \end{bmatrix}^T \tag{2.17}$$

结合式（2.14）可得

$$\begin{bmatrix} \nu_{12}^T \\ (\nu_{11}-\nu_{22})^T \end{bmatrix} b = 0 \tag{2.18}$$

根据上式求解出 b 的值，双目相机内参 $\boldsymbol{A}$ 的值即可求得，结合上述的公式推导得

$$\begin{cases} r_1 = \lambda \boldsymbol{A}^{-1} h_1 \\ r_2 = \lambda \boldsymbol{A}^{-1} h_2 \\ r_3 = r_1 r_2 \\ t = \lambda \boldsymbol{A}^{-1} h_3 \\ \lambda = \dfrac{1}{\| \boldsymbol{A}^{-1} h_1 \|} = \dfrac{1}{\| \boldsymbol{A}^{-1} h_2 \|} \end{cases} \tag{2.19}$$

至此，内、外参数都可求得。

在摄像机拍摄照片时，由于摄像头的组装或镜头的角度可能不够严格，会导致图像出现畸变。张正友标定法也提到了径向畸变。公式如下：

$$\begin{cases} \tilde{u} = u + (u-u_0)[k_1(x^2+y^2) + k_2(x^2+y^2)2] \\ \tilde{v} = v + (v-v_0)[k_1(x^2+y^2) + k_2(x^2+y^2)2] \end{cases} \tag{2.20}$$

式中，用 (u,v) 表示理想的图像像素坐标，$(\tilde{u},\tilde{v})$ 表示经过畸变处理后的像素坐标。此外，(x,y) 表示理想的图像坐标，而 k_1 和 k_2 则是径向畸变系数。

将上式写为矩阵形式表达为

$$\begin{bmatrix} (u-u_0)(x^2+y^2) & (u-u_0)(x^2+y^2)^2 \\ (v-v_0)(x^2+y^2) & (v-v_0)(x^2+y^2)^2 \end{bmatrix} \begin{bmatrix} k_1 \\ k_2 \end{bmatrix} = \begin{bmatrix} u-\tilde{u} \\ v-\tilde{v} \end{bmatrix} \tag{2.21}$$

令 $Dk=d$，可以求得畸变系数 $k=[k_1,k_2]^T = (D^T D)^{-1} D^T d$。用极大似然函数优化法得到结果，即

$$\sum_{i=1}^{n} \sum_{j=1}^{m} \| m_{ij} - \tilde{m}(A, k_1, k_2, R_i, t_i, M_j) \|^2 \tag{2.22}$$

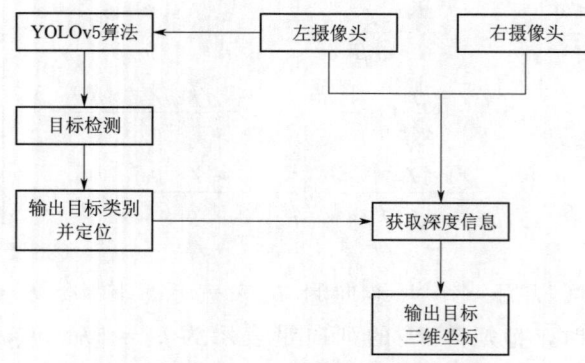

图 2.6 阻塞物体检测原理框图

至此，可得到双目相机的内参、外参及畸变系数。

可以将 YOLOv5 目标检测模型和双目视觉技术结合检测通信场景中的障碍物，原理框图如图 2.6 所示。双目相机利用其两个镜头同步捕捉同一物体，从而获取两幅高清 RGB 图像，可以从这两幅图像中计算出精确的深度信息。随后将双目相机左摄像头获取到的 RGB 图像作为 YOLOv5 目标检测算法的输入，以完成对通信场景中的障碍物进行识别和定位，结合深度信息获取障碍物的三维坐标等一系列信息。

2.2.3 阻塞预测与波束成形技术

1. 阻塞预测技术

在 V2X 通信领域，过高的网络负载、带宽不足或网络资源分配的不合理都会造成网络阻塞。阻塞的发生会导致数据包丢失、延迟增加，甚至影响通信服务的可用性。阻塞预测即在阻塞发生之前，通过分析网络的状态、终端设备信息及环境中散射体的运动轨迹预测通信网络未来的链路状态，以便系统可以提前采取相关措施来缓解或避免阻塞。随着通信技术的不断发展，预测阻塞的研究也到了一定的水平，现在常用方法大致分为以下三类：

（1）对系统性能进行监测，主要监测网络带宽的利用率是否饱和、数据包传输是否存在延迟以及丢包率的情况。性能监测是评估和实时追踪系统和应用程序运行状况的过程，通过性能监测有助于及时识别潜在的性能问题，确保网络和系统保持高效稳定的运行。当前的性能监测主要分为资源利用率监测、网络设备监测、应用性能监测等。其中，资源利用率监测指的是使用系统监控工具 Top、Linux 和 Windows 监测服务器 CPU 的使用率和内存利用率，以了解系统资源的使用情况。网络设备监测主要是使用 SNMP、SSH 和 Telnet 等协议定期访问网络设备的管理接口，定期查询网络设备状态并监测其健康情况。应用性能监测主要是使用 New Relic 等工具监测应用程序的响应时间和事务成功率等性能指标。此外，还可以使用可视化工具实时了解系统性能的变化，并在性能检测的基础上基于相关性能指标设置报警阈值，以便系统后续下可以及时采取相关行动。

（2）系统流量异常检测，通过分析网络中的流量模式，监测不同区域或链路中流量在网络中的分布，进而判断是否存在潜在的阻塞。系统流量监测主要是对网络中的数据流进行监控和分析。Wireshark 和 Ntop 是常见的网络流量分析工具，它们可以提供实时的流量图表和使用报告，并获取数据包并提供详细的端口地址等信息，为后续分析数据流量和理解整体网络流量变化趋势提供了良好的基础。此外，还可以通过设置防火墙或设备来生成流量日志，通过分析生成的流量日志中网络连接、断开、通过的流量以及利用深度包检测和识别应用层协议和流量类型来审查系统网络的整体性能。

（3）深度学习式预测，通过收集历史网络数据（如散射体不同时间点的状态、轨迹或行为特征等），使用相关深度学习算法（如 LSTM、MLP 和 BP 网络等）进行模型训练并根据相关指标评估模型相关性能的泛化能力。深度学习式预测指的是采取当今比较流行的人工智能大模型对数据进行分析预测。通常需要对数据进行收集、清理和标记等操作，以确保数据质量的高效可靠性。但并不是所有数据都是可用的，需要采取相关技术选择提取对系统有用的特征作为网络的输入，以此降低模型的复杂度，提高训练和推理速率。其中，选取的数据特征中包含已标记数据和未标记数据，已标记数据主要用于监督学习，未标记数据主要用于扩充模型的学习，而后对数据选取相关模型（如决策树、长短期记忆神经网络、卷积神经网络等）进行训练，并用验证集数据对训练模型进行评估及调优操作，为后续部署到实际网络中做相关铺垫。

2. 信道估计和波束成形技术

波束成形技术就是对无线通信信号进行相关处理，其主要通过控制信号的相位和幅度来调整天线的辐射模式，进而将无线在特定方向上传输或接收的能量进行集中，以达到增强通信质量的目的。在大多数情况下，由于无线信道包含了多径传播和多普勒效应，因此信道始终是动态变化的。信道估计可以帮助波束成形系统动态调整波束的形状和方向，以适应不断变化的信道条件，可以说波束成形的有效性直接取决于信道估计是否精确，因此对无线通信中的信道特性进行相关估计是十分必要的。

传统信道估计方法通常是发射特定的导频序列到通信系统中来获取信道的一些特性信息，这些导频序列在接收端用于估计信道的响应，从而可以在信号传输过程中对信道进行补偿，提高通信系统的性能。传输过程中信号频率的偏移及导频受误码的影响都会影响信道估计的准确率，并且传统信道估计的方法通常是静态的，当面对未来高动态复杂的 V2X 通信场景时会缺乏对环境的自适应，此时若以传统方法重新进行信道估计会增加计算的复杂度，造成较大的系统开销，对于要求时变性强的通信系统来说无疑是一个致命性问题，因此寻找高可靠的智能波束成形和信道估计方案刻不容缓。

对于未来复杂的 V2X 通信场景来说，切换决策如果用多个 BS 之间进行切换，这意味着需要部署越来越多的毫米波 BS 以确保移动终端和其中一个已部署 BS 之间的 LOS 路径，建设 BS 和后期维护的高成本显然不符合未来发展低成本高效益的趋势。为了应对这一挑战，作为一种低成本、低功耗相控阵列天线的 RIS 被引入通信场景，通过 RIS 反射信号来实现通信切换策略，基于感知的用户位置直接进行波束成形，可以避免复杂的信道估计，大大减少系统开销。近年来众多研究学者也在该领域做了许多创新，包括采用自适应算法、深度学习大模型及联合信道估计等，但目前比较火的是基于机器学习的视觉辅助波束预测方法。该方法采用机器视觉大模型对环境中的散射体进行识别并提取其位置、角度等相关信息，然后直接基于位置进行信道估计并根据提取的信息从预先定义的波束码本中直接选择最优的波束索引，通过观察用户可达速率、通信速率等指标来评估方法的效果，这种方法旨在提高信道估计的准确性、鲁棒性和适应性，以适应不同的通信场景。

2.3 YOLOv5-CA 改进模型

作为一种经典的视觉感知模型，YOLOv5 凭借实时高效的检测效率在各个领域得到广泛应用。它不仅可以提高工作效率，而且可以快速识别提取环境中常见散射体的位置角度等相关信息。在 V2X 通信场景中，散射体部分区域可能会被障碍物遮挡，且远处散射体由于目标较小容易出现目标特征不明显或确实的现象，这将导致 YOLOv5 误检率和漏检率提升、检测精度降低问题的出现，严重影响通信质量甚至造成交通事故的发生。因此，提升 YOLOv5 算法精度、降低误检率和漏检率至关重要，注意力机制作为一种为模型提供更强大的感知能力和关注区域的技术，可以增强模型的灵活性和实时适应性，但也可能增加模型计算的复杂度和计算开销，因此应在具体任务和资源约束下权衡使用。

为了解决远处小目标分辨率低、特征不明显及 V2X 通信领域目标检测误检率和漏检率过高的问题，通过在 Neck 网络末端引入 CA 模块来降低系统的误检率，并提出了面向视觉感知的 YOLOv5 – CA 改进模型。利用不同场景下行人车辆数据集进行训练以提升模型的整体泛化能力，并将所提出的模型与基于压缩激励模块（squeeze – and – excitation network，SENet）和卷积注意力机制模块（convolutional block attention module，CBAM）的视觉感知模型做比对以验证所提方案的可行性和有效性。

2.3.1 注意力机制

1. SENet 模块

SENet 模块作为当前应用最广泛的通道注意力之一，它可以通过学习的方式来自动获取到每个特征通道的重要程度并建模通道之间的相互依赖性，然后依照重要程度自适应地重新校准通道特征响应，以提升有用的特征，抑制对当前任务用处不大的特征，进而实现提升网络精度和性能的目的。SENet 包含一个轻量级的门控机制，它以一种计算效率高的方式建模信道级关系从而来增强网络的表征能力。具体来说，SENet 包含残差网络和缩放两个子模块，如图 2.7 所示，残差网络模块相当于一个全局平均池化层，其主要是将全局空间信息压缩到信道描述符中，这可以通过全局平均池化生成信道统计信息来实现。在这个步骤中，每个通道会被压缩成一个标量，这个标量也可以当作特征权重将每个通道的像素值（$H \times W$）压缩成一个实数，公式如下：

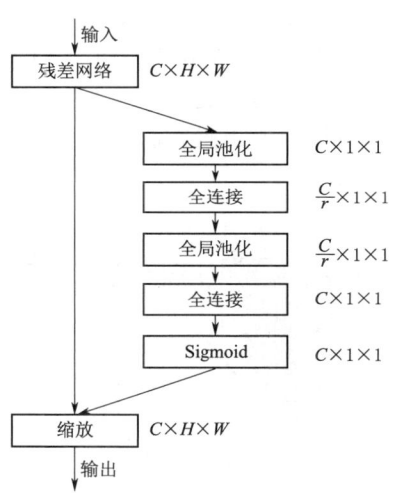

图 2.7 SENet 网络结构

$$Z_c = F_{sq}(u_c) = \frac{1}{H \times W} \sum_{i=1}^{H} \sum_{j=1}^{W} u_c(i,j) \tag{2.23}$$

缩放模块相当于一个全连接层，旨在捕获通道依赖关系。为了实现这一目标，系统必须能够学习通道之间的非线性相互作用和非互斥关系，以确保允许强调多个通道（而不是强制执行一个热激活）。缩放模块把上一步骤得出的特征权重作为网络的输入，并通过全连接层将特征权重映射到一个代表通道重要程度的标量值中。而后利用 Sigmoid 函数将标量值大小限制在 0 到 1 的范围之内，标量值的大小代表不同的重要程度，0 代表不重要，1 代表很重要。简单来说，SENet 模块首先将 $H \times W \times C$ 的图片压缩成 $1 \times 1 \times C$ 大小的特征图，然后经过全连接网络做一个非线性变换，最后将 SENet 计算出来的各通道权重值分别和原特征图对应通道的二维矩阵相乘，得出输出结果，从而提升网络性能。

2. CBAM 模块

CBAM 模块可以根据不同空间位置和通道之间的关系自适应地对特征图进行加权处

理，其主要由空间注意力模块（channel attention module，CAM）和通道注意力模块（spatial attention module，SAM）两个部分组成。SAM 模块主要通过对每个通道的特征进行全局池化，并运用两个全连接层生成通道注意力向量。这一过程有助于为每个通道赋予不同的权重，使网络更加聚焦于关键的通道。如图 2.8 所示，在该过程中，经过两个并行的最大池化层（MaxPool）和平均池化层（AvgPool）对输入的特征图进行处理，将其从维度为 $\boldsymbol{C}\times\boldsymbol{H}\times\boldsymbol{W}$ 的大小转换为 $\boldsymbol{C}\times1\times1$ 的大小。随后特征图通过共享多层感知机（Share MLP）将信道数量压缩至原数量的 $1/r$（r 为缩放比例），然后将其扩张回初始通道数量。这一步骤的目的在于通过压缩特征，使其提供更加集中和准确的信息，从而减少不必要的噪声和冗余信息。由于压缩过程可以降低网络中的参数数量和计算复杂度，因此有助于加快网络的训练和推理速度，提高整体性能和精度。在 CAM 中，通过两个 ReLU 激活函数对结果进行两次激活并将激活后的结果逐元素相加，再使用 Sigmoid 激活函数获取通道注意力的输出结果，最后将该输出结果乘以原始特征图并将其还原为 $\boldsymbol{C}\times\boldsymbol{H}\times\boldsymbol{W}$ 的大小。值得注意的是，相比于 SENet，该模块引入了并行的最大池化层，以提取更全面、更丰富的高级特征。这一设计的独特之处在于更全面地考虑了输入特征图的不同方面。

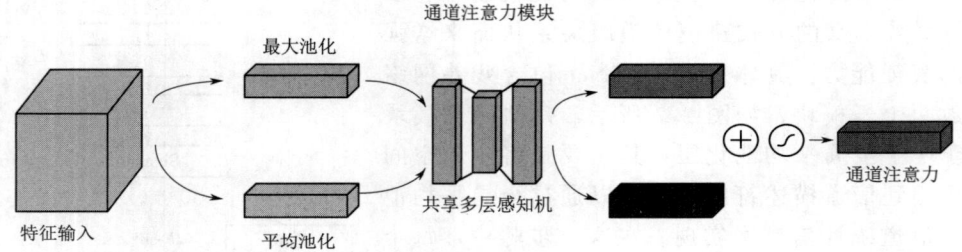

图 2.8 通道注意力模块

在空间注意力模块中，特征图的空间维度保持不变，但通道维度被压缩，以降低网络中的参数数量。同时，该模块可以过滤掉不重要的特征通道，保留关键的通道，以更有效地提取目标特征。此外，空间注意力模块还能够为不同的空间位置分配不同的权重，使得网络更加集中于与任务相关的区域，从而提高模型的准确性和效率。如图 2.9 所示，SAM 通过对 CAM 的输出进行最大池化和平均池化的操作，得到两个大小为 $1\times\boldsymbol{H}\times\boldsymbol{W}$ 的特征图。然后将这两个特征图进行拼接，并经过一个 7×7 的卷积层，将其变换为 1 通道的特征图。再通过 Sigmoid 激活函数得到 SAM 的特征图。最后，将 SAM 的输出结果乘以原始特征图，将其还原为 $\boldsymbol{C}\times\boldsymbol{H}\times\boldsymbol{W}$ 的大小。这个过程在不改变特征图的空间维度的同时，实现了通道维度的有效压缩和重要信息的集中保留，为更好地捕获目标特征提供了机制。

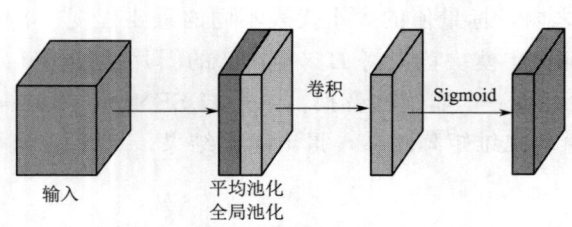

图 2.9 空间注意力模块

假设输入特征 $F\in\mathbb{R}^{W\times H\times C}$，则可

以得出一维 CAM 和二维 SAM 的输出 $M_C \in \mathbb{R}^{1 \times 1 \times C}$ 和 $M_S \in \mathbb{R}^{W \times H \times 1}$，同时可以得到 CAM 和 SAM 的具体公式，即

$$M_C(F) = \text{Sigmoid}[\text{MLP}(F_{\text{avg}}^c, F_{\text{max}}^c)] \tag{2.24}$$

$$M_S(F) = \text{Sigmoid}[f^{7 \times 7}(F_{\text{avg}}^s, F_{\text{max}}^s)] \tag{2.25}$$

式中，MLP 是由两个全连接层和 ReLU 激活函数组成的多层感知机网络，$f^{7 \times 7}$ 是 7×7 卷积核大小的卷积运算过程。值得注意的是，SAM 和 CAM 通常以串行的方式组合在一起，这比并行的方式组合在一起会有更优的效果。CBAM 引入了 SAM 和 CAM 两个分析维度，通过这两个维度的顺序注意力结构变化，实现了从空间到通道的关注机制。这种结构变化在保持足够轻量化的同时，有效提升了模型的目标检测效果。CBAM 的设计使得模型能够更加精准地关注不同区域和通道上的重要特征，从而提高了对目标的检测性能。整体公式为

$$F_C = M_C(F) \otimes F \tag{2.26}$$

$$F_S = M_S(F_C) \otimes F_C \tag{2.27}$$

3. CA 模块

CA 模块可以视为一个旨在增强移动网络学习特征的表达能力计算单元，它通过将位置信息嵌入到通道注意力中以获得更优的效果。CA 模块结构如图 2.10 所示，为缓解二维全局池化造成的位置信息丢失问题，CA 模块通道注意力分解为坐标信息嵌入和坐标注意力生成两个并行的一维特征编码过程。坐标信息嵌入主要是对输入的每个通道分别沿着水平和垂直两个不同方向编码，坐标注意力生成主要是根据坐标信息嵌入所得到的精确位置信息生成注意力图。具体而言，首先经过残差网络处理的输入特征分别沿着 M 和 N 坐标轴平均池化提取宽度和高度两个方向上的特征信息，通过拼接来聚合 M 和 N 两个坐标轴的特征信息。其次经过卷积来捕获远程依赖关系，并使用批次标准化便可以得到每个维度的全局信息。然后沿

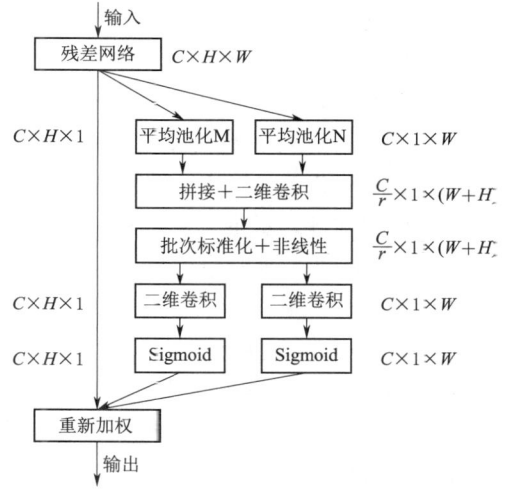

图 2.10 CA 模块

着宽度和高度的切分操作，分别经过二维卷积和 Sigmoid 激活得到一个 $C \times 1 \times W$ 的特征。最后通过重新加权操作，形成一个基于空间维度的注意力机制并输出网络。

CA 模块的核心思想在于将候选框的位置信息嵌入通道注意力中，从而避免了采用二维全局池化将特征张量转化为单个特征向量时可能导致的位置信息丢失的情况发生。该机制采用两个并行的一维特征编码，在垂直（h）和水平（w）方向上分别使用两个

---

1. $\otimes$ 表示克罗内克积，是张量积的特殊形式。

一维全局池化来感知特征的位置信息，实现位置感受特征的聚合。具体计算公式如下：

$$z_c^h(h) = \frac{1}{W} \sum_{0 \leqslant i < W}^{n} x_c(h,i) \tag{2.28}$$

$$z_c^w(w) = \frac{1}{H} \sum_{0 \leqslant j < H}^{n} x_c(j,w) \tag{2.29}$$

式中，$z_c^h(h)$ 为通道 c 在高度 h 的输出；$z_c^w(w)$ 为通道 c 在高度 w 的输出。

通过上述设计，系统网络不仅能够获得更多的远距离依赖关系，还能够结合目标的空间结构信息。同时，它可以将获取的特征图编码为方向感知和位置敏感的注意图。这两个注意图可以相互补充地应用于输入特征图中，从而更有效地获取更广泛的感受野，加强对特定位置的信息关注，提升了模型的表征能力。这种综合利用位置感知特征和方向感知特征的方法，使网络更全面地理解输入数据，进一步提高了对目标的敏感性和检测性能。

2.3.2 改进的 YOLOv5-CA 特征提取网络

为了在神经网络模型中提升目标的检测性能，注意力机制受到广泛关注和应用。主流的注意力机制多为重量级机制，通常会增加模型复杂度，不太适用于算力受限的移动网络。SENet 和 CBAM 是常见的轻量级注意力机制，先前的轻量级网络通常采用 SENet 模块，但 SENet 仅考虑通道之间的信息，忽略了位置信息。尽管后来的 CBAM 结合了空间和通道信息，通过卷积在降低通道数后提取位置注意力信息，但卷积仅能提取局部关系，缺乏对长距离关系的提取能力。因此，本章提出了一种改进的 YOLOv5-CA 特征提取网络。该网络能够将横向和纵向的位置信息编码到通道注意力层中，使得移动网络能够关注广泛的位置信息，同时又不引入过多的计算负担。改进后的 YOLOv5-CA 网络不仅获取了通道间信息，还考虑了方向相关的位置信息，有助于模型更精准地定位和识别目标。其灵活且轻量的特性使其能够轻松嵌入移动网络的核心结构中，并可作为预训练模型用于多个任务。

YOLOv5 特征提取网络中存在大量的通道，对每个通道逐一进行提取会导致过多的计算量，且有些通道对于目标检测任务并不是必须的，因此可以引入 CA 注意力机制去除一些不必要的通道，将注意力关注在更有用的特征上，从而进一步提升 YOLOv5 的性能。由于 CA 注意力机制和 YOLOv5 网络耦合度低，因此可以穿插在网络的任何位置，但本次设计主要是为了使模型更灵活地关注不同层次的特征和提高目标检测的性能，而不是用于关注图像的底层特征的性质，故本章决定将 CA 注意力机制放在 YOLOv5 的 Neck 网络末端，具体操作如图 2.11 所示。将 CA 注意力机制放在 Neck 网络中更有助于捕获目标检测任务中的上、下文信息，而且 Neck 网络中特征图远远小于骨干网络的特征图，因此计算开销相对较小。

2.3.3 实验环境、参数配置和评估指标

本章采用 DeepSense 6G 与 COCO 数据集中的部分相关图片融合作为本次实验的数据集，共 9480 张图，涵盖 V2X 通信常用中常见物体，数据集和标签如图 2.12 所示。经

2.3 YOLOv5-CA 改进模型

过标注后通过 YOLOv5-CA 改进模型进行训练,并将其与分别添加 SENet 和 CBAM 注意力机制的 YOLOv5 网络模型进行对比。实验环境设定及参数配置见表 2.1。

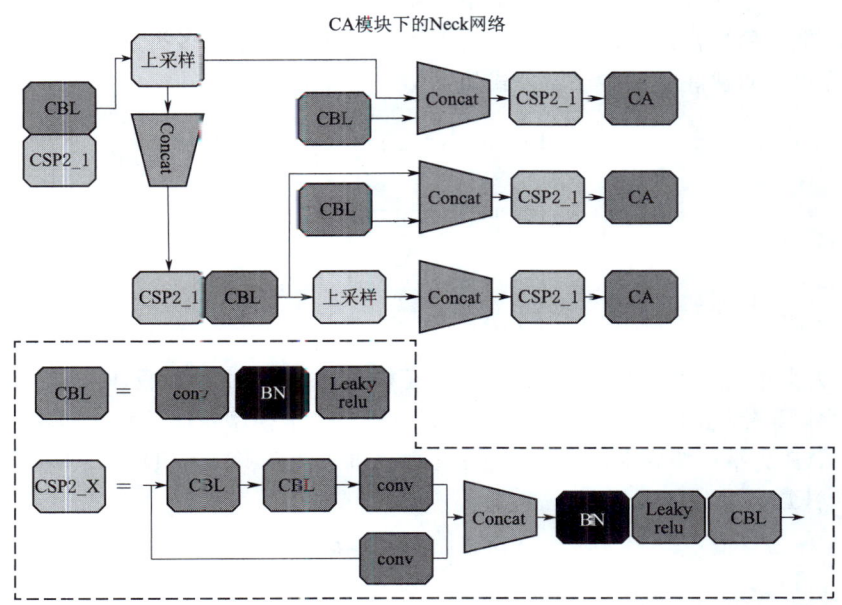

图 2.11 CA 模块下的 Neck 网络

图 2.12 数据集和标签

表 2.1   实验环境设定及参数配置

配 置 项 目	配 置 参 数	配 置 项 目	配 置 参 数
操作系统	Ubuntu 18.04	CUDA	10.2
GPU	RTX 2080Ti	Epoch	150
内存	11GB	BatchSize	32
编译语言	Python 3.7		

在实验过程中选择准确率（Precision）、召回率（Recall）和多类别平均精度（mAP）作为模型性能的评价指标。准确率表示模型预测的正样本中，真正的正样本所占有的比例；召回率表示实际的正样本中有多少被模型成功地预测为正样本；多类别平均精度均值是一种综合评估模型在不同类别下的性能的指标，多类别平均精度均值越高代表物体检测性能越好。具体计算公式如下：

$$\text{Precision} = \frac{TP}{TP+FP} \tag{2.30}$$

$$\text{Recall} = \frac{TP}{TP+FN} \tag{2.31}$$

$$\text{mAP} = \frac{\sum_{n=0}^{N} AP_n}{N} \tag{2.32}$$

式中：TP 为真正例，表示模型正确地预测为正样本的数量；FP 为假真正例，表示模型错误地将负样本预测为正样本的数量；FN 为假负例，表示模型错误地将正样本预测为负样本的数量；AP 为平均精确率，大小就是 PR 曲线围成的面积，面积越大，精确率越高。

AP 的计算公式如下：

$$AP = \int_0^1 P(R)\,\mathrm{d}R \tag{2.33}$$

2.3.4 不同网络对比实验分析

在本次实验中对 YOLOv5 模型进行改进，将三种不同的注意力机制引入该网络作对比分析实验。实验以 YOLOv5s 为模型的初始权重进行训练，为保证实验对比公平性，实验采取控制变量的原则，在相同数据集上对比 YOLOv5 模型和引入三种注意力机制模型（即 YOLOv5-SE、YOLOv5-CBAM、YOLOv5-CA）的性能。表 2.2 为数据集在 YOLOv5 模型本身以及在引入三种注意力机制下训练结果的准确率、召回率和多类别平均精度。从表中可以看出，相比于 YOLOv5 原模型，YOLOv5-CA 改进模型的准确率、召回率和多类别平均精度分别提高了 2.6%、1.3% 和 1.2%。此外，YOLOv5-CA 改进模型的三种评价指标比引入注意力机制的 YOLOv5-SE 和 YOLOv5-CBAM 模型也略高一点，这也证明了本章所提出的 YOLOv5-CA 改进模型的有效性。值得注意的是，并不是所有的注意力机制都有利于提升模型性能，例如，YOLOv5-SE 的性能就比 YOLOv5 原模型要差，这是因为有的注意力机制所关注的通道针对某些特殊数据集并不适用，相关计算会起到适得其反的作用，因此在提出新模型时候应根据数据集及模型本身的特性为基点做相关改进。

表 2.2　　　　　YOLOv5 在不同注意力机制下的实验结果　　　　　　　　　%

改进模型	准确率	召回率	多类别平均精度
YOLOv5	92.2	91.0	92.9
YOLOv5-CA	94.8	92.3	94.1
YOLOv5-SE	91.2	90.8	92.4
YOLOv5-CBAM	92.7	91.2	93.8

2.3 YOLOv5-CA 改进模型

为了清楚地展示四种不同网络模型在准确率、召回率和多类别平均精度三种评估指标下的性能，实验将具体结果绘制在图 2.13 中。从图中可以明显地看出在前 50 次迭代，曲线出现大幅度的跌宕现象，这是模型不断学习拟合所出现的正常现象。在 50~100 次迭代时曲线振荡幅度变小，逐渐趋于稳定状态。在 100~150 次迭代时，经过多次训练后的图像曲线逐渐趋于平稳，此时 YOLOv5-CA 改进模型无论是在准确率和召回率上，

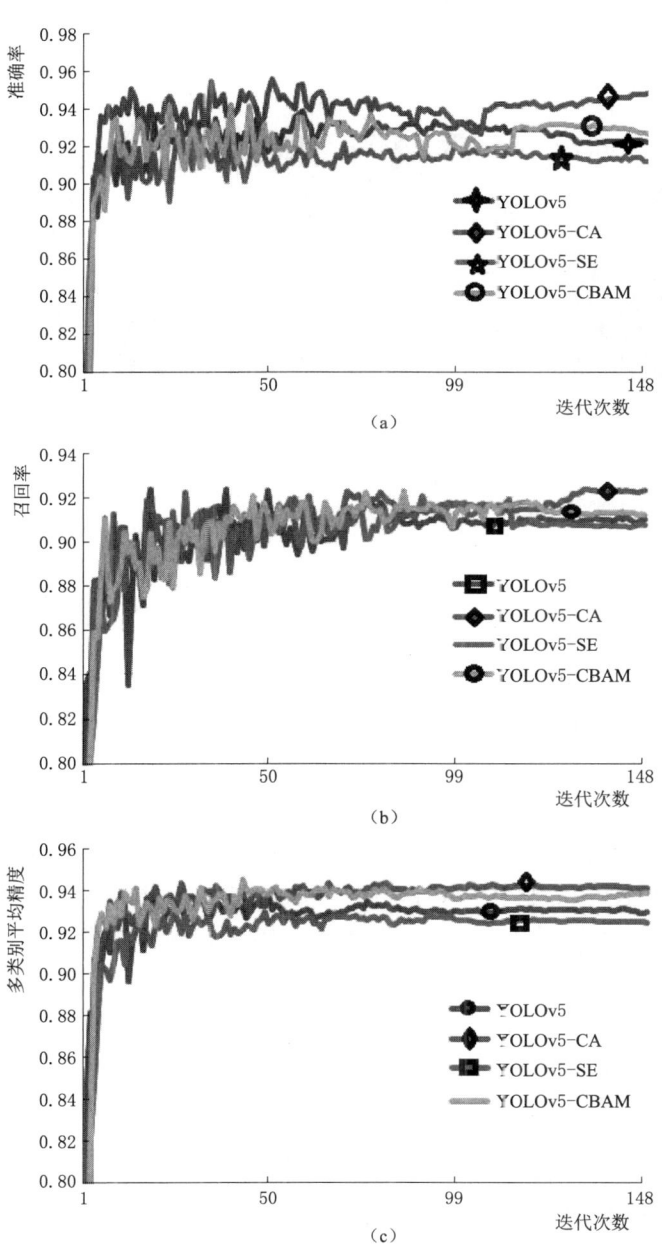

图 2.13　不同模型评价指标
(a) 准确率对比；(b) 召回率对比；(c) 多类别平均精度对比

还是在多类别平均精度上均优于其余三种模型，这也印证了所提 YOLOv5‑CA 改进模型的有效性。

为了进一步说明所提模型在真实场景中的实用性，图 2.14 给出了 YOLOv5‑CA 改进模型及 YOLOv5 原模型的目标检测置信度得分图。其中，图 2.14（a）是 YOLOv5 原模型的置信度得分，图 2.14（b）是 YOLOv5‑CA 改进模型的置信度得分。从图中可以看出，YOLOv5‑CA 改进模型所检测目标的置信度得分为 0.96，相比于 YOLOv5 原模型置信度 0.94 的得分有着 2% 的提升，也从另一方面证明了所提 YOLOv5‑CA 改进模型的有效性。

图 2.14　不同模型置信度得分
（a）YOLOv5 原模型；（b）YOLOv5‑CA 改进模型

2.4　基于融合注意力 Bi‑LSTM 的 V2X 通信阻塞预测方法

毫米波通信是当前和未来无线通信的关键支柱网络，主要依靠 LOS 链路来实现高速率的信息传输，与 NLOS 链路相比，LOS 链路接收信号的功率更大，从而可以实现更好的通信功能。当环境中用户与 BS 之间的 LOS 链路被遮挡时，用户接收功率衰减、信噪比降低，这些对毫米波通信的可靠性提出了挑战。在以往的通信范式中，高质量 LOS 链路的重建往往是被动的，而对于高频通信而言，系统能够主动保持 LOS 链路是非常重要的，这需要系统具备感知环境的能力，因此如何对环境中的物体进行感知并提取利用相关信息成为了阻塞预测的关键难点。为了更好地解决毫米波通信 LOS 链路易阻塞的问题，在此提出了一种基于视觉感知的 V2X 通信阻塞预测方法，其本质是将通信由"被动接收"转化为"主动感知"，属于主动感知辅助的通信新范式。该方法通过分析视觉传感器中的 RGB 图像，利用感知模型提取的散射体环境特征信息，结合融合注意力的深度学习网络架构有效预测未来阻塞的到达时间。

2.4.1　视觉辅助 V2X 通信

V2X 通信在提高交通效率方面发挥着重要作用，低延时的通信取决于系统处理的速度和预测的准确度，因此考虑了一种室外的 V2X 通信场景，如图 2.15 所示，道路上有

2.4 基于融合注意力 Bi-LSTM 的 V2X 通信阻塞预测方法

一些车辆和行人，道路边有一个毫米波 BS 为处于繁忙道路上的静止用户提供服务，每个 BS 配备了具有 M 个元素的均匀平面阵列（uniform planar array，UPA），为了捕捉到实时的 RGB 图像，系统在毫米波 BS 上方配备 RGB 摄像头用来感知并监控周围环境，并获取相关信息，该信息可以潜在地用于主动预测由移动物体引起的未来链路阻塞时间。通信系统采用正交分频复用技术，采用预定义的波束形成码本 $F=\{f_m\}_{m=1}^Q$，$f_m(f_m \in \mathbb{C}^{M\times 1})$ 和 Q 表示码本中波束形成向量的总数，维度 m 表示的是 BS 的天线个数。对于无线环境中的任何毫米波用户，其接收到的下行信号为

$$y_k = \boldsymbol{h}_k^\mathrm{T} \boldsymbol{f}_m x + n_k \tag{2.34}$$

式中：$y_k \in \mathbb{C}$，表示用户在第 k 个子载波处接收的信号；$\boldsymbol{h}_k \in \mathbb{C}^{M\times 1}$，表示 BS 和用户在第 k 个子载波处之间的信道；$x \in \mathbb{C}$，表示传输数据符号；n_k 表示从复高斯分布 $N_\mathrm{C}(0, \sigma^2)$ 中提取的噪声样本。假设一个几何信道模型，用户在第 k 个子载波上的信道向量为

$$\boldsymbol{h}_k = \sum_{d=0}^{D-1} \sum_{\sigma=1}^{L} \alpha_\sigma \mathrm{e}^{-\mathrm{j}\frac{2\pi k}{K}d} p(dT_\mathrm{s} - \eta_\sigma) a(\vartheta_\sigma, \phi_\sigma) \tag{2.35}$$

式中：L 为信道路径数；α_σ、η_σ、θ_σ、ϕ_σ 分别为第 σ 个信道的路径增益（包括路径损失）、时延、到达方位角和到达仰角；T_s 为采样时间；D 为循环前缀长度。

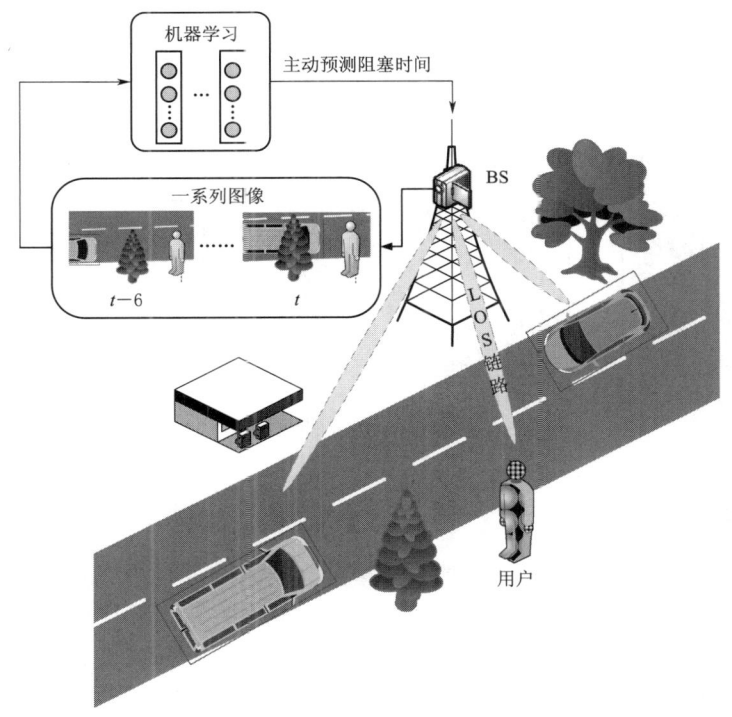

图 2.15 视觉辅助 V2X 通信场景图

阻塞预测模型主要是观察 BS 捕获的一系列图像样本，并利用感测数据来预测静止用户未来多久将被环境中的障碍物阻挡在窗口内，令时刻 t 在 BS 捕获单个 RGB 图像为 $Z[t]$，$Z[t] \in \mathbb{R}^{W\times H\times C}$，$W$、$H$ 和 C 分别是图像的宽度、高度和颜色通道数。在任一时

刻 τ，$\tau \in \mathbb{Z}$，定义 BS 使用的 RGB 图像序列 $S[\tau]$ 为

$$S[\tau] = \{S[t]\}_{t=\tau-r+1}^{\tau} \tag{2.36}$$

式中，$r \in \mathbb{Z}$，表示预测未来链路阻塞到达时间的输入序列或观察窗口的长度；根据输入的图像序列 $S[\tau]$ 预测下一时刻阻塞距离到达静止用户所需具体时间 T_d；需要注意的是，系统不关注确切的未来实例窗口状态，而是考虑表示未来阻塞到来的具体时间。采用机器学习模型去学习 $S[\tau]$ 到 T_d 的映射任务，定义一个函数 f_θ，该函数将观察到的图像序列 $S[\tau]$ 映射到未来堵塞到达的时间 T_d 中去，函数 f_θ 可以表示为

$$f_\theta : S[\tau] \rightarrow T_d \tag{2.37}$$

式中：θ 为机器学习模型的参数，从标记序列的数据集中学习。

2.4.2 视觉辅助阻塞预测方法

在 V2X 通信网络中，LOS 链路阻塞通常是由环境中可移动物体造成的，如汽车、公交车等，考虑真实场景中移动对象的动态特性，未来阻塞任务的预测将更加具有挑战性。为此，本章将阻塞预测分为对象检测和时序预测两个子任务。如图 2.16 所示，第一个子任务涉及检测环境中感兴趣的相关对象，考虑到当前计算机视觉和深度学习领域的最新进展，这项任务可以利用基于卷积神经网络（convolutional neural networks，CNN）的物体检测执行，如 YOLO（You Only Look Once）模型等，其主要是从图像中提取相关特征，并在图像中绘制边界框来锁定感兴趣的具体特征。第二个子任务是以第一个子任务提取的相关特征作为输入，通过机器学习模型从提取的特征中学习潜在的关键指标，进而预测未来时刻窗口用户被阻塞的剩余时间。

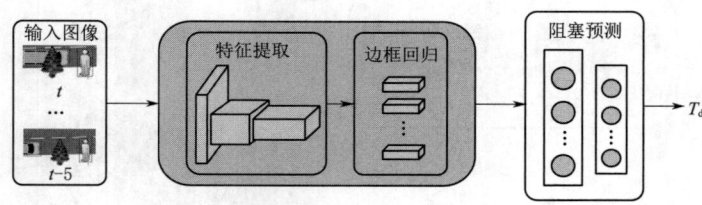

图 2.16 视觉辅助 V2X 预测架构

2.4.3 目标监测与定位

为了准确快速的识别环境中感兴趣的对象并提取其边界框坐标，采用当前比较流行的 YOLOv5 版本的目标检测模型。YOLOv5 是一种单阶段目标检测算法，与双阶段检测方法相比具有更快的速度和更高的准确度，主要通过处理视觉数据获取感兴趣对象的信息。YOLOv5 工作时未重新采集图片和对图片进行标注，而是直接利用 DeepSense 6G 与 COCO 数据集中的部分相关图片，其完全能够满足 V2X 场景中常见相关对象的检测。

通过目标检测可以提取感兴趣对象的边界框坐标，其是归一化后的坐标，处理后得到边框左上角像素点坐标（x_1，y_1）和右下角像素点坐标（x_2，y_2）。由于边界框可以由左上角像素点坐标和右下角像素点坐标这两组坐标表示，因此可以将 x_1，y_1，x_2，y_2 四元组作为边界框的特征表示。通过以上步骤可以获得物体像素尺度的位置信息，物

体真实速度的获取前提是如何将像素尺度坐标转换成真实场景下的物理坐标。实验中将相机固定在某一位置以保证拍摄图像具有相同范围大小的视野，视野范围的恒定意味着实际物理距离也不会发生变化，具体计算公式如下：

$$\text{Speed} = \frac{W^*}{W \times \text{FPS}} \times (|x_{t2} - x_{t1}|) \qquad (2.38)$$

式中：W^* 为图像在真实场景中所占据的宽度，m；W 为图象中的像素宽度，m；x_{t2} 和 x_{t1} 分别为目标在 $t2$ 和 $t1$ 时刻的像素点中心点位置；FPS(frames per second) 为每秒的帧数。

而后将坐标与速度连接形成向量 $\boldsymbol{\beta}$（$\boldsymbol{\beta} \in \mathbb{R}^{Y \times 1}$），$Y$ 为检测到的物体数目，因每个数据样本中检测到的物体数目未必相同，这将导致提取的特征长度不固定。为了保证向量 $\boldsymbol{\beta}$ 长度一致，用 $Z \sim Y$ 个零值去填充以获得长度一致的向量 $\hat{\boldsymbol{\beta}}$（$\hat{\boldsymbol{\beta}} \in \mathbb{R}^{Z \times 1}$）。经过以上处理，物体坐标和速度连接形成的固定长度向量 $\hat{\boldsymbol{\beta}}$ 就可以被提取出来。

2.4.4 信息处理与 DA–DBLSTM 预测

此方法无需再用图像序列，只需从图像中提取目标的边框坐标和速度，这将大大减少计算量，有效节省运算时间。由于提取信息为时序序列信息，故只考虑采用不同类型的时序神经网络，如长短期记忆神经网络（long short-term memory，LSTM）、门控循环单元（gated recurrent unit，GRU）等。为了预测用户下一时刻的阻塞剩余时间，以时间序列 $\{\hat{\boldsymbol{\beta}}[\tau-r+1], \cdots, \hat{\boldsymbol{\beta}}[\tau]\}$ 作为输入，进而完成预测任务并对比分析其效果。

LSTM 是一种特殊的时序网络，它通过遗忘、记忆和更新三个门控单元控制信息的保留和传递，如图 2.17 所示。遗忘门决定了上一时刻单元状态 C_{t-1} 中哪些信息需要被遗忘。记忆门与遗忘门相反，它由 Sigmoid 和 tanh 两个神经网络层组成。sigmoid 网络层接收 $\boldsymbol{x}_t$ 和 $\boldsymbol{h}_{t-1}$ 作为输入，输出 i_t 决定哪些信息需要被更新，tanh 网络层通过整合输入的 $\boldsymbol{x}_t$ 和 $\boldsymbol{h}_{t-1}$ 来创建一个新的范围在 −1 到 1 之间的状态候选向量 $\widetilde{C}_t$，并对其更新得到新状态 C_t。输出门用来控制 C_t 中的内容输出到 LSTM 网络当前的输出值 $\boldsymbol{h}_t$ 中，具体计算公式见表 2.3 中的正向 LSTM 一栏。

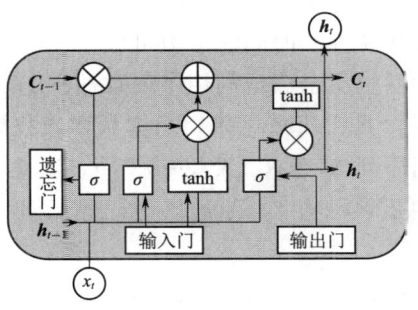

图 2.17 LSTM 网络结构

表 2.3　　　　　　　　正向 LSTM 和反向 LSTM 计算公式

LSTM	正　向	反　向
公式	$f_t = \sigma(W_f[\boldsymbol{h}_{t-1}, \boldsymbol{x}_t] + b_f)$	$f_t = \sigma(W_f[\boldsymbol{h}_{t+1}, \boldsymbol{x}_t] + b_f)$
	$i_t = \sigma(W_i[\boldsymbol{h}_{t-1}, \boldsymbol{x}_t] + b_i)$	$i_t = \sigma(W_i[\boldsymbol{h}_{t+1}, \boldsymbol{x}_t] + b_i)$
	$\widetilde{C}_t = \tanh(W_c[\boldsymbol{h}_{t-1}, \boldsymbol{x}_t] + b_c)$	$\widetilde{C}_t = \tanh(W_c[\boldsymbol{h}_{t+1}, \boldsymbol{x}_t] + b_c)$
	$C_t = f_t \times C_{t-1} + i_t \times \widetilde{C}_t$	$C_t = f_t \times C_{t+1} + i_t \times \widetilde{C}_t$
	$o_t = \sigma(W_o[\boldsymbol{h}_{t-1}, \boldsymbol{x}_t] + b_o)$	$o_t = \sigma(W_o[\boldsymbol{h}_{t+1}, \boldsymbol{x}_t] + b_o)$
	$\boldsymbol{h}_t = o_t \times \tanh(C_t)$	$\boldsymbol{h}'_t = o_t \times \tanh(C_t)$

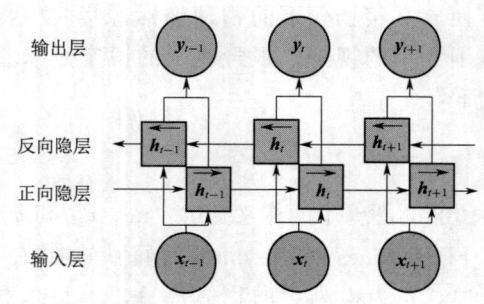

图 2.18 BiLSTM 网络

BiLSTM 简称双向 LSTM，是 LSTM 的一种变体，如图 2.18 所示。它由输入层、正向 LSTM、反向 LSTM 及输出层组成。正向 LSTM 提取输入特征序列的正向特征；反向 LSTM 提取特征序列从后往前的反向特征；输出层负责对二者的输出数据进行整合。

正向 LSTM 和反向 LSTM 的计算见表 2.3，x_t 为 t 时刻的输入序列，C_t 为 t 时刻的细胞状态，h_{t-1} 为隐层状态，W_f、W_i、W_c、W_o 分别为记忆细胞状态、遗忘门、输入门、输出门的权重矩阵，b_f、b_i、b_c、b_o 分别表示其对应偏置。由此可以求出在 t 时刻的输出 y_t 为

$$y_t = W_y h + W_y^* h' + b_y \tag{2.39}$$

式中：W_y 和 W_y^* 分别为正向输入和反向输入到隐层权重矩阵；b_y 为其偏置。

由于其使用过去时刻和未来时刻的信息，因此对于远距离时间序列预测，BiLSTM 可以获得比 LSTM 更好的性能。

通过在神经网络输出端引入注意力的方法虽然已经很普遍，但是同时引入两种不同注意力在 V2X 通信领域还未得到广泛应用，故可以分别在双层 BiLSTM 的每个隐层输出端引入特征注意力和时间注意力。特征注意力可以获取特征空间的不同位置特征之间的信息，关注每个时间点上不同特征的性能，使得单位时间序列可以自适应地选择最相关的属性。时间注意力可以捕获时间序列之间的信息，关注不同时间序列的属性，从而使系统更全面地利用序列数据。DA－DBLSTM 模型的网络结构，如图 2.19 所示，第一层为 BiLSTM 网络，负责从输入数据中挖掘出每个单元序列中的隐藏信息，对于输入时间序列 $X=(X_1, X_2, \cdots, X_T)$，$X_t \in \mathbb{R}^N$，$N$ 代表序列数据中的特征数量，BiLSTM 网络主要学习从 X_t 到 h_t 映射任务，即

$$h_t = f_1(X_t, h_{t-1}) \tag{2.40}$$

式中：h_t 为 t 时刻的隐藏层向量；f_1 为时序神经网络；$X_t = (x_t^1, x_t^2, \cdots, x_t^N)$，为单位时间序列中的 N 个特征向量。

第二层为特征注意力层，它可以选择性地将关注点聚焦于特定的特征上，由于考虑了每个特征对 h_t 的作用，因此能够获得更好的效果。通过利用从第一层中捕获的单位时间序列的每组特征，可以得到关于特征的注意机制，计算如下：

$$e_t^i = g \tanh(w_t h_t + u X^i + b) \tag{2.41}$$

$$\alpha_t^i = \frac{\exp(e_t^i)}{\sum_{i=1}^{N} \exp(e_t^i)} \tag{2.42}$$

其中，$g \in \mathbb{R}^T$；$w_t \in \mathbb{R}^{T \times \text{hidden\_size}}$ 和 $u \in \mathbb{R}^{T \times T}$，表示需要学习的权重矩阵；$X^i = (x_1^i, x_2^i, \cdots, x_T^i) \in \mathbb{R}^T$，表示序列长度为 T 的第 i 个特征序列数据；α_t^i 表示第 i 个特征在时间 t 分配的关注权重值；将其在时间 t 分配给输入向量 $\tilde{X}_t$，即

2.4 基于融合注意力 Bi-LSTM 的 V2X 通信阻塞预测方法

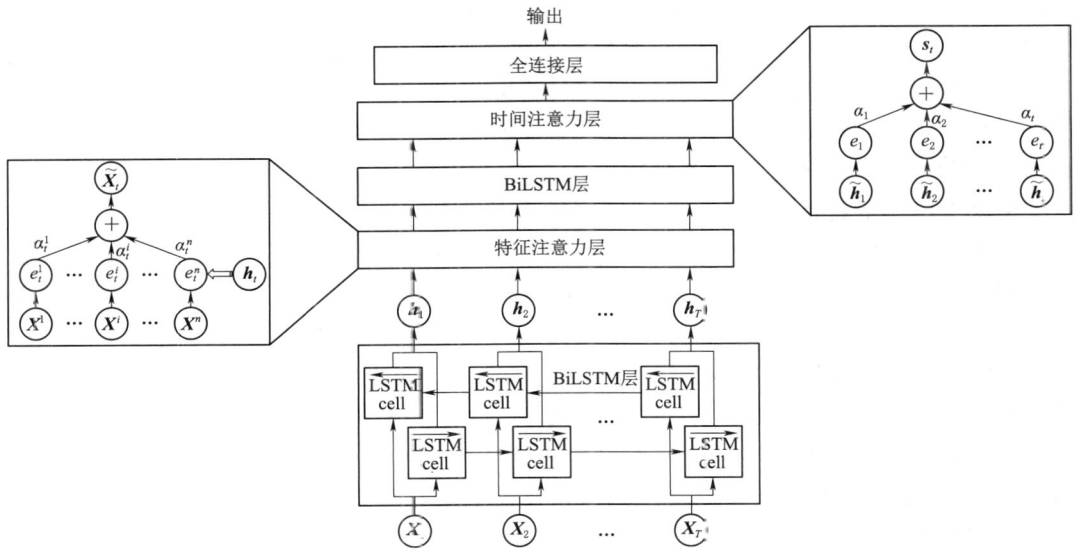

图 2.19 DA-DBLSTM 网络结构

$$\widetilde{X}_t = (\alpha_t^1 x_t^1, \alpha_t^2 x_t^2, \cdots, \alpha_t^N x_t^N) \tag{2.43}$$

在时间 t 自适应地选择不同的特征之后,获得新的输入向量 $\widetilde{X}_t$。与 X_t 相比,$\widetilde{X}_t$ 可以选择性地关注不同的特征,而不是将相同的权重分配给每个特征。而后将从特征注意力层输出的序列 $\widetilde{X} = (\widetilde{X}_1, \widetilde{X}_2, \cdots, \widetilde{X}_T)$ 作为输入送入第三层网络。第三层网络同第一层类似,用来学习第二层输出序列 $\widetilde{X}_t$ 到 $\widetilde{h}_t$ 的映射函数,即

$$\widetilde{h}_t = f_2(\widetilde{X}_t, \widetilde{h}_{t-1}) \tag{2.44}$$

式中:$\widetilde{h}_t$ 为 t 时刻的第三层网络的隐藏层向量;$\widetilde{h}_{t-1}$ 为隐藏层的前一个单元的输出;f_2 为时序神经网络。

然后时间注意力层以从第三层网络的隐藏层状态 $\widetilde{H}_t = (\widetilde{h}_1, \widetilde{h}_2, \cdots, \widetilde{h}_T)$ 作为输入,对其进行加权求和,计算过程如下:

$$e_t = \widetilde{g} \tanh(\widetilde{w}_t \widetilde{h}_t + \widetilde{b}) \tag{2.45}$$

$$\alpha_t = \frac{\exp(e_t)}{\sum_{i=1}^{t} \exp(e_i)} \tag{2.46}$$

$$s_t = \sum \alpha_t \widetilde{h}_t \tag{2.47}$$

式中:$\widetilde{g}$ 和 $\widetilde{w}_t$ 为权重矩阵;α_t 为时间序列分配所得的关注权重值;s_t 为隐层状态与注意力权重加权后的值,最后将其通过全连接层得到预测结果。

2.4.5 实验环境、参数配置和评估指标

实验所用计算机硬件配置:处理器 Intel® Xeon® Platinum8255C,CPU 频率为

2.5GHz，GPU 加速显卡为 NVIDIA GeForce RTX 2080Ti，操作系统为 Ubuntu 18.04，使用 Python 3.7 编程。通过目标检测模型及相关处理提取生成的特征序列，对其进行最大、最小归一化处理，该方法能够消除变异量纲和变异范围的影响，确保数据是在同一量纲下进行比较。处理后将其送入深度学习模型以评估未来阻塞发生的可能性。本章所提出的 BiLSTM 模型中有三个主要参数，分别是隐藏层大小、时间窗长度和批次大小。由于深度学习模型具有参数化特性，模型的训练和测试受参数的影响较大。实验采用随机梯度下降算法更新参数直到模型收敛，并采取控制变量方式，反复对验证集进行验证以得到使模型学习效果最佳的参数配置，从而避免出现精度波动的问题。为了在处理大规模数据和复杂模型时更具优势，采用 Adam 优化器，训练过程损失函数为 mean_squared_error，学习率为 0.001，批次大小为 10，训练次数为 50。

处理数据可以采用滑动窗口的方式，以多张图片生成的特征序列为一组，作为输入以预测未来一个窗口内用户距离阻塞来临的剩余时间 T_d。使用均方根误差（RMSE）、均方误差（MSE）、平均绝对误差（MAE）及平均绝对百分比误差（MAPE）来评估实际值 Y_i 和预测值 Y_i^* 之间的差异，进而评判 DA-DBLSTM 模型预测性能的好坏。评估指标的计算公式如下：

$$\text{MSE}(Y_i, Y_i^*) = \frac{1}{n} \sum_{i=1}^{n} (Y_i^* - Y_i)^2 \tag{2.48}$$

$$\text{RMSE}(Y_i, Y_i^*) = \sqrt{\frac{1}{n} \sum_{i=1}^{n} (Y_i^* - Y_i)^2} \tag{2.49}$$

$$\text{MAE}(Y_i, Y_i^*) = \frac{1}{n} \sum_{i=1}^{n} |Y_i^* - Y_i| \tag{2.50}$$

$$\text{MAPE}(Y_i, Y_i^*) = \frac{1}{n} \sum_{i=1}^{n} \left| \frac{Y_i^* - Y_i}{Y_i} \right| \tag{2.51}$$

2.4.6 参数灵敏度实验分析

为探究最佳时间窗长度和隐藏层大小及其对 DA-DBLSTM 模型的影响，实验选取 DA-DBLSTM、BiLSTM-FeaAttn 和 BiLSTM-TimeAttn 进行实验并绘制其 RMSE，在保持其他参数大小不变的情况下改变时间窗长度，设置时间窗步长分别为 2、4、6、10、15，通过图 2.20（a）中可以看出当时间窗步长为 6 时，三种网络的 RMSE 均低于其他时间窗步长，当时间窗步长太短或太长时，三种网络的性能会变差，但相较于 BiLSTM-FeaAttn 和 BiLSTM-TimeAttn，DA-DBLSTM 具有更好的鲁棒性。此外，从图中很容易观察到当时间窗步长较大时候，DA-DBLSTM 显著优于另外两种网络，这也表明时间注意力机制可以通过在所有时间窗步长中选择相关的编码器隐藏状态来捕获长期依赖关系。

通过设置时间窗步长为 6，实验进一步研究隐藏层大小及其与 RMSE 之间的关系，分别设置隐藏层大小为 6、12、18、24、32，并将其关系进行绘制，如图 2.20（b）所示。从图中可以看出当隐藏层大小为 12 时，DA-DBLSTM 可以实现最佳性能，尽管另外两种网络在隐藏层大小为 24 时达到最优，但 RMSE 仍远远高于 DA-DBLSTM，这

2.4 基于融合注意力 Bi-LSTM 的 V2X 通信阻塞预测方法

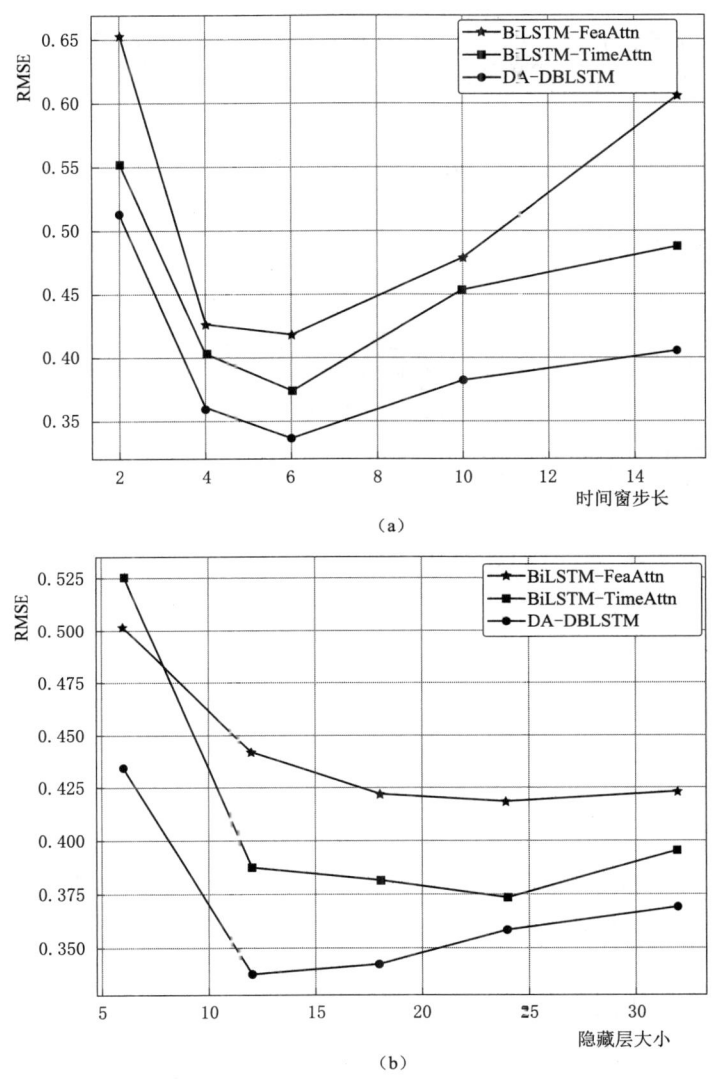

图 2.20 参数灵敏度实验
(a) 时间窗步长；(b) 隐藏层大小

表明 DA-DBLSTM 对参数具有更强的鲁棒性。此外，还可以观测到仅添加特征注意力的网络相较于仅添加时间注意力的网络，受隐藏层大小变化的影响较小，网络更稳定，这也验证了特征注意力对元素间状态关系的捕获具有一定的增强作用。

2.4.7 阻塞时间预测实验分析

为验证 DA-DBLSTM 模型的性能，实验采取 BiLSTM、Double BiLSTM、BiLSTM-FeaAttn 和 BiLSTM-TimeAttn 四种模型与之对比。为了公平起见，除注意力外，其他网络与之对比的四种模型均与其采用相同的参数。当输入数据组数一定时，实验探究了几种模型从输入到输出的运行时间,并将其以柱状图的形状绘制,如图 2.21 所示,横坐标轴为运行时间,单位为 s。从图 2.21 中可以看出,BiLSTM 和 BiLSTM-FeaAttn、BiLSTM-TimeAttn 两种网络的运行时间接近,DA-DBLSTM 网络的运行时间略微高于 Double BiLSTM 网络,但却远大于 BiLSTM 网络,这是因为 DA-DBLSTM 相较于 BiLSTM 拥有更深的网络结构,因此在处理复杂数据时具备更强大的特征抽取和处理能力,能够更有效地捕捉数据之间的关联性,这也意味着需要更多的计算资源和时间来完成工作。

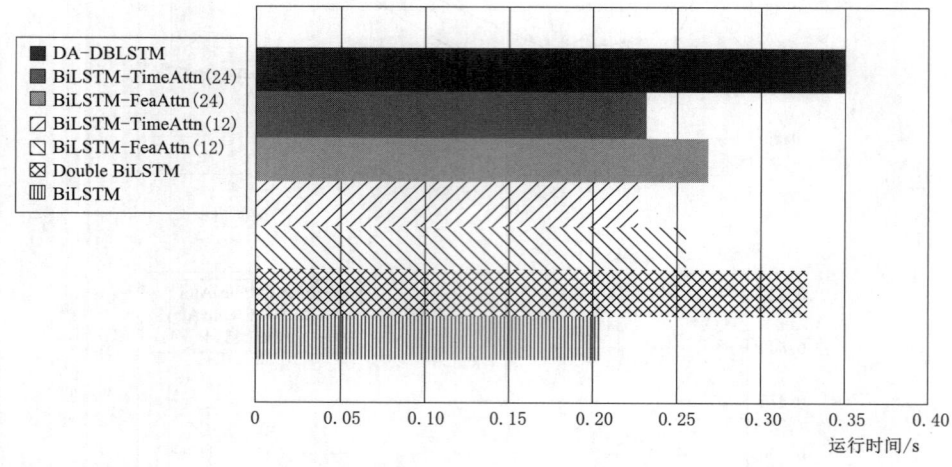

图 2.21 运行时间对比

从表 2.4 中可以看出,采用的 DA-DBLSTM 模型在评估指标 RMSE、MSE、MAE 以及 MAPE 方面的值比其他模型小很多。以 MSE 为例,BiLSTM、Double BiLSTM、BiLSTM-FeaAttn、BiLSTM-TimeAttn 的 MSE 分别为 0.2186、0.2304、0.1753、0.1397,DA-DBLSTM 模型将 MSE 降低至 0.1164,比 BiLSTM 模型低了将近一倍。此外,对于 RMSE、MAE 和 MAPE,DA-DBLSTM 模型也远远低于其余四种模型。为了更清晰的展示表 2.4 中的结果,将表 2.4 中的数据按照百分比进行缩放并在图 2.22 中绘制,也可以看出 DA-DBLSTM 性能指标明显低于其他模型。

表 2.4 DA-DBLSTM 与其他模型对比

网络模型	RMSE	MSE	MAE	MAPE
BiLSTM	0.4671	0.2186	0.3386	993
Double BiLSTM	0.4509	0.2034	0.3363	870
BiLSTM-FeaAttn (12)	0.4423	0.1960	0.3014	770
BiLSTM-TimeAttn (12)	0.3870	0.1501	0.2642	712
BiLSTM-FeaAttn (24)	0.4187	0.1753	0.2866	737
BiLSTM-TimeAttn (24)	0.3733	0.1397	0.2572	668
DA-DBLSTM	0.3413	0.1164	0.2220	569

2.4 基于融合注意力 Bi-LSTM 的 V2X 通信阻塞预测方法

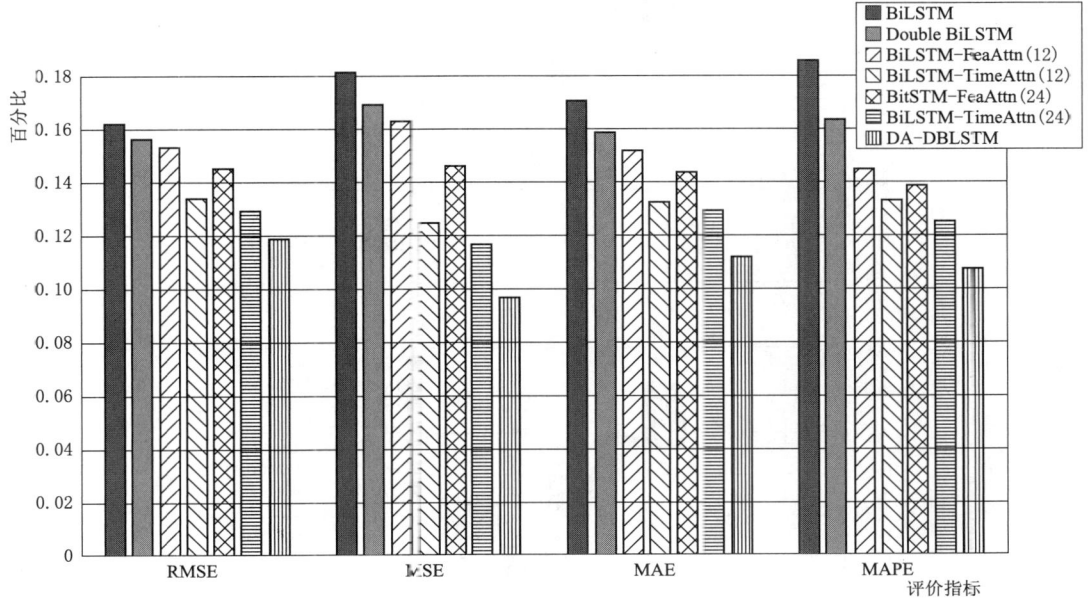

图 2.22 模型百分比

基于此，实验还对每个模型进行 20 次试验得出不同模型四种指标的变化区间并绘制，图 2.23 展示了四种模型的 RMSE、MSE、MAE 和 MAPE 的方箱图，从图中不难看出，DA-DBLSTM 模型呈现出来的性能明显优于其他模型，该模型的中线以及最小值均在其他模型之下，平均值也远远小于其他模型，变化区间也保持在一定范围，相对来说比较稳定。由此可得出结论，DA-DBLSTM 模型不仅可以显著提高预测精度，对改善系统稳定性也有很大帮助。

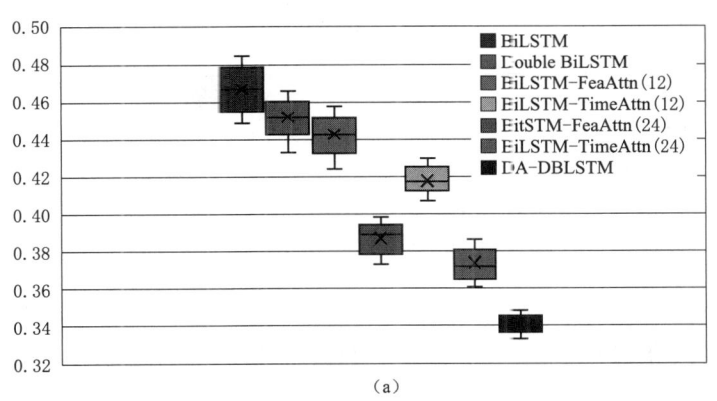

图 2.23（一） 评价指标方箱图
(a) RMSE；(b) MSE；(c) MAE；(d) MAPE

第 2 章 视觉感知

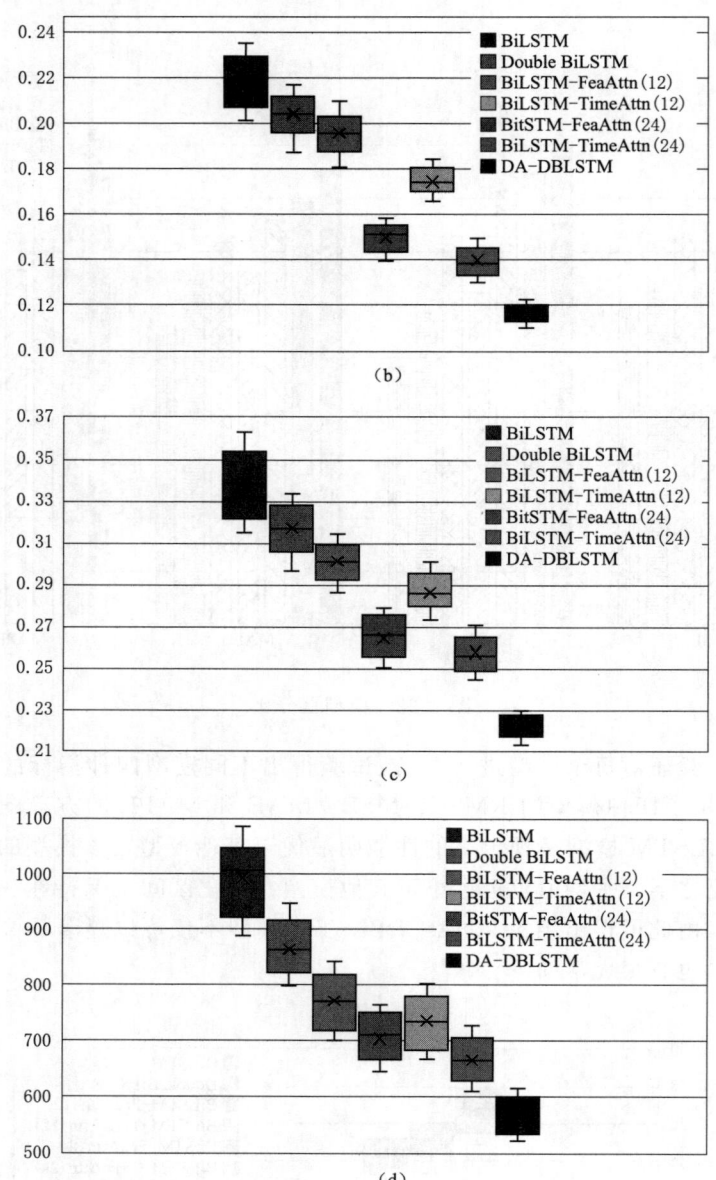

图 2.23（二） 评价指标方箱图
(a) RMSE；(b) MSE；(c) MAE；(d) MAPE

2.5 阻塞场景下基于位置的 RIS 辅助 V2X 通信波束成形

2.5.1 阻塞场景下 V2X 通信

系统考虑具有 M 个元素的均匀平面阵列的 BS 和单天线的车辆组成的车载网络，并关注其上行链路。此外，系统引入具有 N 个反射元件的 RIS 并在上方配备深感相机来辅助车辆通信。如图 2.24 所示，假设 $\boldsymbol{H}_b$($\boldsymbol{H}_b \in \mathbb{C}^{M \times N}$) 为 BS 和 RIS 之间的信道，$\boldsymbol{h}_r$($\boldsymbol{h}_r \in \mathbb{C}^N$) 为 RIS 与车辆位置之间的信道，$\boldsymbol{h}_v$($\boldsymbol{h}_v \in \mathbb{C}^M$) 为车辆位置与 BS 之间的信道。

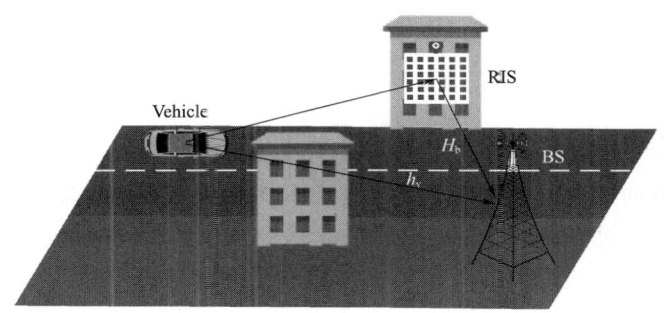

图 2.24 RIS 辅助 V2X 通信场景图

RIS 的反射元件通过调整其相位可以引起输入信号的相移，为简单起见，将相位调制的特性划分为 L 个离散电平并取区间 $[0, 2\pi)$ 均匀量化的值之一，每个反射元件处的离散相移集合可表示为

$$F = \{0, \Delta\theta, \cdots, (L-1)\Delta\theta\} \tag{2.52}$$

其中，$\Delta\theta = 2\pi/L$，设 RIS 第 i 个反射面的相移为 θ_i，$\theta_i \in F$，则 RIS 的反射矩阵可表示为 $\boldsymbol{\Theta} = \mathrm{diag}([e^{j\theta_1}, e^{j\theta_2}, \cdots, e^{j\theta_N}]^T)$，BS 处接收的信号为

$$y = (\boldsymbol{H}_b + \boldsymbol{h}_r \boldsymbol{\Theta} \boldsymbol{h}_v) x + n \tag{2.53}$$

式中：x 为车辆的发射信号，$\boldsymbol{n} = [n_1, n_2, \cdots, n_M]$，$n_m \sim \mathrm{CN}(0, N_0)(m=1,2,\cdots,M)$ 为 BS 的复加性高斯白噪声。

BS 采用线性波束成形向量对 x 进行解码可得

$$\hat{y} = \boldsymbol{w}^H (\boldsymbol{H}_b + \boldsymbol{h}_r \boldsymbol{\Theta} \boldsymbol{h}_v) x + \boldsymbol{w}^H \boldsymbol{n} \tag{2.54}$$

为简单起见，本章假设 BS 处的最大比率组合（MRC）为 $\boldsymbol{w} = \dfrac{\boldsymbol{H}_b + \boldsymbol{h}_r \boldsymbol{\Theta} \boldsymbol{h}_v}{\|\boldsymbol{H}_b + \boldsymbol{h}_r \boldsymbol{\Theta} \boldsymbol{h}_v\|}$，信噪比为

$$\mathrm{SNR} = \frac{P \|\boldsymbol{H}_b + \boldsymbol{h}_r \boldsymbol{\Theta} \boldsymbol{h}_v\|^2}{N_0} \tag{2.55}$$

式中：P 为发射功率。

可达速率可写为

$$R = \log_2 \left(1 + \frac{P \|\boldsymbol{H}_b + \boldsymbol{h}_r \boldsymbol{\Theta} \boldsymbol{h}_v\|^2}{N_0}\right) \tag{2.56}$$

R 为车辆在真实位置下的可达速率，单位为 bit/(s·Hz)。从式（2.56）中可以看出，可达速率取决于 RIS 处的反射矩阵，通过适当调整反射矩阵，可以实现更高的速率。与毫米波段 CSI 的变化相比，车辆方向角的变化要慢得多，可以基于车辆的位置和速度来确定车辆到基础设施通信的波束方向。在这种情况下，通信主要通过 LOS 链路进行[65]。因此，可以假设网络跟踪设备的位置求出用户出发和到达角度，即

$$d=\sqrt{(x_b-x_r)^2+(y_b-y_r)^2+(z_b-z_r)^2} \tag{2.57}$$

式中：d 为 BS 与 RIS 之间的距离；(x_b, y_b, z_b) 和 (x_r, y_r, z_r) 分别为 BS 与 RIS 的三维空间坐标；由此可求出其到达 BS 的方位角和俯仰角 $(\theta_\sigma, \phi_\sigma)$，即

$$\begin{cases} \theta_\sigma = \arccos \dfrac{\sqrt{x_r^2+y_r^2}}{d} \\ \phi_\sigma = \arccos \dfrac{x_b}{\sqrt{x_b^2+y_b^2}} \end{cases} \tag{2.58}$$

然而由于信道的复杂性和不确定性，仅基于以上线性公式去探究用户可达速率与信道之间的关系已不满足复杂的场景变化，为此需要引入更先进的神经网络建立用户可达速率和其他自变量之间的关系模型。

2.5.2 基于位置的波束成形

执行波束成形时，通过选择最佳离散相移来最大化可实现的速率，获取最佳离散相移需要估计 RIS 每个反射元件所涉及的信道，这对于大规模阵列的 RIS 是不可行的，会造成过多的开销。可以提出逐次细化算法扩展信道增益表达式，定义 $\boldsymbol{\Phi}=\boldsymbol{h}_r\mathrm{diag}(\boldsymbol{h}_v)$，$v=[\exp(j\theta_1),\exp(j\theta_1),\cdots,\exp(j\theta_N)]^T$，其中 $1, 2, \cdots, N$ 为优化变量，可以令 $\boldsymbol{A}=\boldsymbol{\Phi}^H\boldsymbol{\Phi}$，$b=\boldsymbol{\Phi}^H\boldsymbol{H}_b$，则信道增益表达式可以表示为

$$\|\boldsymbol{H}_b+\boldsymbol{h}_r\boldsymbol{\Theta}\boldsymbol{h}_v\|^2 = v^H\boldsymbol{A}v + 2Re\{v^H b\} + \|\boldsymbol{H}_b\|^2 \tag{2.59}$$

将其他反射元件 v_i 固定，$i\neq n$，只考虑单个反射元件时信道增益表达式为

$$2Re\{v_n^* k_n\} + \tau_n \tag{2.60}$$

式中，$k_n=\sum_{j\neq n}\boldsymbol{A}_{nj}v_j+b_n$；$\tau_n=\sum_{j\neq n}\sum_{i\neq n}v_i^*\boldsymbol{A}_{ij}v_j+2Re\{\sum_{i\neq n}v_i^*b_i\}+\boldsymbol{A}_{nn}+\|\boldsymbol{H}_b\|^2$，其中 $\boldsymbol{A}_{ij}$ 和 b_i 分别代表 $\boldsymbol{A}$ 和 b 的单个元素。基于上述信道增益表达式，可以将 RIS 反射阵列的相移 v_n 和 k_n 匹配来获得最大化增益，具体步骤见算法 2.1。

算法 2.1　逐次细化算法

(1) 初始化：$\boldsymbol{\Theta}=\boldsymbol{\Theta}^{(0)}$
　　　　　$R^{(0)}=0$

(2) 设置：$k=1$，$R^{(k)}=\log_2\left(1+\dfrac{P\|\boldsymbol{H}_b+\boldsymbol{h}_r\boldsymbol{\Theta}\boldsymbol{h}_v\|^2}{N_0}\right)$

(3) 大循环：1) 判断 $|R^{(k)}-R^{(k-1)}|>\zeta$
　　　　　　2) 满足 (1) 执行小循环
　　　　　　3) $k=k+1$
　　　　　　4) $R^{(k)}=\log_2\left(1+\dfrac{P\|\boldsymbol{H}_b+\boldsymbol{h}_r\boldsymbol{\Theta}\boldsymbol{h}_v\|^2}{N_0}\right)$

(4) 小循环：开始循环 $n=1,2,\cdots,N$
　　　　　　执行公式 $\theta_n^* = \arg\min_{\theta\in F}|\theta-\angle k_n|$

减少信道估计开销的另一种方法是将反射阵列划分为子组,并按每个子组执行相位优化。在这里子组被认为是一个单一的元素。因此,只需要估计每组的通道,而不需要估计所有反射元素的通道。此外,还可以运行考虑子群的相位优化算法,该算法无需遍历所有单个元素。假设一个 8×8 的反射阵列,将其划分为 2×2 大小的子群,每个子群被认为是一个单一的反射元素。因此,对于 4×4 反射阵列,可以有效地进行波束成形。这减少了信道估计开销以及连续组化算法的复杂性。在找到相移之后,组中所有反射器的相移被设置为子组的相同值。

为了深入了解 RIS 辅助通信这一方案的可行性,采取波束跟踪方案并探究移动车辆通信信号随位置、速度、RIS 面板大小等因素的影响。实验中 BS 采用 4×2 均匀面阵的天线阵板,RIS 采用 16×16 个反射原件组成的平面反射阵列,并在上方配备一个深度传感相机,车辆采取单天线。

如图 2.25 所示,建立三维坐标系,RIS 被固定在 YZ 平面上,高度 h_{ris} 为 1m,BS 放置在 XZ 平面上,高度 h_{bs} 为 2m,距离原点 x_{bs} 为 20m,y_{bs} 为 10m。车辆天线放置在高度 h_v 为 1m,距离原点 x_v 为 2m 处。

根据公式(2.58)可以确定 LOS 信道矩阵。假设 BS 和 RIS 都有平面阵列,则 BS 和 RIS 之间的 LOS 信道矩阵可以表示为

$$\boldsymbol{H}_{b,los}=\sqrt{L_{los}}\,e^{-j\frac{2\pi d}{\lambda}}\boldsymbol{a}_{bs}(\theta_\sigma,\phi_\sigma)\boldsymbol{a}_{ris}^{H}(\theta_\delta,\phi_\delta) \quad (2.61)$$

式中,$\boldsymbol{a}_{bs}(\theta_\sigma,\phi_\sigma)\in\mathbb{C}^M$,表示到达 BS 方位角和俯仰角的阵列响应,$\boldsymbol{a}_{ris}^H(\theta_\delta,\phi_\delta)$ 表示到达 RIS 方位角和俯仰角的阵列响应。同理可求出 RIS 和车辆之间的信道 $\boldsymbol{h}_{r,los}$ 以及 BS 和车辆之间的信道 $\boldsymbol{h}_{v,los}$。

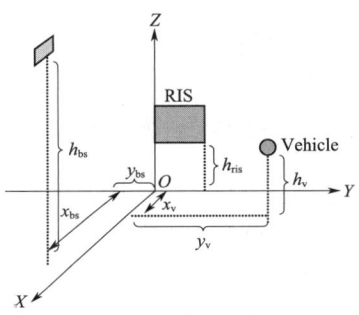

图 2.25 用户轨迹动态变化图

该系统只需要估计整个反射阵列的到达角和离开角。这比估计单个反射元件的信道花费更少的开销,这是完整 CSI 的情况。为了更深入了解 RIS 对用户通信速率的影响,系统探究了不同速度大小对用户可达速率的影响。由用户的位置 (x_v,y_v,z_v) 可求出用户的速度,即

$$V=\frac{\sqrt{(x_{v2}-x_{v1})^2+(y_{v2}-y_{v1})^2+(z_{v2}-z_{v1})^2}}{FPS} \quad (2.62)$$

式中:(x_{v1},y_{v1},z_{v1}) 和 (x_{v2},y_{v2},z_{v2}) 分别为当前时刻和下一时刻用户的位置,FPS(Frames Per Second)表示一帧的时间。

2.5.3 融合注意力机制的 MLP 网络

由于现实场景中速度会遇到诸多不确定因素的影响,其变化往往是非线性的,故系统考虑建立一个非线性关系函数 O_i 来表示可达速率与速度之间的联系,根据神经网络前向传播的特点[67],第 i 个隐藏层的输出 $\boldsymbol{H}_i(\boldsymbol{H}_i\in\mathbb{R}^{N\times H_i})$ 可表示为

$$\boldsymbol{H}_i = \mathrm{ReLU}[\boldsymbol{W}_{i1}\mathrm{ReLU}(\boldsymbol{W}_{i0}\boldsymbol{X}+\boldsymbol{b}_{i0})+\boldsymbol{b}_{i1}] \tag{2.63}$$

式中：$\boldsymbol{W}_{i0}$ 和 $\boldsymbol{W}_{i1}$ 为第 i 个隐藏层的权重矩阵；$\boldsymbol{b}_{i0}$ 和 $\boldsymbol{b}_{i1}$ 为偏置；$\boldsymbol{X} \in \mathbb{R}^{N \times D}$ 为由汽车的行驶速度和不确定因素构成的输入集合；N 为样本数量；D 为输入特征的维度。

此后在深层网络中引入残差模块来保证梯度传播，减轻梯度消失，加速模型收敛，即

$$\boldsymbol{Y}_i = \boldsymbol{X} + \boldsymbol{H}_i \tag{2.64}$$

为了使网络可以在不同的通道（特征维度）上分配不同的权重，在每个隐藏层的输出上引入通道注意力，以助网络可以更灵活地关注输入特征的不同方面，即

$$\boldsymbol{A}_i = \mathrm{softmax}\{\boldsymbol{W}_{ai2}\mathrm{ReLU}[\boldsymbol{W}_{ai1}\mathrm{mean}(\boldsymbol{Y}_i)+\boldsymbol{b}_{ai1}]+\boldsymbol{b}_{ai0}\} \tag{2.65}$$

式中：$\boldsymbol{A}_i \in \mathbb{R}^{H_i}$ 为通道注意力权重；$\boldsymbol{W}_{ai1}$ 和 $\boldsymbol{W}_{ai2}$ 为通道注意力层的权重矩阵；$\boldsymbol{b}_{ai0}$ 和 $\boldsymbol{b}_{ai1}$ 为偏置；$\mathrm{mean}(\boldsymbol{Y}_i)$ 为在样本维度上对 $\boldsymbol{H}_i$ 进行平均，得到一个维度为 $\boldsymbol{H}_i$ 中通道数的向量。

最后将通道注意力权重 $\boldsymbol{A}_i$ 与第 i 个隐藏层的输出 $\boldsymbol{H}_i$ 逐元素相乘得到输出，即

$$\begin{aligned} R &= \boldsymbol{A}_i \times \boldsymbol{Y}_i \\ &= \mathrm{softmax}\{\boldsymbol{W}_{ai2}\mathrm{ReLU}[\boldsymbol{W}_{ai1}\mathrm{mean}(\boldsymbol{Y}_i)+\boldsymbol{b}_{ai1}]+\boldsymbol{b}_{ai0}\} \times \\ &\quad \{\boldsymbol{X}+\mathrm{ReLU}[\boldsymbol{W}_{i1}\mathrm{ReLU}(\boldsymbol{W}_{i0}\boldsymbol{X}+\boldsymbol{b}_{i0})+\boldsymbol{b}_{i1}]\} \end{aligned} \tag{2.66}$$

式中：R 为用户的可达速率。

以上对每个隐藏层引入通道注意力机制，该机制允许模型自动学习在每个通道上分配的重要性，获取特征空间的不同位置特征之间的信息，关注不同特征的性能，使得系统可以自适应地选择最相关的属性，并将这种重要性应用到输出中，以大大提高系统性能。

2.5.4 参数设置及仿真结果分析

实验所用计算机硬件配置：处理器 Intel® Xeon® Platinum8255C，CPU 频率为 2.5GHz，GPU 加速显卡为 NVIDIA GeForce RTX 2080Ti，操作系统为 Ubuntu 18.04，使用 Matlab 2018b 和 Python 3.7 编程。模拟仿真中采用 28GHz 频带的毫米波通信，载波频率 f_c 为 24.2GHz，为深入研究 RIS 辅助通信原理，所涉及的信道均采用瑞利衰落模型建模，其中 RIS 与 BS 之间的链路设置 β_r 为 2，车辆与 RIS 链路设置 β_v 为 1，对直接链路设置 β_d 为 ∞，β 表示相关信道的瑞利系数。

实验将车辆位置固定在离 RIS 最近的点 $y_v = 0$，即最佳位置，比较在改变发射功率时候 16×16 和 8×8 不同阵列尺寸的可实现速率并绘制出变化曲线，如图 2.26 所示。从图中可以看出用户可达速率在 16×16 反射阵列下远远优于 8×8 反射阵列下的可达速率，这表明大型反射阵列的 RIS 更利于用户通信。此外，用户基于位置的波束成形性能略高于分组下位置的波束成形性能，低于与使用具有全 CSI 反射阵列的性能，但与没有 RIS 的系统相比性能有着显著提高。这表明基于位置的波束成形对用户通信有着很好的提升效果。

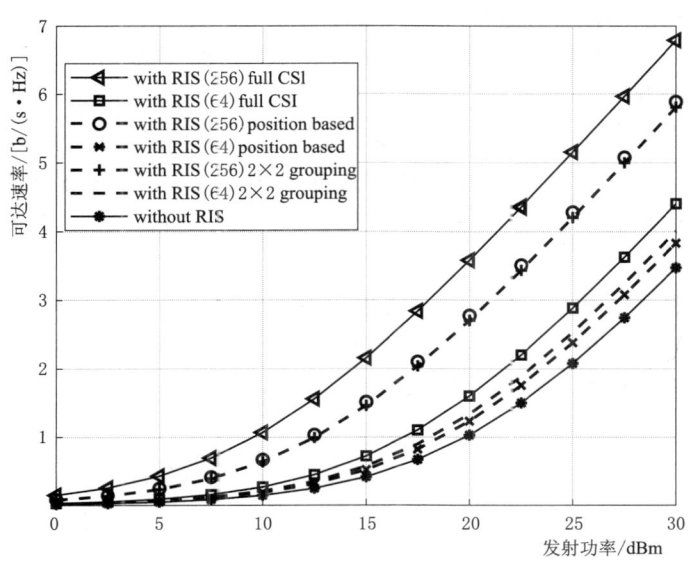

图 2.26 可达速率随发射功率变化曲线

实验控制汽车距离 X 轴距离不变，在 Y 轴上匀速行驶，通过不断改变汽车 y_v 的大小，进而观察其可达速率的变化情况，如图 2.27 所示。从图 2.27 中可以看出当 y_v 为 0 时可达速率最高，即车辆在 RIS 阵列正下方时用户可达速率最高。当逐渐远离 RIS 面板时可达速率会依次降低，但仍比无 RIS 面板效果好，这也从某方面印证了 RIS 对用户通信带来的增益效果。此外，实验对比了 8×8 和 16×16 不同大小阵列分别对用户通信的增益，发现大面板 RIS 阵列对用户的增益要远远好于小面板 RIS 阵列。与非 CSI 情况下相比，毫米波段 CSI 情况下用户的可达速率相对较好，这是理想状态下忽略噪声所引起的。

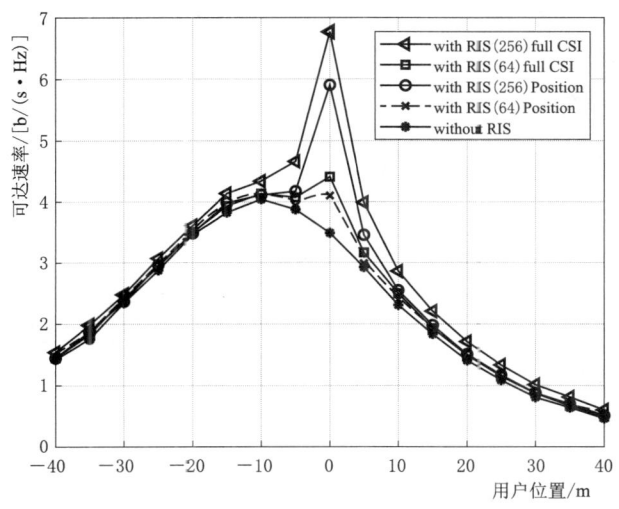

图 2.27 可达速率随位置变化曲线

为验证当前场景不同方向速度对通信性能的影响，分别将小车放置在 RIS 天线阵列和 BS 下方，并以不同速度向远离 BS 和 RIS 的方向行驶，观察用户通信可达速率随正反向速度的变化情况并绘制图 2.28。从图 2.28（a）可以看出当用户静止（即速度为 0）时用户在 16×16 阵列 RIS 下的可达速率数值约为 5.8b/(s·Hz)，相比无 RIS 时的 3.5b/(s·Hz) 有着约 65% 的增益。即使在速度为 3m/s 的高速移动速度下，用户在 16×16 阵列 RIS 下的可达速率仍然可以达 1.6b/(s·Hz)，相比无 RIS 情况下的 1.4b/(s·Hz) 有着 14% 的增益效果。此外，从图 2.28（a）和图 2.28（b）中还可以看出，无论是正向移动还是反向移动用户通信质量均会随速率的增大而逐渐下降，这也印证了速度大小的变化对用户通信会产生不同的影响。最后当速度继续增大时曲线呈现平缓的趋势，此时有 RIS 加持情况下的数值略微高于无 RIS。

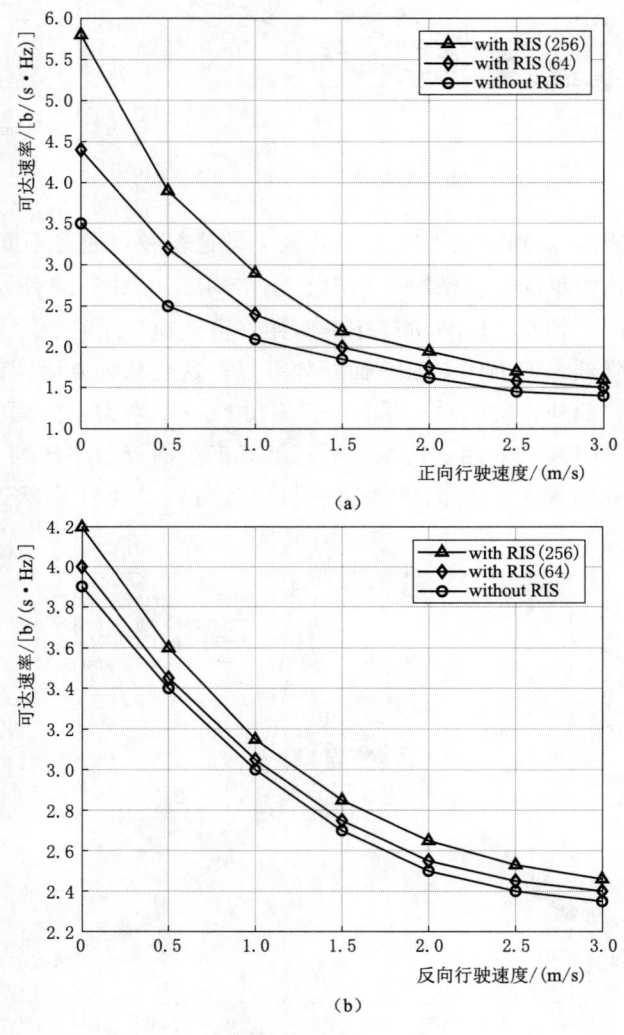

图 2.28 可达速率和正反向速度关系
（a）正向行驶速度；（b）反向行驶速度

2.6 本章小结

本章针对视觉辅助 V2X 通信中阻塞预测难和波束成形开销大的问题进行阐述，提出基于视觉辅助 V2X 通信的阻塞预测与波束成形方法，旨在通过低导频开销、低计算复杂度的感知通信方式为复杂情景用户提供最为简便有效的方案，主要创新点如下。

（1）提出了面向视觉感知的 YOLOv5-CA 改进模型。该模型通过将位置信息嵌入到在 YOLOv5 骨干网络处通道注意力中，扩大移动网络关注的区域，增强网络模型对目标的感知能力。为了有效地整合空间信息、降低二维全局池化操作导致的位置信息丢失问题，将二维全局池化操作分解为两个并行的一维特征编码过程。具体来说，通过两个一维全局池化操作，分别将垂直和水平方向的输入特征聚合到两个独立的方向特征映射中。嵌入特定方向信息的特征图编码组成两个注意力图，此时输入特征图在空间方向上的远程依赖关系可以被两个注意图捕获并保存。两个注意图通过乘法将依赖关系应用于输入特征图，增强模型的感知能力。仿真结果表明，YOLOv5-CA 改进模型在准确率、召回率和多类别平均精度方面比 YOLOv5 原模型分别提高 2.6%、1.3% 和 1.2%，相较于 YOLOv5-SE 和 YOLOv5-CBAM 也有明显的提升效果。

（2）提出了一种基于视觉辅助阻塞的 DA-DBLSTM 网络预测方法。该方法分为提取特征和阻塞预测两个子任务。第一个子任务主要通过引入高可靠高速率的视觉感知模型直接提取图像有用关键信息，根据信息扩展状态空间形成相关信息特征序列。第二个子任务设计了一种融合特征和时间注意力的 DA-DBLSTM 网络，以第一个子任务提取的相关特征序列作为输入。通过机器学习模型从提取的特征中学习潜在的关键指标，进而预测未来时刻窗口用户被阻塞的剩余时间。与传统注意力相比，该融合注意力不仅可以关注每个时间单元中的不同特征，还可以关注不同时间单元的时序信息，使检测效果更优。仿真和分析结果表明，所提出的 DA-DBLSTM 网络预测链路阻塞效果明显，与 BiLSTM 相比，DA-DBLSTM 模型将 MSE 从 0.2185 降低至 0.1163，在 RMSE、MAE 以及 MAPE 评估指标方面均优于现有方法。

（3）提出了高移动 V2X 场景下基于位置的 RIS 辅助 V2X 通信波束成形方法。在 V2X 通信场景中引入 RIS 并对 RIS 中反射元素进行分组实现更快配置，根据感知获得的用户位置直接进行波束成形，这种无需复杂的信道估计可以大大降低系统开销。此外，基于上述波束赋形方式利用融合注意力的 MLP 网络分析高移动场景下用户运动速度与通信性能之间的关系。仿真结果表明，所提方法可以显著提高用户的可达速率，在最佳位置用户静止时的可达速率相比无 RIS 情况下提升了 65%。由于融合注意力 MLP 能够减轻梯度消失现象、关注特征空间中的位置信息，高速正向移动场景下相比于无 RIS 也有 14% 的提升效果。

第 3 章

雷达感知

3.1 引言

近年来,随着 5G 的普及和 6G 研究的开展,用户对通信速率和数据流量的需求呈指数级增长。与此同时,随着大数据、云计算、边缘计算等技术的广泛应用,人工智能在各种复杂的通信场景中逐步实现深度融合,由此对通信系统的高数据速率、低延迟、高可靠性等性能指标有更高的要求。在 5G 技术尚未正式商业化普及之时,多数移动通信系统采用的是 300MHz~6GHz 频段。这一频段的频谱资源极为紧张,导致传输速率很难实现突破性提升。虽然 5G 通信中毫米波技术的应用带来了更多的频谱资源,但面对未来各种新型通信场景全维度互通互联的挑战,仍需不断创新的通信技术和新型无线网络架构作为强有力的支撑。

新一代无线网络的主要目标是满足用户对吞吐量和可靠性的高要求,同时保证在各种通信场景中的能源效率。传统蜂窝网络依赖固定基站实施部署,这种方法可能无法在人口密集的城市或地区提供足够的网络覆盖以保证用户对高吞吐量和高可靠性的需求,网络密集化可以解决这些覆盖差距,但从零开始创建基础设施非常耗时,并且由于成本、电源、房地产许可、监管批准和回程可用性等问题面临重大挑战。在这种情况下,集成接入回程 (integrated access and backhaul, IAB) 网络能够增强网络的灵活性和适应性,提高通信的可靠性和稳定性,为新型通信服务和应用的发展提供可行性的解决方案。

从 IAB 网络采用的频段而言,毫米波频率中存在大量具有可用性的频谱资源,这使得 IAB 网络可以实现无线接入和回程以及通信容量的决定性提升,然而高频段虽然具有很高的自由度和指向性,但高频段的传输特性会导致毫米波系统十分依赖视距 (line of sight, LOS) 链路,以保证足够的信号接收功率,同时其高穿透损耗会使通信系统对阻塞非常敏感,一旦链路被移动的物体阻塞,就可能会导致系统性能突然下降甚至链路中断,极大影响网络的可靠性和延迟,并且 IAB 网络的密集化部署更会加剧阻塞给通信系统带来的影响。与此同时,毫米波通信采用波束成形技术,利用大规模多输入多输出天线阵列将信号集中在某个特定方向获得具有指向性的窄波束,从而形成增益来获得足够的接收信号功率,否则通信系统的性能将急剧下降。因此,寻找最佳窄波束是波束成形技术面临的重要挑战。目前波束预测算法大多需要较高的波束训练开销,导致通信系统难以支持高速移动场景的应用,如车联网、无人机、虚拟现实通信等。对于 LOS 链路而言,是否发生阻塞及选择最佳窄波束取决于通信终端和可能造成阻塞的移动物体的位置、高度、大小等。因此,感知无线环境中的有用信息并在链路阻塞发生之前实现阻塞和波束的预测,才能够使通信系统做出积极主动的决策。

此外,RIS 的发展为 IAB 网络的波束切换提供良好的应用前景。在 IAB 网络中,RIS 可以有效辅助 IAB 网络中的 IAB 节点以增加通信链路路径,通过各种算法优化 RIS 相位配置实现波束切换,提高无线信号在空间传播路径中的增益。其中,深度强化学习 (deep reinforcement learning, DRL) 作为一种具有自适应环境能力的机器学习算法，在处理 IAB 网络中的资源分配、路径选择及 RIS 配置优化等方面都具有广泛的应用，因此利用深度强化学习是解决 IAB 网络波束切换问题的一种良好选择。

在感知手段方面，计算机视觉、毫米波雷达、激光雷达等都是针对无线环境的重要感知手段，但毫米波雷达相较于激光雷达和计算机视觉在开销和保护用户隐私等方面具备优势。此外，毫米波雷达是一种工作频率范围在 30～300GHz、波长在微波和厘米波之间的雷达探测系统，其特性使得毫米波同时结合了微波雷达和光电雷达的优点。常见的毫米波雷达频段主要是 24GHz 和 77GHz，24GHz 目前普遍应用于工业、医疗等领域，而 77GHz 雷达更多应用于国内、外毫米波车载雷达领域的研究和应用，是一种线性调频连续波雷达。相较于 24GHz 的雷达，77GHz 的雷达有更高的分辨率，不存在距离盲区，感知环境中目标的距离、角度、速度等信息的误差更低；接收和发射信号同时进行，能减少元器件的功率，并将发射和接收天线集成在同一个芯片中，减少毫米波雷达系统的体积。由此可以得出毫米波雷达感知技术对实现通信感知一体化提供了重要的技术支撑。

综上所述，毫米波雷达感知技术与机器学习中的深度学习和深度强化学习相结合，为未来 6G 实现"数创世界新，智通万物灵"的美好愿景提供理论和应用支撑，具备较强的研究价值。

3.2 基础理论知识

3.2.1 毫米波雷达感知模型

毫米波雷达发射的是一种频率随时间线性增加的正弦信号，这种类型的信号被称为线性调频脉冲，又称啁啾信号。该信号的发射信号如下：

$$S_{\text{chirp}}^{Tx}(t) = A_{Tx} \sin\left\{\varphi_c + 2\pi\left[f_c t + \frac{B}{2T} t^2\right]\right\} \tag{3.1}$$

式中：f_c 为初始频率；A_{Tx} 为发射增益；φ_c 为初始相位；B 为啁啾信号带宽；T 为一个啁啾信号的持续时间。

$S_{\text{chirp}}^{Tx}(t)$ 由毫米波雷达的发射天线射出，在无线环境中传播，遇到移动车辆后发生反射，反射信号如下：

$$S_{\text{chirp}}^{Rx}(t) = A_{Rx} \sin\left\{\varphi_r + 2\pi\left[f_r t + \frac{B}{2T} t^2\right]\right\} \tag{3.2}$$

式中：A_{Rx} 为反射信号的增益；φ_r 为反射信号的初始相位；f_r 为反射信号的初始频率。

将发射信号和反射信号进行混合得到中频信号，中频信号如下：

$$S_{\text{chirp}}^{IF}(t) = A_{Tx} A_{Rx} \sin\left\{(\varphi_c - \varphi_r) + 2\pi\left[(f_c - f_r) t + \frac{B}{2T} t^2\right]\right\} \tag{3.3}$$

接收的中频信号 $S_{\text{chirp}}^{IF}(t)$ 以 ADC 采样速率（512KSPS）进行采样，每帧产生 L 个啁啾信号，每个啁啾信号产生 S 个样本，假定毫米波雷达具有 M 个接收天线，则每次

雷达测量都会产生 $M\times S\times L$ 个 ADC 样本。将接收到的雷达 ADC 样本作为原始数据，表示为 $\boldsymbol{R}$，$\boldsymbol{R}\in\mathbb{C}^{M\times S\times L}$。由于接收天线的线性调频脉冲是发射天线的线性调频脉冲的延时，因此延时 τ 可表示为

$$\tau=\frac{2d}{c} \tag{3.4}$$

将式（3.3）的中频信号初始相位 $\varphi_c-\varphi_r$ 用 φ_0 表示，则对应中频发射信号的初始相位和反射相位之差 φ_0 表示如下：

$$\varphi_0=2\pi f_c\tau \tag{3.5}$$

进一步推导为

$$\varphi_0=\frac{4\pi d}{\lambda} \tag{3.6}$$

距离分辨率是指能够分辨多个移动目标的能力。当多个移动目标靠近到某个位置时，毫米波雷达系统将难以将两者区分。根据傅里叶变换理论，延长中频信号可以提高分辨率，同时需要成比例增加带宽，因此需要满足如下关系：

$$\Delta f>\frac{1}{T_c} \tag{3.7}$$

式中：T_c 为观测时间长度。

由于 $\Delta f=\frac{S2\Delta d}{c}$，因此距离分辨率 d_{res} 仅取决于线性调频脉冲扫频的带宽，即

$$d_{res}=\frac{c}{2B} \tag{3.8}$$

毫米波雷达发射两个时间间隔为 T_c、波长为 λ 的线性调频脉冲。每个反射的线性调频脉冲通过快速傅里叶变换（FFT）处理，用于测量目标的距离。每个线性调频脉冲的 FFT 的峰值出现在同一位置，但相位不同。相位差对应速度为 vT_c 目标的移动。相位差可根据式（3.5）推导出，即

$$\Delta\varphi=\frac{4\pi vT_c}{\lambda} \tag{3.9}$$

则速度推导为

$$v=\frac{\lambda\Delta\varphi}{4\pi T_c} \tag{3.10}$$

基于相位差得到的速度测量值会存在测量的模糊性。当 $|\Delta\phi|<\pi$ 时具有非模糊性，根据式（3.10）可以推导出 $v<\frac{\lambda}{4T_c}$，由此得出：

$$v_{max}<\frac{\lambda}{4T_c} \tag{3.11}$$

毫米波雷达系统使用水平面估算反射信号的角度，该角度也称到达角，如图 3.1 所示。

物体距离的变化导致距离 FFT 或多普勒 FFT 峰值相位发生变化。变化结果用于估算目标角度信息，该估算至少需要两根接收天线。相位变化公式为

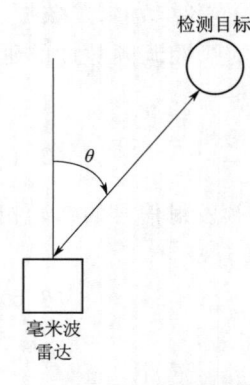

图 3.1 到达角示意图

$$\Delta\varphi = \frac{2\pi\Delta d}{\lambda} \quad (3.12)$$

其中
$$\Delta d = l\sin\theta$$

式中：Δd 为两根接收天线与目标之间的距离差；l 为天线之间的距离。

到达角 θ 可根据使用式（3.12）推导出，即

$$\theta = \sin^{-1}\left(\frac{\lambda\Delta\varphi}{2\pi l}\right) \quad (3.13)$$

毫米波雷达的最大角视场由雷达可以估算的最大到达角确定，角度测量需满足 $|\Delta w| < 180°$，两个天线之间的间隔会导致 $\pm 90°$ 的最大角视场。根据式（3.13）可得

$$\begin{gathered} \frac{2\pi l\sin\theta}{\lambda} < \pi \\ \theta_{\max} = \sin^{-1}\left(\frac{\lambda}{2l}\right) \end{gathered} \quad (3.14)$$

3.2.2 毫米波雷达信号预处理

理论上，给定雷达原始测量 $R \in \mathbb{C}^{M \times S \times L}$，可以提取环境中的三个重要特征，分别是运动物体的距离，角度和速度。基于此，本节提出了三种不同的预处理方法，每种方法都利用了这些测量值中的特定集合。为了从数学上定义预处理方法，本节将重点介绍三种雷达信号预处理方法，并分别用 $F_{2D}(\ )$ 和 $F_{3D}(\ )$ 表示二维和三维傅里叶变换。

距离-角度图：获取距离-角度图的方法旨在利用距离和角度信息。为此，首先使用时间样本方向的 FFT，即距离 FFT，并在频域中获得啁啾信号。在频域中，啁啾信号的往返行程时间成比例移位，从而提供距离信息，称为角度 FFT。获得角度信息后再使用一个更大尺寸的 FFT，用零填充对角度进行过采样。最后通过组合每个啁啾样本的距离角度信息构建最终的距离角度图。描述的操作在数学上可以简化地写成

$$R_{RA} = \sum_{a=1}^{N_A} |F_{2D}(X_{:,:,a})| \quad (3.15)$$

距离-速度图：为了从雷达测量数据中构建距离-速度图，分别对时间样本和啁啾样本应用两个 FFT。与距离-角度图的方法类似，首先使用距离 FFT。第二个 FFT 是通过啁啾样本应用的速度 FFT。速度 FFT 只返回连续啁啾样本的相移，这种相移是由多普勒频移引起的，包含速度信息。最后再次结合不同接收天线样本的距离-速度信息，得到最终的距离-速度图。该操作用数学的方法可以描述为

$$R_{RV} = \sum_{m=1}^{N_m} |F_{2D}(X_{m,:,:})| \quad (3.16)$$

雷达立方体：距离-角度图和距离-速度图的方法结合了角度和速度维度，将信息简化为 2D 图。在没有降低维度的情况下，本方法应用距离、速度和角度 FFT，并获得雷达立方体。产生的雷达立方体包含目标的距离、速度和角度的所有信息。它可以看作是每个速度值的距离-角度图的叠加。这个操作可以用数学方法描述为

$$\boldsymbol{R}_{RC} = |F_{2D}(X)| \tag{3.17}$$

3.2.3 通信与阻塞模型

在基于毫米波雷达感知的阻塞预测系统模型中,本章采用毫米波收发器和 M 根天线的基站,并采用窄带信道模型实现基站与单天线用户之间的通信。如下所示:

$$\boldsymbol{h} = \boldsymbol{h}^{\mathrm{LOS}} + \boldsymbol{h}^{\mathrm{NLOS}} \tag{3.18}$$

式中: $\boldsymbol{h}^{\mathrm{LOS}}$ 和 $\boldsymbol{h}^{\mathrm{NLOS}}$ 为由 LOS 和 NLOS 链路引起的信道系数。

在下行链路中,毫米波基站利用波束形成向量 $\boldsymbol{f}(\boldsymbol{f} \in \mathbb{C}^M)$ 传输给用户。在此模型下,用户接收到的信号可以表示为

$$U = \sqrt{\varepsilon_t} \boldsymbol{h}^{\mathrm{H}} \boldsymbol{f}_{st} + n \tag{3.19}$$

式中: $\sqrt{\varepsilon_t}$ 为基站的信号发射增益; n 为用户接收端的高斯加性白噪声; $\boldsymbol{f}_{st}$ 为假定从预定义码本 $\boldsymbol{F}$ 中选择的波束向量。

$\boldsymbol{f}^{\mathrm{best}}$ 作为最优的波束向量可以表示为

$$\boldsymbol{f}^{\mathrm{best}} = \arg\max |\boldsymbol{h}^{\mathrm{H}} \boldsymbol{f}|^2, \boldsymbol{f} \in \boldsymbol{F} \tag{3.20}$$

因此,有效信道表示为

$$h_e = \boldsymbol{h}^{\mathrm{H}} \boldsymbol{f}^{\mathrm{best}} = h^{\mathrm{LOS}} + h^{\mathrm{NLOS}} \tag{3.21}$$

式中: h^{LOS} 和 h^{NLOS} 分别为 LOS 和 NLOS 分量的有效信道增益。

阻塞模型采用合并信道衰落模型表示 t 时刻的信道增益。本章定义 t 时刻的阻塞为 $b(t)$, $b(t) \in \{0,1\}$,当 $b(t)=1$ 时表示 LOS 链路被阻塞; $b(t)=0$ 时,链路没有发生阻塞。如下所示:

$$h(t) = [1 - b(t)] h^{\mathrm{LOS}}(t) + h^{\mathrm{NLOS}}(t) \tag{3.22}$$

本模型旨在利用当前和以前的雷达测量预测未来的阻塞情况。本章利用过去几帧及当前帧的雷达测量值预测未来多个时刻内的阻塞情况。用 T_p 来表示最新的雷达测量值。如下所示:

$$\boldsymbol{M}[t] = \{\boldsymbol{R}[t - T_0 + 1], \cdots, \boldsymbol{R}[t]\} \tag{3.23}$$

在获得雷达测量值后,目标是预测未来 T_p 时刻内的阻塞状况,即

$$b_t = \bigvee_{t_p=1}^{T_p} \tilde{b}[t + t_p] \tag{3.24}$$

式中: $\vee$ 为逻辑或运算。使用这种表示方法定义了一个函数 φ_θ,将雷达测量值的堆栈 $\boldsymbol{M}[t]$ 映射到阻塞状态 $b[t]$。映射关系表示为

$$\varphi_\theta : \boldsymbol{M}[t] \to b[t] \tag{3.25}$$

其中,函数 φ_θ 返回给定雷达测量值的阻塞状态。因此,阻塞预测方法的目的是设计一个函数近似于式(3.25)中定义的函数 φ_θ 并优化其参数 θ,其中最优函数及其参数用 φ^* 和 θ^* 表示,本章将该问题定义为

$$\varphi_{\theta^*}^* = \arg\min_{\varphi_\theta} \frac{1}{T} \sum_{t=1}^{T} L[\psi_\theta(\boldsymbol{M}[t]), b[t]] \tag{3.26}$$

式中: T 为时刻样本总数; $L(\ )$ 为预测的损失函数。

3.2.4 通信与波束预测模型

该模型的基站采用带有毫米波天线的毫米波收发器,并使用它与单天线移动用户进行通信。采用窄带信道模型,用户与基站之间的信道可以表示为

$$h = \sum_{p=0}^{P-1} \alpha_p a(\varphi_p, \theta_p) \tag{3.27}$$

式中:α_p 为复增益;φ_p 和 θ_p 为基站第 p 条路径的发射方位角和仰角。

在下行链路中,基站通过波束形成矢量 $f(f \in \mathbb{C}^{M_c})$ 并向用户传输数据符号 s_d。用户处的接收信号可以表示为

$$y = \sqrt{\varepsilon_c} h^H f s_d + n \tag{3.28}$$

式中:$n \sim CN(0, \sigma^2)$ 为加性高斯白噪声;$\sqrt{\varepsilon_c}$ 为基站发射机增益。

对于波束形成矢量的选择,采用 F 定义 N 个矢量的波束形成码本,第 N 个波束形成矢量记为 f_n,$f_n \in F$,$\forall_n \in \{0, \cdots, N-1\}$。因此,$f$ 被限制为码本中的波束。在此模型下,最优波束 n^* 可由信噪比最大化问题得到,即

$$n^* = \underset{n}{\mathrm{argmax}} |g^H f_n|^2 \quad \text{s.t.} \quad f_n \in F \tag{3.29}$$

3.2.5 深度强化学习理论

人工智能领域的主要目标之一是实现智能体的完全自主,DRL 的出现和发展为实现这一目标提供了理论基础。DRL 能够与环境交互,根据环境变化实时反馈并学习最佳行为,在反复迭代的过程中改进其行动策略。其强大的表征能力对环境和策略保持高度的敏感性,能够模拟复杂的决策过程。与此同时,DRL 赋予智能体的自主学习能力使其能够主动与环境交互,在试错和改进中不断进步。因此,作为人工智能领域的重要组成部分,DRL 被视为实现高度人工智能的关键,受到学术界和产业界的广泛关注。

机器学习按照学习方式可以划分三种类型,分别为有监督学习、无监督学习和强化学习。强化学习是一种不同于有监督学习和无监督学习的自监督学习方式,这种学习方式一方面能够使智能体基于动作和奖励优化自身行为策略,另一方面能够使智能体通过观测环境变化获取反馈信息,实现与环境自主交互。早期的强化学习方法大多受现代控制理论的启发,将强化学习中的序列决策问题描述为数学领域中的自适应动态规划(adaptive dynamic programming,ADP)问题。研究人员在此基础上,对自适应动态规划问题推广分析,得到基于行为和策略的强化学习问题,并采用不同的策略搜索算法解决所提问题。同时,为了更加直观清晰地分析策略算法的性能,研究人员通过设计值函数作为评价策略的标准,提出 Q 学习(Q-learning)等一系列强化学习模型。目前强化学习已经发展到与深度学习相互融合的阶段,传统的强化学习在处理大规模的状态空间和动作空间时,可能会面临计算难度大、采样效率低和泛化能力差等问题,难以学习到有效策略。而深度学习的出现能够帮助算法扩展应用场景,实现模型训练的大数据驱动和高级特征提取。综上所述,与深度学习的结合给强化学习理论和应用注入新动力。

深度学习(deep learning,DL)作为一种机器学习技术,已经广泛应用于计算机视

觉、自然语言处理、语音识别、搜索推荐系统、智慧交通等各个领域，其基本思想是通过多层神经网络模型学习数据的抽象表示，从而实现数据特征的自动提取和学习，强调事物的感知能力。RL 的基本思想是通过智能体与环境的交互学习最优行为策略，使其获得学习目标的最大化的累积奖励，侧重于解决问题的策略。现如今，在越来越多的复杂任务场景中，需要利用 DL 学习大规模数据特征并结合以数据特征为依据的 RL 进行自我激励，优化解决问题策略。因此，DRL 作为一种端到端的感知和自主学习系统，具有更强的表征能力，在处理复杂的环境和任务中，更好的泛化能力和适应性可以减少人工干预，学习更通用的策略。DRL 的学习过程如图 3.2 所示，大致可以表述为以下五个方面：

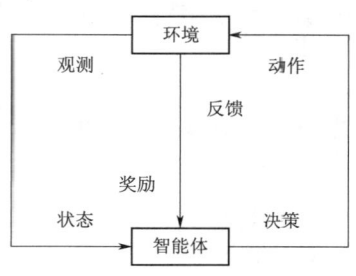

图 3.2　DRL 学习过程

（1）初始化环境和智能体：环境是描述状态、动作和奖励的系统。智能体是用于执行动作并学习策略的实体。

（2）智能体与环境交互：智能体观察环境的当前状态，并根据学习到的策略选择动作。环境根据智能体选择的动作和当前状态计算奖励，并转移到下一个状态。

（3）奖励和反馈：智能体根据环境提供的奖励更新策略，其目的是通过最大化累积奖励学习最优策略。奖励是智能体在执行特定动作后获得的反馈信号，用于评估动作的好坏。

（4）策略更新：智能体根据接收到的奖励信号调整自身的策略。这包括更新价值函数、策略网络或其他模型参数等，以优化智能体在当前环境下选择动作的性能。

（5）重复迭代：重复上述步骤，智能体不断与环境交互、学习并更新策略。

在深度强化学习中，值函数算法和策略搜索算法是两种具有代表性的学习方法。其中，值函数算法利用神经网络拟合不同状态-动作组合的价值函数，智能体在某个特定状态下采取行动后，根据状态值函数或状态-动作值函数再次选择行动。如果使用状态值函数，智能体将选择使状态值函数最大化的行动。如果使用状态动作值函数，智能体将选择使状态动作值函数最大化的行动。通过这种方式，智能体逐步学习并优化其策略，获得更高的累积回报值。与值函数法不同，策略搜索算法不直接评估策略的好坏，而是将策略参数化，通过优化这些参数来提升策略，将找到能够最大化期望累积回报的策略参数作为策略搜索的最终目标。策略搜索法使智能体可以直接优化策略，使其在与环境交互的过程中获得更高的累积回报。这种方法适用于策略空间大、值函数估计困难等情况。

尽管深度强化学习在游戏、机器人控制和自动驾驶等领域取得了突破性进展，但其仍然面临很多理论上的困境和挑战。例如：在复杂场景中，采样效率低导致模型训练时间长，资源成本高；在无法明确定义奖励函数或奖励函数设置不合理时，当前的算法难以在探索未知领域和利用已知信息之间找到良好的平衡点。未来深度强化学习将会进一步加强基础理论研究，结合多模态感知技术进一步优化现有的深度学习算法，提高其在采样效率、探索与利用平衡、泛化能力和稳定性等方面的表现，使深度强化学习模型能够更好地适应各种复杂动态环境和任务需求。综上所述，深度强化学习虽然在理论上存在困境，但具有广泛的发展前景。随着研究的不断深入和各种算法的不断突破，深度强化学习将为人工智能技术的发展和应用带来新机遇。

3.3 基于毫米波雷达感知的多时刻阻塞预测及波束预测方法

为了满足未来无线通信日益增长的高数据速率、低延迟和高可靠性的需求，毫米波和亚太赫兹作为高频段信号在 IAB 网络中被广泛使用。然而，高频段的传输特性导致毫米波和亚太赫兹等通信系统十分依赖 LOS 链路以保证足够的信号接收功率，同时其高穿透损耗使 IAB 网络对阻塞非常敏感，一旦链路被移动的物体阻塞，可能会导致系统性能突然下降甚至链路中断，极大影响网络的可靠性和延迟。因此，利用毫米波雷达感知无线环境中的有用信息并在链路阻塞发生之前主动实现预测，能够使 IAB 网络做出积极主动的决策。同时，本节还利用毫米波雷达感知的信息采用不同的神经网络实现波束预测，该方法可以减少甚至消除毫米波/亚太赫兹通信系统中的波束训练开销，从而实现高数据速率、低延迟、高可靠的应用。

3.3.1 基于毫米波雷达感知的多时刻阻塞预测方法

在实际通信场景下，毫米波雷达负责感知无线环境信息，以实现多时刻阻塞预测的系统模型，具体呈现在图 3.3 中。该模型的通信效能极易因高速移动物体（像客车、轿车这类）造成的阻塞而致使链路中断，进而受到不良影响，具有典型的研究价值。图 3.3 将配置有毫米波雷达的基站和用户分别位于道路的两侧，道路中的移动车辆会随时对 LOS 链路发生阻塞，同时本节提出的方法能够预测多时刻的阻塞情况，因此设置一段潜在阻塞区域表示未来可预测的一段时间内可能发生链路阻塞。毫米波雷达发射的啁啾信号与移动车辆的反射信号发生混频形成中频信号，中频信号经过预处理后生成连续多帧的雷达热图，用于输入 CNN-ConvLSTM 混合网络模型实现多时刻阻塞预测。

3.3.2 卷积神经网络特征提取

卷积神经网络作为深度学习的代表算法之一，是一类具有深度结构的前馈神经网络。其内部的卷积层和池化层是实现卷积神经网络提取图像特征的核心架构。输入雷达热图进入网络中并与滤波器进行卷积，提取图像的局部特征，神经元的输入与局部感受野连接，对提取的特征进行二次提取求局部平均形成特征映射层，多个特征映射层构成卷积神经网络。在卷积层和池化层之间加入批次标准化（batch normalization，BN）和层标准化（layer normalization，LN）对雷达热图特征本身和序列进行归一化处理，避免训练过程中出现梯度爆炸或梯度消失的问题。将数据保持在均值为 0、方差为 1 的状态下，加快数据训练的收敛速度，防止过拟合，如图 3.4 所示。

该网络模型采用梯度下降法使损失函数 Sigmoid 最小化，对网络中的权重参数逐层反向更新，层中的神经元实现权重同步共享，通过频繁的迭代训练提高网络模型的精

3.3 基于毫米波雷达感知的多时刻阻塞预测及波束预测方法

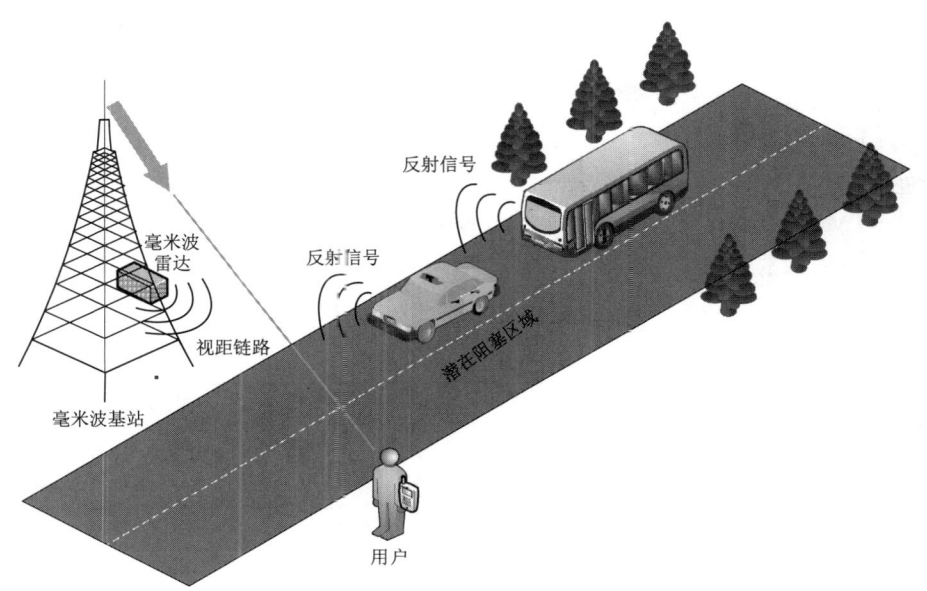

图 3.3 毫米波雷达感知多时刻阻塞预测方法系统模型

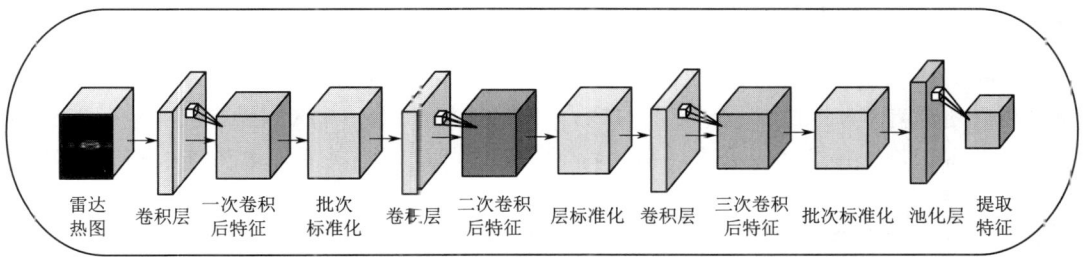

图 3.4 卷积神经网络内部工作原理

度，有效地提取雷达热图的重要特征。

CNN-A 模型输入每张雷达热图的尺寸为 (256, 256, 3)，卷积层中的卷积核大小为 (3, 3)，激活函数为 ReLU，网络结构见表 3.1。

表 3.1   CNN-A 网络结构

网络层	距离角度雷达热图	网络层	距离角度雷达热图
输入	尺寸：256×256×3	卷积层 a_3	神经元数量：128 卷积核：(3, 3)
卷积层 a_1	神经元数量：32 卷积核：(3, 3)	卷积层 a_4	神经元数量：64 卷积核：(3, 3)
批次标准化层 BN_{a1}	动量=0.9	批次标准化层 BN_{a2}	动量=0.9
卷积层 a_2	神经元数量：64 卷积核：(3, 3)	最大池化层	池化尺寸：(2, 2)
层标准化 LN_{a1}	Axis=[1, 2]		

在训练过程中为了加大深度神经网络性能，防止网络模型深度过大引发收敛速度慢、梯度消失或梯度爆炸等问题，模型采用了跳跃连接的优化方法，该方法能够通过神

经网络层传播线性分量,缓解非线性的优化困难问题,实现输入和输出之间的合理调节机制,完成模型的优化。

为了能够充分提取图像中的重要特征,定义了一个网络深度更深,卷积核大小为(7,7),并对输入通道进行分组的 CNN-B 模型,网络结构见表3.2。在时间分布层将两个卷积神经网络模型结合并实现跳跃连接。将提取到的雷达特征作为输入,送入一个 ConvLSTM 模型。该模型的神经元个数设置为128,卷积核大小为(3,3),并采用 ReLU 作为激活函数。整合后的模型采用 BinaryCrossentropy 作为损失函数,Adam 函数优化,学习率设置为0.0005。

表3.2 CNN-B 网络结构

网络层	距离角度雷达热图	网络层	距离角度雷达热图
输入	256×256×3	卷积层 b_3	神经元数量:256 卷积核:(7,7)
卷积层 b_1	神经元数量:64 卷积核:(7,7)	卷积层 b_4	神经元数量:128 卷积核:(7,7)
批次标准化层 BN_{b1}	动量=0.9	批次标准化 BN_{b2}	动量=0.9
卷积层 b_2	神经元数量:128 卷积核:(7,7)	最大池化层	池化尺寸:(2,2)
层标准化 LN_{b1}	Axis=[1, 2]		

3.3.3 ConvLSTM 时空信息处理

ConvLSTM 是 LSTM 的变形结构。该网络结构不仅能处理和 LSTM 相同的时序建模问题,还具有 CNN 刻画局部特征的能力,兼备时空特性。将 CNN 与其相连,能够加强毫米波雷达热图特征信息处理,捕获特征信息之间的时空关系,解决连续帧雷达热图的输入问题。

在网络结构内部计算中,LSTM 中门与门之间的连接计算原理是矩阵对应元素相乘。因其网络内部的计算流程与前馈式神经网络类似,所以 LSTM 能够有效地处理时间序列问题,在预测未来单一时刻的阻塞情况中有较好的效果。但对于具有丰富性和很强局部特征的空间数据,LSTM 无法刻画空间数据的局部特征,因此采用 ConvLSTM 来解决此问题,该网络能够从多维度对输入特征进行处理,实现连续帧毫米波雷达热图的多时刻阻塞预测。网络结构如图3.5所示,c 是通道数(R,G,B),h 是图像高度,w 是图像宽度。

LSTM 无法有效处理时空数据的主要原因是输入到状态和状态到状态的转换中使用了完全连接,其中没有编码空间信息,而 ConvLSTM 中的输入与各个门之间的连接由前馈式替换成了卷积,同时状态与状态之间也替换成了卷积运算,其中 $X_1 \cdots X_t$ 为输入,$C_1 \cdots C_t$ 为输出,$H_1 \cdots H_t$ 为隐藏状态,b_i 为偏移向量,i_t、f_t、o_t 是最后两个维度为空间维度(行和列)的三维张量,"$*$"代表卷积运算。具体计算公式如下:

$$i_t = \sigma(W_{xi} * X_t + W_{hi} * H_{t-1} + W_{ci}C_{t-1} + b_i) \tag{3.30}$$

$$f_t = \sigma(W_{xf} * X_t + W_{hf} * H_{t-1} + W_{cf}C_{t-1} + b_i) \tag{3.31}$$

$$C_t = \sigma[f_t C_{t-1} + i_t \cdot \tanh(W_{xc} * X_t + W_{hc} * H_{t-1} + b_c)] \tag{3.32}$$

$$o_t = \sigma(W_{xo} * X_t + W_{ho} * H_{t-1} + W_{co}C_t + b_o) \tag{3.33}$$

3.3 基于毫米波雷达感知的多时刻阻塞预测及波束预测方法

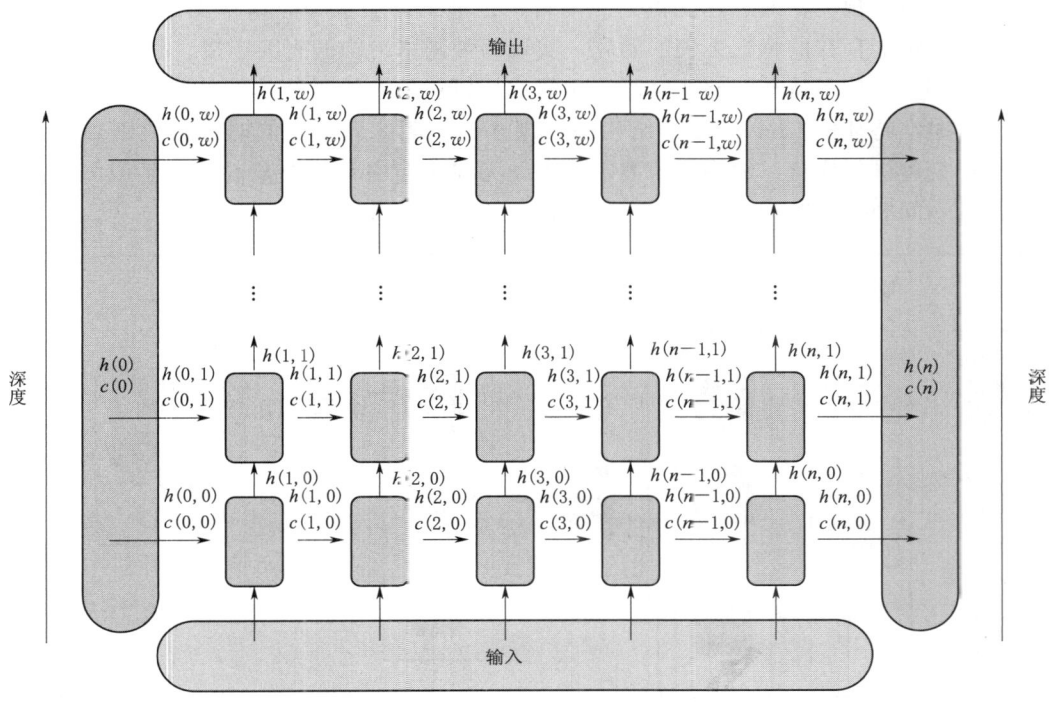

图 3.5 ConvLSTM 的内部结构

$$H_t = o_t \tanh(C_t) \tag{3.34}$$

3.3.4 CNN-ConvLSTM 多时刻阻塞预测

本节提出一种基于毫米波雷达感知的 CNN-ConvLSTM 相结合的多时刻阻塞预测方法。该方法利用毫米波雷达对移动通信场景中的目标进行测量，构建包含距离、角度、速度信息的雷达立方体并用于检测可能发生阻塞的移动目标。为了从雷达测量数据 $R(t)$ 中提取距离、角度、速度信息，分别从时间样本、啁啾样本和天线样本方向上应用距离、多普勒、角度傅里叶变换获得经过预处理后的雷达立方体。在雷达立方体中每个啁啾样本的二维矩阵包含距离-角度映射，通过对不同的啁啾样本求和减少距离-角度映射数量，得到的不同时间样本的距离-角度图可用于神经网络处理。

获得连续帧的雷达热图后，经过 CNN 进行特征提取，在不改变特征维度的前提下按时间顺序将提取到的重要特征存储在时间分布层中，时间分布层的工作原理如图 3.6 所示。该网络结构可以使特征信息完成二维到三维的过渡。CNN 提取的雷达热图特征以连续八帧为一组封装在时间分布层中，并将这些封装好的特征作为 ConvLSTM 的输入完成

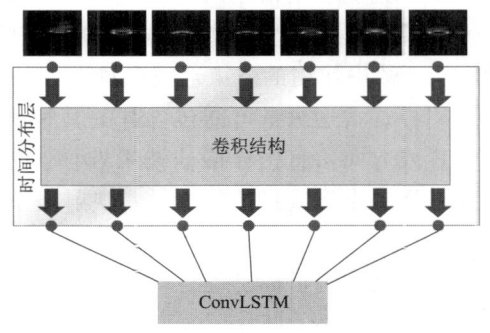

图 3.6 时间分布层的工作原理

多时刻阻塞情况预测，通过建立雷达热图特征之间的时空关系，解决 CNN 每次提取多张雷达热图可能存在的特征丢失的问题，实现两种网络结构的完美连接。

将全部雷达热图特征存储在时间分布层后，以连续八帧雷达热图特征为一组输入到具有处理时空特征的 ConvLSTM 结构中实现多时刻阻塞预测，同时运用跳跃连接的方法对网络模型进行优化。解决毫米波雷达辅助无线通信中对未来某段时间区域内的高精度阻塞预测问题。多时刻阻塞预测方法流程图如图 3.7 所示。

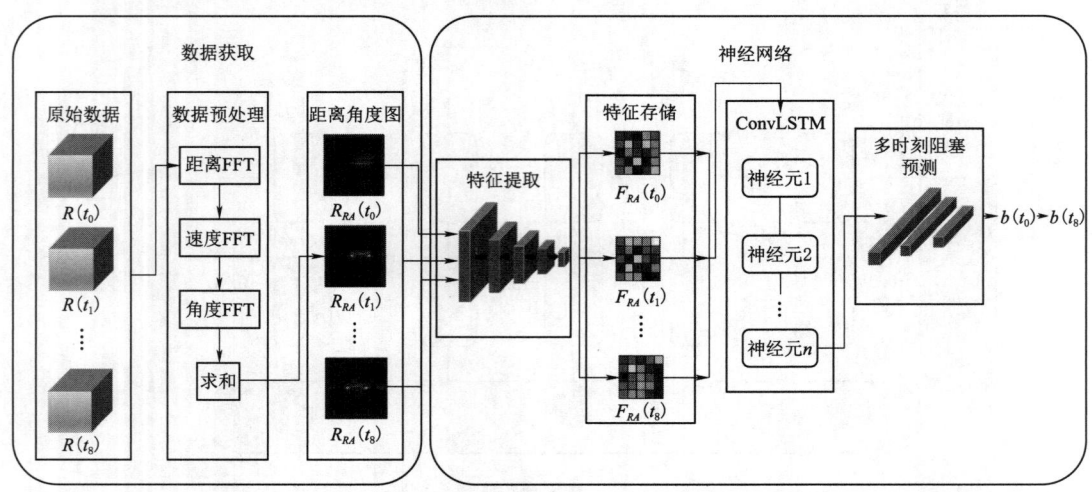

图 3.7　多时刻阻塞预测方法流程图

3.3.5　基于毫米波雷达感知的波束预测方法

3.3.1～3.3.4 的内容主要利用毫米波雷达感知的环境信息完成多时刻阻塞预测，本节将继续分析不同的网络结构实现波束预测的方法。如图 3.8 所示，在道路一侧设置由毫米波雷达和毫米波基站构成的通信感知系统，毫米波雷达发射的啁啾信号与移动车辆的反射信号发生混频形成中频信号，中频信号经过预处理后生成连续多帧的雷达热图，将雷达热图输入神经网络中预测最优波束，并由毫米波基站产生最优波束以保证移动用户的通信需求。

本节方法利用雷达测量 M 来确定最佳通信波束形成矢量 f_{n^*}。首先引入下标 l 表示第 l 帧雷达热图，这一帧的雷达测量值记为 M_l。同时，将这个下标 l 引入到波束形成指数和第 l 帧中使用的波束形成矢量上，分别得到 n_l，f_{nl}。如果在基站的视距范围内存在单个用户，雷达测量可能包含有关其相对于基站的位置或方向的有用信息 M_l。利用这些位置或方向信息指导最佳波束选择。为此，本章定义映射函数 φ_θ 来捕获从雷达观测值到最优波束形成指数的映射，映射关系如下：

$$\varphi_\theta : \{M_l\} \rightarrow \{n_l^*\} \tag{3.35}$$

波束预测的目标是设计映射函数 φ_θ，以便能够将雷达测量值映射到最佳波束指数 n^*。为了实现这一目标，本节研究了映射函数的可能性，并学习参数集 θ。在数学表达上，本章用以下优化问题来表达这一目标，该优化问题旨在找到映射函数和最优参数集

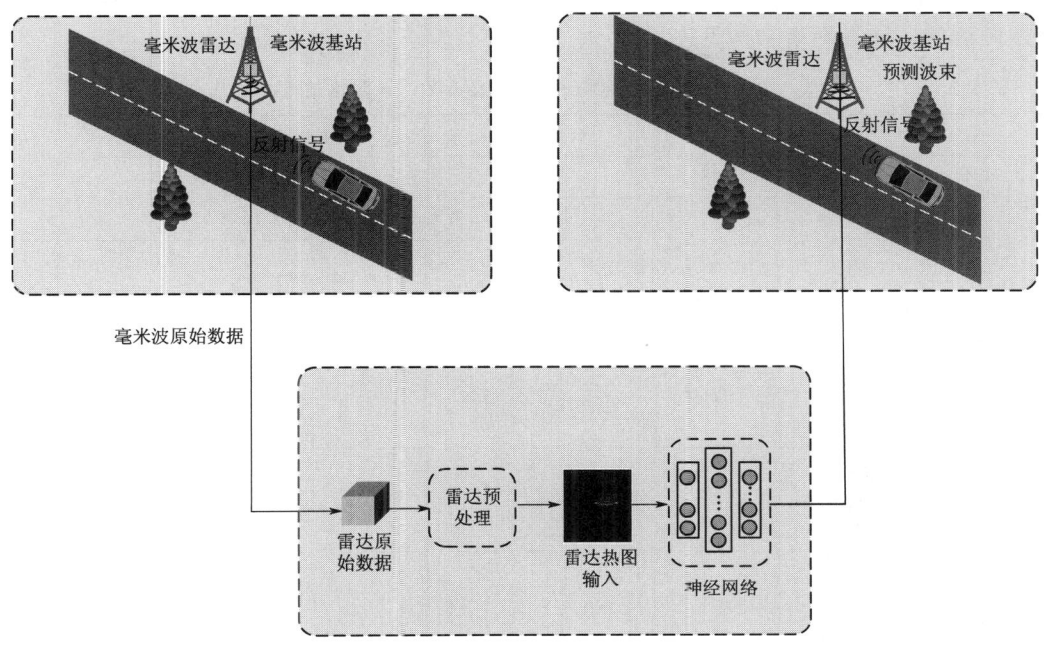

图 3.8 毫米波雷达感知波束预测系统模型

θ,并使预测最优波束的精度最大化,即

$$\varphi_\theta^* = \underset{\varphi_\theta}{\arg\max} \frac{1}{L} \sum_{l=1}^{L} 1_{\{n_l^* = \varphi_\theta(M_l)\}} \tag{3.36}$$

本节采用 ResNet 网络实现波束预测,ResNet 是由残差块构建而成的残差网络,残差块结构如图 3.9 所示。

该网络结构的工作原理包含恒等映射和残差映射两种,残差指的是 $F(x)$ 部分,最后的输出是 $F(x)+X$。$F(x)+X$ 可通过具有残差连接的前馈神经网络实现。残差连接实质是跳过一层或多层实现连接。如果网络已经达到最优,继续加深网络,残差映射将变为 0,仅保留恒等映射结构。此时网络的性能不会随着深度增加而降低,将会一直处于最优状态。残差块由多个级联的卷积层和一个残差连接层组成,将二者的输出值累

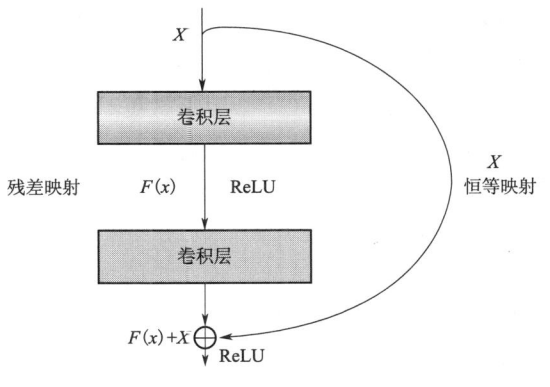

图 3.9 残差块结构

加后,通过 ReLU 激活层得到残差块的输出。多个残差块串联实现更深的网络结构。

ResNet 通过引入残差连接,使网络可以跨越多个层直接传递信息。该结构能有效缓解梯度消失问题、提高特征重用效率,使模型更易于训练和调整。针对 ResNet 分析其 18 层、34 层及 50 层网络结构,输入雷达立方体尺寸为 $4\times256\times128$、距离速度图的尺

寸为 $1×256×128$、距离角度图的尺寸为 $1×256×64$，输出 Top-K 的准确率。以距离速度图为例，详细网络结构见表 3.3。

表 3.3　　　　ResNet-18、ResNet-34、ResNet-50 网络结构

层名称	输入尺寸	ResNet-18	ResNet-34	ResNet-50
卷积层 1	256×128	神经元数量：64，卷积核：7×7，步幅=2		
		最大池化卷积核：3×3，步幅=2		
卷积层 2_x	128×64	$\begin{bmatrix}3×3, & 64\\3×3, & 64\end{bmatrix}×2$	$\begin{bmatrix}3×3, & 64\\3×3, & 64\end{bmatrix}×3$	$\begin{bmatrix}1×1 & 64\\3×3 & 64\\1×1 & 256\end{bmatrix}×3$
卷积层 3_x	64×32	$\begin{bmatrix}3×3, & 128\\3×3, & 128\end{bmatrix}×2$	$\begin{bmatrix}3×3, & 128\\3×3, & 128\end{bmatrix}×3$	$\begin{bmatrix}1×1 & 128\\3×3 & 128\\1×1 & 512\end{bmatrix}×4$
卷积层 4_x	32×16	$\begin{bmatrix}3×3, & 256\\3×3, & 256\end{bmatrix}×2$	$\begin{bmatrix}3×3, & 256\\3×3, & 256\end{bmatrix}×3$	$\begin{bmatrix}1×1 & 256\\3×3 & 256\\1×1 & 1024\end{bmatrix}×6$
卷积层 5_x	16×8	$\begin{bmatrix}3×3, & 512\\3×3, & 512\end{bmatrix}×2$	$\begin{bmatrix}3×3, & 512\\3×3, & 512\end{bmatrix}×3$	$\begin{bmatrix}1×1 & 512\\3×3 & 512\\1×1 & 2048\end{bmatrix}×3$
全连接层	1×1	平均池化层：1×1		

3.3.6　基于毫米波雷达感知的阻塞预测方法

基于毫米波雷达感知的多时刻阻塞预测方法采用 DeepSense 6G 网站中场景三十的数据集，该数据集的应用场景与该方法所提出的系统模型高度吻合。毫米波基站和雷达被放置在人行道上并指向发射机，发射机放置在道路的另一边，当公共汽车、出租车、自行车、行人等移动目标通过 LOS 路径时，传输被阻断。为了判断阻塞状态，应先确定最大接收功率电平的阈值，如果功率水平低于该阈值的样本，则被认定为阻塞。

该数据集包含 14624 个原始数据，将连续八帧的雷达原始数据和未来十个时刻的阻塞情况定义为一组样本，其中包含 6965 组训练样本、1808 组验证样本和 907 组测试样本。为了能在充分合理的评估网络模型的前提下，尽量减少训练的时间，该方法从中选取 1500 组样本构建数据集，按照训练集和测试集 70% 和 30% 的比例划分，呈现 1050 组训练样本和 450 组测试样本。在训练的过程中，通过指定未来不同长度的时间段实现多时刻预测，丰富方法解决阻塞预测问题的能力。

样本中 $x_1 \sim x_8$ 下的每一个索引对应一个毫米波雷达原始测量数据，也对应每一个测量数据经过预处理后得到的距离—角度图，阻塞情况 1~阻塞情况 10 下的索引表示未来该时刻的阻塞情况，0 表示没有阻塞，1 表示发生阻塞，见表 3.4。

为分析 CNN-ConvLSTM 模型解决毫米波雷达感知多时刻阻塞预测问题的可行性，本节将对模型的训练结果进行评估。在不改变数据集的情况下，分析该模型预测未来十个时刻中不同长度时刻内的阻塞情况。在 GPU 选择上，本实验采用两张显存为 48G、内存为 180G 的 A40 同步训练，每次训练迭代 50 次，并将准确率、精确率、召回率作为

评价指标全面评估模型,如图 3.10 所示。

表 3.4 数据集部分数据

图像序列 $x_1 \sim x_8$	阻塞情况 $t_1 \sim t_{10}$
4410 4411 4412 4413 4414 4415 4416 4417	0111000000
4871 4872 4873 4874 4875 4876 4877 4878	1110000000
3714 3715 3716 3717 3718 3719 3720 3721	1111111100
8164 8165 8166 8167 8168 8169 8170 8171	0000000000
479 489 480 481 482 483 484 485	1000000000
7200 7201 7202 7203 7204 7205 7206 7207	1111111111
16 17 18 19 20 21 22 23 24	0000000000
4410 4411 4412 4413 4414 4415 4416 4417	0111000000

图 3.10 反映出未来十个时刻内不同时间段的阻塞预测情况,从实验结果可以得到预测准确率始终保持在 90% 左右,召回率和精确率随阻塞预测时刻的增加略有下降。下降原因是预测任务量增加,数据集标签出现不平衡,导致数据集中出现大量的未阻塞样本影响召回率和精确率的评估结果。但是对于准确率,样本标签的不平衡对评估结果影响较小,仍然可以达到精准预测阻塞的要求。

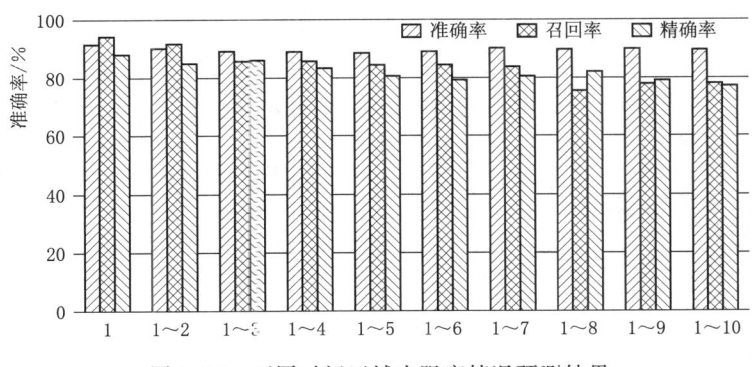

图 3.10 不同时间区域内阻塞情况预测结果

精准率是预测为阻塞的数据=预测正确的数据个数,召回率是真实为阻塞的数据中预测正确的数据个数。两种评价指标是对准确率的补充,更充分体现预测标签的准确性。

如图 3.11 所示,该图反映了未来十个时刻内,训练集和测试集的阻塞预测准确率的变化曲线。从图中可以看出阻塞预测的准确率随训练迭代次数的增加而增加,稳定后训练集的准确率接近 100%,测试集的准确率接近 90%。由此可以体现所提出的模型能够有效处理多时刻阻塞预测问题。

在满足多时刻阻塞预测需求的同时,本方法希望 CNN-ConvLSTM 在解决单一时刻阻塞预测问题中也同样具有说服力的效果,因此需要对未来十个时刻中每一个单独时

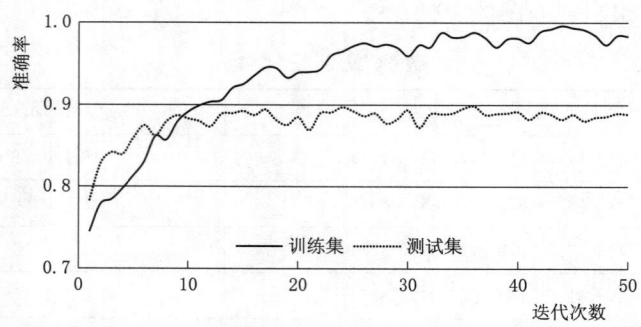

图 3.11 前十个时刻内阻塞预测准确率曲线

刻进行阻塞预测,并与利用 LSTM 预测阻塞情况的准确率和 F1-score 进行对比分析,预测准确率见表 3.5,F1-score 结果对比见表 3.6。

表 3.5 两种模型单一时刻阻塞预测准确率

时刻	LSTM（10000 组）	CNN-ConvLSTM（1500 组）	时刻	LSTM（10000 组）	CNN-ConvLSTM（1500 组）
一	0.9682	0.9159	六	0.9477	0.8778
二	0.9713	0.8810	七	0.9344	0.8867
三	0.9518	0.9378	八	0.9375	0.8956
四	0.9477	0.8889	九	0.9037	0.8560
五	0.9437	0.8867	十	0.9160	0.8560

表 3.6 两种模型的 F1-score 结果对比

时刻	LSTM（10000 组）	CNN-ConvLSTM（1500 组）	时刻	LSTM（10000 组）	CNN-ConvLSTM（1500 组）
一	0.7256	0.9102	六	0.8935	0.8810
二	0.8391	0.8833	七	0.8823	0.8900
三	0.8112	0.9296	八	0.8981	0.9016
四	0.8421	0.8819	九	0.8531	0.8654
五	0.8517	0.8912	十	0.8879	0.8381

F1-score 是召回率和精确率的调和平均数,计算公式如下:

$$\text{F1-score} = \frac{\text{precison} \times \text{recall}}{\text{precision} + \text{recall}} \quad (3.37)$$

由结果可知 CNN-ConvLSTM 在预测单独时刻的阻塞情况中仍然有超过 85% 的准确率和 F1-score,结果分析如下:①在准确率方面,LSTM 在预测单独时刻的准确率相较于 CNN-ConvLSTM 有一定的优势,但在训练样本数量上,CNN-ConvLSTM 仅用原数据集中的 15% 进行训练,大大降低了计算量,提高训练速度。②在 F1-score 的评价指标方面,CNN-ConvLSTM 相较于 LSTM 在预测各个时刻中均有提升,原数据集中不同时刻中阻塞情况的不平衡是影响 F1-score 的因素之一。

3.3 基于毫米波雷达感知的多时刻阻塞预测及波束预测方法

基于毫米波雷达感知的波束预测方法采用 DeepSense 6G 网站中场景九的数据集，该数据是由包含固定单元和移动单元的测试平台采集而成。固定单元由具有 3 个发射天线和 4 个接收天线的毫米波雷达 AWR2243BOOST 和采用 60GHz 的均匀线性阵列的毫米波接收器组成，固定单元的相控阵采用了 64 个矢量的过采样波束形成码本覆盖场景，其通过应用波束形成码本元素作为组合器来捕获接收功率，选取功率最大的组合器作为最佳波束形成矢量。移动单元采用 60GHz 的准全向天线作为发射器，始终朝向固定单元的接收天线。

在数据收集过程中，保存了毫米波雷达的测量值和每个通信波束的接收功率，保留了汽车、行人和骑自行车的人的数据样本，以反映真实的环境。最终的数据集包括 6319 个样本，其中 70% 样本的作为训练集，30% 的样本作为验证集。

表 3.7 为采用不同模型对输入距离-角度图预测前 Top-5 波束准确率，表 3.8 为采用不同模型对输入距离-速度图预测前 Top-5 波束准确率，表 3.9 为采用不同模型对输入雷达立方体图预测前 Top-5 波束准确率。由结果可知 ResNet-18、ResNet-34、ResNet-50 预测前 Top-5 波束准确率大多高于 CNN，原因是传统的 CNN 利用信息从输入逐步通过各个层向前传播，存在梯度消失的问题，会导致难以训练深层次的神经网络。而 ResNet 相比于传统的 CNN 增加了残差块，每个残差块包含了多个卷积层和一条跨过若干层的"捷径"，使得信息可以直接从前面的某一层传到后面的某一层。该设计避免了深层网络训练时的梯度消失问题，网络更易于训练。因此，在预测前 Top-5 波束准确率的任务中 ResNet 网络相比 CNN 有更好的表现。

表 3.7　采用不同模型对输入距离-角度图预测前 Top-5 波束准确率　%

	Top-1	Top-2	Top-3	Top-4	Top-5
CNN	45.19	65.94	79.09	88.03	93.09
ResNet-18	42.83	64.92	79.26	87.86	94.27
ResNet-34	44.52	65.26	81.79	90.22	94.60
ResNet-50	43.51	65.60	79.76	89.88	94.60

表 3.8　采用不同模型对输入距离-速度图预测前 Top-5 波束准确率　%

	Top-1	Top-2	Top-3	Top-4	Top-5
CNN	42.83	60.71	73.86	83.64	89.71
ResNet-18	40.98	61.05	75.04	85.50	92.07
ResNet-34	43.51	63.41	78.08	87.35	92.58
ResNet-50	43.00	63.58	77.57	86.68	91.91

表 3.9　采用不同模型对输入雷达立方体图预测前 Top-5 波束准确率　%

	Top-1	Top-2	Top-3	Top-4	Top-5
CNN	41.65	60.88	74.37	87.18	91.91
ResNet-18	41.65	62.73	78.58	87.69	93.09
ResNet-34	44.18	64.59	78.58	87.69	93.59
ResNet-50	41.32	62.90	75.55	85.50	90.56

在 ResNet 网络中，ResNet-34 相比 ResNet-18 和 ResNet-50 在预测前 Top-5 波束准确率有更好的性能表现，其原因在于 ResNet-18 的网络复杂度较低，会导致模型无法捕捉数据中的复杂关系和模式，从而可能出现欠拟合问题。而 ResNet-50 的网络复杂度较高，模型容易过拟合训练数据中的噪声，而不是真实的数据模式，这可能使模型对训练数据中的异常值或错误敏感，导致准确率并没有随着网络复杂度的提升而提升，甚至出现准确率降低的情况。因此，ResNet-34 的网络复杂度能够更好地拟合训练数据，对输入距离-角度图预测波束 Top-3 的准确率达到了 81.79%，Top-5 的准确率达到了 94.60%，实现了毫米波雷达感知高精度波束预测。

3.4 基于毫米波雷达感知的 RIS 辅助 IAB 网络波束切换方法

随着 5G 时代的到来，用户对通信速率和数据流量的需求呈指数级增长，毫米波通信凭借自身独特的优势具有广阔的应用前景。然而，毫米波在传播环境中受到较高的路径损耗和衰减，网络密集化是毫米波通信的一种可行的解决方案。但为每个基站建立有线回程链路需要昂贵的基础设施成本，难以在实际场景进行大规模部署。IAB 网络可以在 IAB 供体附近设置相对容易部署的 IAB 节点，在降低部署成本的同时实现网络的密集化部署，此外在 IAB 网络中引入 RIS 增加通信链路，有效提升系统性能。

现阶段 RIS 辅助 IAB 网络的相关研究主要集中在资源分配问题上，虽然利用深度强化学习可以实现在不同场景中的实时资源分配，但由于无线环境的不确定性，在解决具有高计算复杂度的优化问题时，大多采用传统的信道估计的方法，计算难度大且适应环境变化能力较差。3.3 节利用毫米波雷达感知的环境信息预测多时刻阻塞情况以及最优波束，并未真正解决 IAB 网络因阻塞带来的通信系统性能下降以及波束切换的问题。因此，本节根据 IAB 网络的特点，提出一种基于毫米波雷达感知的 RIS 辅助 IAB 网络波束切换方法，该方法采用 DRL 算法赋予智能体自主学习能力，通过试错和反馈机制与环境进行实时交互，在反复地迭代训练后，智能体能够根据当前的信道状态和 RIS 参数配置实现 IAB 网络波束切换。该方法为 IAB 网络提高频谱效率、实现自适应提供有效支撑。

3.4.1 场景描述

本节采用一种 RIS 辅助 IAB 网络通信应用场景。如图 3.12 所示，IAB 节点使用毫米波频率无线回传到 IAB 供体，在 IAB 供体和 IAB 节点之间建立回程链路。而接入链路将 IAB 供体或 IAB 节点直接连接到移动用户设备形成 LOS 链路，若链路被障碍物阻塞发生中断，形成非视距链路（non line of sight，NLOS），则通过 IAB 节点或 RIS 的多跳实现通信系统的数据转发。IAB 供体配备 N_B 个均匀线性阵列和毫米波雷达，其中毫米波雷达可以通过感知无线环境获取目标用户的位置信息。该系统模型配备了由 N_R 个均匀线性阵列组成的 RIS，每个 RIS 元件能够通过调整相位控制反射信号方向，以增强 IAB 网络与用户之间的通信。

3.4 基于毫米波雷达感知的 RIS 辅助 IAB 网络波束切换方法

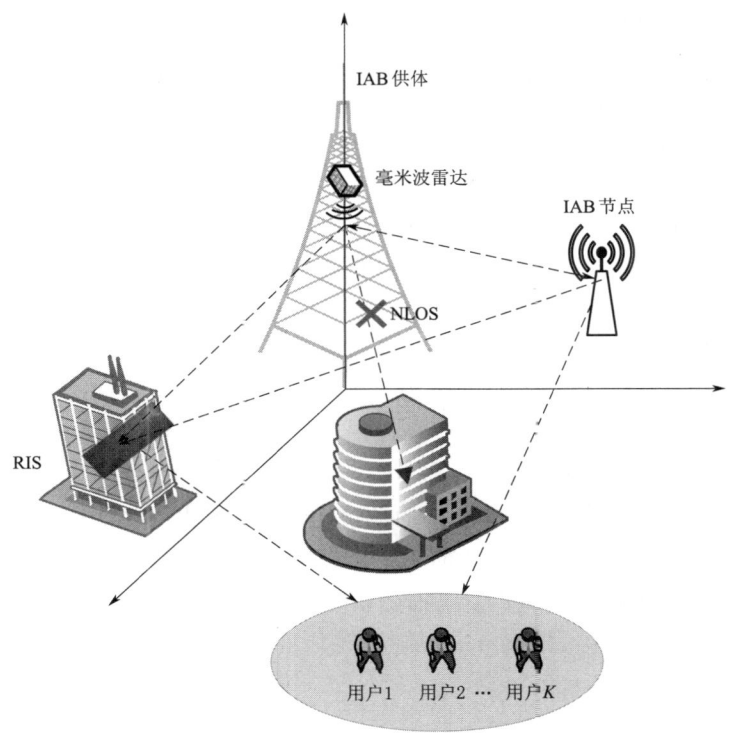

图 3.12 RIS 辅助 IAB 网络通信应用场景

3.4.2 信道模型

在 RIS 辅助 IAB 网络通信系统中，IAB 供体与某用户 k 之间的信道模型可以表示为

$$h_{k1}=h_{BU_k}+\beta H_{IB}h_{BU_k}+H_{BR}\theta h_{RU_k}+\beta H_{IB}H_{BR}\theta h_{RU_k} \tag{3.38}$$

式中：用户 k 是单天线；$h_{BU_k}\in\mathbb{C}^{N_B\times 1}$，是用户 k 与 IAB 供体之间的信道响应向量；$\beta\in\mathbb{C}^{N_B\times N_n}$，是 IAB 节点与 IAB 供体之间的转移矩阵；$H_{IB}\in\mathbb{C}^{N_n\times N_B}$，是 IAB 供体与 IAB 节点之间的信道响应矩阵；$H_{BR}\in\mathbb{C}^{N_B\times N_R}$，是 RIS 与 IAB 供体之间的信道响应矩阵；$h_{RU_k}\in\mathbb{C}^{N_R\times 1}$，用户 k 和 RIS 之间的信道响应向量；θ 是 RIS 的相移矢量。

IAB 节点与某用户 k 之间的信道模型表示为

$$h_{k2}=h_{IU_k}+\alpha H_{BI}h_{IU_k}+H_{IR}\theta h_{RU_k}+\alpha H_{3I}H_{IR}\theta h_{RU_k} \tag{3.39}$$

式中：h_{IU_k} 为用户 k 与 IAB 节点之间的信道响应矩阵；H_{3I} 为 IAB 节点与 IAB 供体之间的信道响应矩阵；α 为 IAB 供体与 IAB 节点之间的转移矩阵；H_{IR} 为 RIS 与 IAB 节点之间的信道响应矩阵。

IAB 网络与某用户 k 之间的信道模型表示为

$$h_k=h_{k1}+h_{k2}=(1+\beta H_{IB})h_{BU_k}+(1+\beta H_{IB})H_{BR}\theta h_{RU_k}+(1+\alpha H_{BI})h_{IU_k}+(1+\alpha H_{BI})H_{IR}\theta h_{RU_k} \tag{3.40}$$

综上，IAB 网络与多用户之间的信道模型为

$$H = (1+\beta H_{IB})(H_{BU} + H_{BR}\theta H_{RU}) + (1+\alpha H_{BI})(H_{IU} + H_{IR}\theta H_{RU}) \quad (3.41)$$

式中：$H = [h_1, h_2, \cdots, h_k]$ 为多用户聚合等效信道；$H_{BU} = [h_{BU_1}, h_{BU_2}, \cdots, h_{BU_k}]$ 为多用户和 IAB 供体之间的信道响应矩阵；$H_{IU} = [h_{IU_1}, h_{IU_2}, \cdots, h_{IU_k}]$ 为多用户和 IAB 节点之间的信道响应矩阵；$H_{RU} = [h_{RU_1}, h_{RU_2}, \cdots, h_{RU_k}]$ 为多用户和 RIS 之间的信道相应矩阵。

莱斯信道模型作为一种常用的衰落信道模型，通常用于描述无线信号在有多径传播和干扰环境中的衰减情况。而 RIS 可以通过控制其相位配置，改变信号的传播路径和强度分布，从而优化信号的传输特性，减少信号的阻塞、衰减和干扰效应，增强 IAB 网络和用户之间的信号质量，从而提高通信性能和覆盖范围。假定通信链路遵循莱斯信道模型，以 H_{BR} 为例，其信道模型可以表示为

$$H_{BR} = \sqrt{\frac{K}{K+1}} H_{BR,LOS} + \sqrt{\frac{1}{K+1}} H_{BR,NLOS} \quad (3.42)$$

式中：$H_{BR,LOS}$ 为 RIS 和 IAB 供体之间的确定性视距分量，是与位置有关的慢时变；$H_{BR,NLOS}$ 为 RIS 和 IAB 供体之间衰落的非视距分量，是由多径效应引起快时变，该分量是均值为零、方差为单位圆的对称复高斯随机变量；K 为莱斯因子，即视距链路功率与非视距链路功率之比。

3.4.3 问题描述

本章提出的优化方法是基于 DRL 优化 RIS 配置以提升 IAB 网络和数据速率为目标，该方法可以部署在无线通信的各种场景中，且无须了解 IAB 网络的内部工作机制。数学上，该问题描述为

$$\begin{aligned}&\max_{\theta} P_m \\ \text{s.t. } &\theta = e^{-j\varphi[n]}, \quad \forall n \in \{1,2,3,\cdots,N_R\} \\ &\varphi[n] = B, \quad \forall n \in \{1,2,3,\cdots,N_R\}\end{aligned} \quad (3.43)$$

式中：P_m 为待优化的 IAB 网络性能指标，P_m 依赖于无线信道 H，H 依赖于 RIS 相移矢量 θ；$\varphi[n]$ 为从有限集合 $B = \left\{-\pi, \frac{-2^r+2}{2^r}\pi, \frac{-2^r+4}{2^r}\pi, \cdots, \pi\right\}$ 中选择的相位，共 2^r+1 种取值。

下行链路阶段采用强制零预编码（ZF）进行数据传输，预编码矩阵表示为

$$M = [m_1, m_2, \cdots, m_k]^H \quad (3.44)$$

$$M = N_p (\hat{H}^H \hat{H})^{-1} \hat{H}^H \quad (3.45)$$

其中，$N_p = \text{diag}\left(\left[\frac{1}{\|m_1\|_2}, \frac{1}{\|m_2\|_2}, \cdots, \frac{1}{\|m_k\|_2}\right]\right)$ 表示功率标准化，用户 k 接收信号为

$$y_{D,K} = m_k^H h_k x_k + \sum_{L \neq K}^{K} m_1^H h_k x_1 + n_k \quad (3.46)$$

式中：x_k 为通信系统提供给用户 k（$E(x_k)=0, E(|x_k|^2=1, \forall_k \in \{1,\cdots,K\})$）的信号；

$n_k \sim CN(0,\sigma^2)$ 是加性高斯白噪声。因此,用户 k 的信噪比为

$$SINR_k = \frac{|m_k^H \mathbf{h}_k|^2}{\sum_{L \neq K}^{K} |m_k^H \mathbf{h}_k|^2 + \sigma_k^2} \tag{3.47}$$

因此,系统的和速率为

$$P_m = \sum_{K=1}^{K} r_k = \sum_{K=1}^{K} \log_2(1 + SINR_k) \tag{3.48}$$

3.4.4 毫米波雷达感知用户位置

毫米波雷达接收的中频信号以 ADC 采样速率(512KSPS)进行采样,每帧产生 L 个啁啾信号,每个啁啾信号产生 S 个样本,假定毫米波雷达具有 M 个接收天线,每次雷达测量都会产生 $M \times S \times L$ 个 ADC 样本。将接收到的雷达 ADC 样本作为原始数据,表示为 $\mathbf{R}(t)$,$\mathbf{R}(t) \in \mathbb{C}^{M \times S \times L}$。

为了从雷达原始测量数据 $\mathbf{R}(t)$ 中提取距离、角度和速度信息,本章利用三次傅里叶变换,分别为采用时间样本方向的距离傅里叶变换获取距离信息、采用啁啾样本方向的多普勒傅里叶变换获取速度信息、采用天线样本方向的角度傅里叶变换获取角度信息,得到处理后的雷达信息 $\mathbf{R}_{RC}(t)$,$\mathbf{R}_{RC}(t) \in \mathbb{C}^{N_M \times N_S \times N_L}$,称为雷达立方体。在雷达立方体中,每个角度样本的二维矩阵由角度傅里叶变换从天线样本变换而来,其中距离-速度图表示如下:

$$\mathbf{R}_{RV}(t) = \sum_{n=1}^{N_M} |\mathbf{R}_{RC}(t)_{(n,:,:)}|, \mathbf{R}_{RV} \in \mathbf{R}^{N_M \times N_S} \tag{3.49}$$

该方法采用恒虚警(CFAR)算法对雷达测量点进行检测,在距离-速度图上采用二维单元平均 CFAR 算法检测反射点以选择检测阈值的常数。对距离-速度图中的每个点应用该算法,并将检测到的点收集到距离-速度图中。应用 CFAR 检测算法后,需要确定 IAB 网络中多个用户的检测点,由于无线信道中存在噪声和杂波,检测点不能完全将周围的对象进行分组。因此,本节采用 DBSCAN 聚类算法对地图的检测点进行分组。对于 DBSCAN 算法检测的每个目标,需要获得一个测量向量进行跟踪。测量目标的距离、速度和角度信息可以从雷达立方体中提取。对于距离和速度信息,每个被检测点在距离-速度图中对应一个距离和速度,取它们的平均值作为这个物体的距离和速度。获取目标的角度信息,需要对目标探测点对应的三维雷达立方体的角度切片进行求和,取这个和中最大值对应的角度作为物体的角度测量值,流程图如图 3.13 所示。

3.4.5 双层深度 Q 网络

强化学习是通过观察与环境的试错交互获得奖励并找到一个在长期内获得良好回报的策略。其中,回报的定义为累积折现的未来奖励,即

$$R_t = \sum_{r=0}^{\infty} \gamma^r r_{t+r+1} \tag{3.50}$$

式中:R_t 为 t 时刻的未来累计折现奖励;$\gamma \in [0,1]$ 为未来奖励的折现因子。

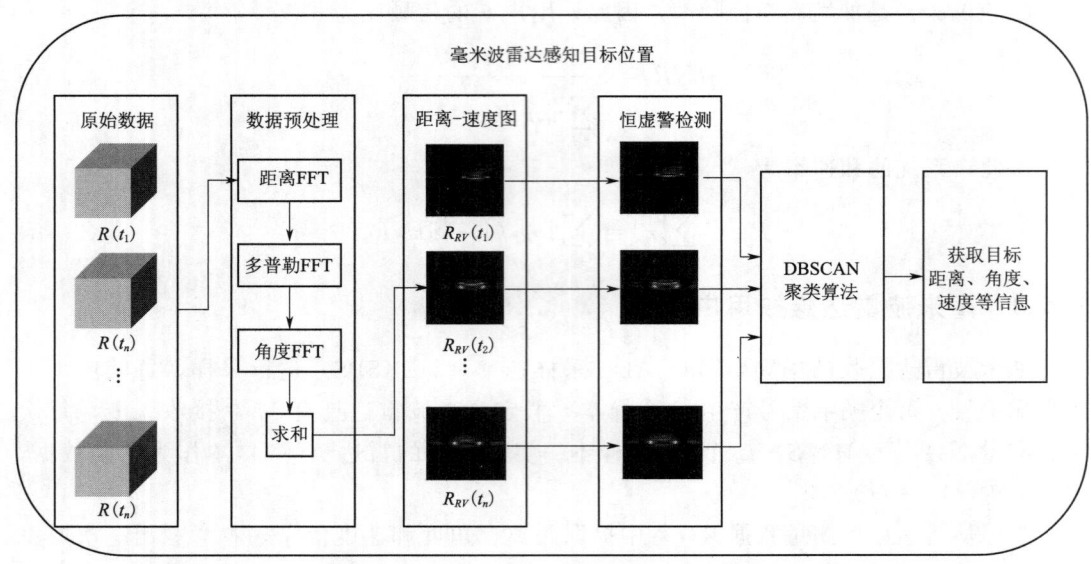

图 3.13　毫米波雷达感知用户位置方法流程图

动态环境引起的状态转变及动作选择的随机性使得返回的 R_t 是一个随机变量，而智能体在强化学习中的目标是找到一个使预期收益最大化的最优策略，即

$$\max_{\pi} E(R_t) \tag{3.51}$$

对于给定的状态-动作对 (s,a)，智能体通过 Q 学习算法找到一个使预期收益最大化的策略 μ，该算法采用 Q 函数表示，即

$$Q^\mu(s,a)=E_\mu[R_t|S_t=s,A_t=a] \tag{3.52}$$

为了改进每个智能体的策略，本方法选择时间步长为 t 的状态空间的动作，即

$$A_t=\text{argmax}Q(S_t,a),\quad a\in A \tag{3.53}$$

动作指示智能体将采取下一个状态，Q 函数也将相应地更新，迭代过程表示如下：

$$Q_{t+1}(s,a)=Q_t(s,a)+\delta[r_t+\gamma\max_{a\in A}Q_t(s',a')-Q_t(s,a)] \tag{3.54}$$

式中：$\delta\in(0,1]$，为智能体的学习率；$Q_t(s',a')$ 为估计的 Q 值；$Q_t(s,a)$ 为返回的 Q 值，该函数沿误差方向更新，当误差变得无穷小时迭代终止。

该方法采用深度神经网络近似 Q 函数，通过反向传播步骤在每个时间步长后更新网络权重，同时利用平滑损失防止爆炸梯度。与 MSE 损失函数相比，DQN 对异常值的敏感性较低。因此最优动作-状态函数的近似表示如下：

$$\hat{Q}_{\text{DQN}}(s,a;w)\approx Q(s,a) \tag{3.55}$$

式中：w 为近似 Q 值的深度神经网络的权重；DQN 的主要目的是改进和稳定 Q 学习的训练过程。然而，DQN 算法在很多情况下可能会导致过度拟合和过于乐观的价值估计，采用 DDQN 解决上述问题。DDQN 算法包含训练网络和目标网络，对于每个时间步长 t，该算法收集智能体的状态-动作对 $(S_t,A_t,r_{t+1},S_{t+1})$，并将其存储在经验回放缓冲区 M 中。DQN 的训练网络通过每个时间步长 t 从缓冲区 M 中随机采样一批大小为 m 的

数据来更新其权值 w,目标网络的权值用 w^- 表示,即

$$y_{\text{DDQN}} = r_t + \gamma Q_{\text{DDQN}}(s', \underset{a' \in A}{\arg\max} Q(s', a', w); w^-) \tag{3.56}$$

其中,训练网络用于选择动作,目标网络对所选动作的损失进行评估。

3.4.6 基于 DDQN 的 IAB 网络 RIS 配置方法

该方法将 IAB 网络中的 RIS 优化配置问题定义为马尔可夫决策过程(markov decision process,MDP)。该过程包含智能体、环境、有限状态集合、有限动作集合等,其中智能体是 RIS 控制器,能够实现 RIS 与环境交互。环境是指智能体与之交互的环境信息,包括 IAB 供体、IAB 节点、无线信道、RIS 及移动用户等。同时,将状态定义为由等效无线信道 H 和 RIS 的反射向量 θ 组成的集合 $\{H, \theta\}$,该方法能够准确预测动作下一时刻的预期奖励和状态。DDQN 网络结构如图 3.14 所示。

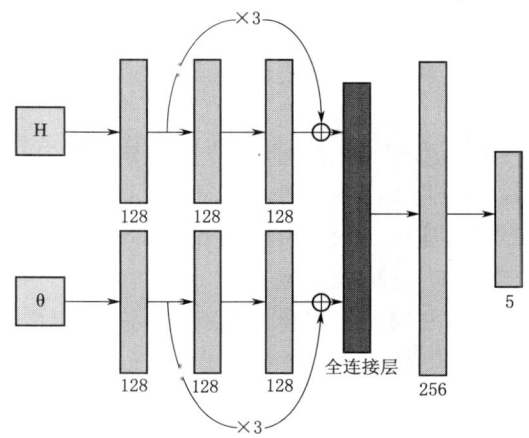

图 3.14 DDQN 网络结构

利用毫米波雷达感知的用户信息并采用 DBSCAN 算法检测得到用户位置后,即可计算链路信道响应矩阵。以 $H_{\text{BR,LOS}}$ 为例,假设 IAB 供体和 RIS 的位置分别为 Pos_A 和 Pos_B,e_{AB} 可以由 Pos_A 和 Pos_B 的相对位置计算得到,计算公式如下:

$$e_{AB} \triangleq \frac{Pos_A - Pos_B}{\| Pos_A - Pos_B \|_2} \tag{3.57}$$

根据 IAB 供体和 RIS 的位置以及天线阵列的角度和形状,可以生成 IAB 供体指向向量 SV_A 和 RIS 指向向量 SV_B,即

$$\begin{aligned} SV_A &= v(\varphi_A, N_{A,y}) = [1, e^{j\pi\varphi_A}, \cdots, e^{j(N_{A,y}-1)\pi\varphi_A}]^T \\ SV_B &= v(\varphi_B, N_{B,x}) = [1, e^{j\pi\varphi_B}, \cdots, e^{j(N_{B,y}-1)\pi\varphi_B}]^T \end{aligned} \tag{3.58}$$

式中:φ_A 和 φ_B 为方向余弦,与 e_{AB} 的关系如下:

$$\begin{aligned} \varphi_A &= [0,1,0] e_{AB} \\ \varphi_B &= [1,0,0] e_{AB} \end{aligned} \tag{3.59}$$

最终得到信道响应矩阵,表示为

$$H_{\text{BR,LOS}} = SV_A \cdot SV_B^H \tag{3.60}$$

由于 NLOS 链路会受到建筑、移动汽车等障碍物的影响,导致信号传播路径比较复杂,无法仅通过用户位置来确定,因此采用高斯分布获取 NLOS 分量,该方法用于模拟 NLOS 链路对信号的影响,即 $H_{\text{BR,NLOS}}(l,k) \in CN(0,1)$,$H_{\text{BR,LOS}}$ 和 $H_{\text{BR,NLOS}}$ 根据式(3.42)计算得到 H_{BR},多用户信道模型中的其余链路信道响应矩阵采用相同方式计算得到。

本节方法采用 ε-greedy 策略在 IAB 网络优化 RIS 配置中做出决策，该策略是指智能体不断探索，避免陷入局部最优策略的优化过程。在该策略中，ε 表示选择探索的概率，即从所有可能的动作中随机选择，1－ε 表示决策中选择利用 DQN 的概率。ε-greedy 策略表示为

$$\pi^\varepsilon = \begin{cases} \pi^*(a/s), & \text{w.p.} 1-\varepsilon \\ P(a) = \dfrac{1}{|A|}, & \text{w.p.} \varepsilon \end{cases} \quad (3.61)$$

式中，$\pi^*(a/s)$ 是基于 Q 网络的策略，即

$$\pi^* = \begin{cases} 1, & a = \mathrm{argmax}_{a \in A} Q^*(s,a) \\ 0, & \text{其他} \end{cases} \quad (3.62)$$

$Q^*(s,a)$ 是最优动作价值函数，表示为

$$Q^*(s,a) := Q_{\pi^*}(s,a) = \max_\pi Q_\pi(s,a) \quad \forall_s = S, a \in A \quad (3.63)$$

动作定义为 RIS 相移反射模式的相移增量，即 $\boldsymbol{\theta}^{t+1} = \boldsymbol{\theta}^t \odot \Delta \boldsymbol{\theta}^t$。其中，$\odot$ 是哈达玛乘积；$\Delta \boldsymbol{\theta}^t$ 是 $\boldsymbol{\theta}^t$ 的相移增量。

该方法将离散傅里叶变换向量的子集作为动作集。当动作空间的大小为 5 时，设置 $A = \left\{ v\left(-\dfrac{3}{N_R}\right), v\left(-\dfrac{1}{N_R}\right), v(0), v\left(\dfrac{3}{N_R}\right), v\left(\dfrac{1}{N_R}\right) \right\}$，其中 $v(\boldsymbol{\varphi}_R)$ 是方向向量，$v(\boldsymbol{\varphi}_R) = [1, e^{j\pi\varphi_R}, \cdots, e^{j(N_R-1)\pi\varphi_R}]^T$。奖励定义为在当前动作下由状态 s 转移到 s' 时的即时奖励，奖励机制如下：

$$R = \begin{cases} P_m & P_m \geq P_{th} \\ P_m - 100, & P_m < P_{th} \end{cases} \quad (3.64)$$

式中：P_{th} 为性能阈值；当 P_m 小于 P_{th} 时，添加一个 －100 的惩罚机制激励 RIS 优化 IAB 网络性能，并且保证在优化的过程中系统性能始终大于阈值性能。

基于马尔可夫决策过程，该方法采用算法 3.1 获得最大化期望回报。

算法 3.1　基于毫米波雷达感知的 IAB 网络 RIS 配置优化算法

（1）初始化参数 N_m、$loc_{\text{IAB-node}}$、loc_{RIS}、s_0、ε；初始化大小为 N_m 的 FIFO 存储器 M；初始化 DQN 的权重 w、目标网络设置为 $w^- = w$。

（2）开始循环。

（3）毫米波雷达感知用户的距离、角度、速度等信息，并获取多用户坐标 $loc_{\text{UE1}} \cdots loc_{\text{UEk}}$。

（4）输入 DQN 状态 s_t，利用式（3.52）得到状态-动作值 $Q(s_t, a, w)$，$a \in A$。

（5）利用式（3.63），从 $Q(s_t, a, w)$，$a \in A$ 中选择动作 a_t。

（6）利用公式（3.50）计算奖励 r_{t+1}，式（3.60）计算信道响应 $\boldsymbol{H}_{t+1}$。

（7）根据 $\boldsymbol{H}_{t+1}$、s_t、a_t 计算下一时刻状态 s_{t+1}。

（8）将 $\langle s_t, a_t, r_{t+1}, s_{t+1} \rangle$ 作为经验组存入 FIFO 存储器 M 中。

（9）判断结果 $|M| \geqslant N_e$，从 M 中随机选择一个小批量的经验元组 $<s_t, a_t, r_{t+1}, s_{t+1}>$。

（10）根据式（3.56）计算小批量目标值 $y_{\text{DQN},i}$。

（11）用输入 $\{s_i\}$ 和输出 $\{y_{\text{DDQN}}\}$ 训练 DQN，并更新其权值 w，即 $w^- = w$。

（12）循环结束。

3.4.7　仿真结果分析

IAB 网络包含一个 IAB 供体和一个 IAB 节点，同时 IAB 供体上配备了毫米波雷达用于感知环境信息，RIS 是被放置在沿 y 轴方向的均匀线性阵列，用于辅助 IAB 网络通信。用户设置为单天线，数量 $K=2$，IAB 供体和 IAB 节点天线数量分别设置为 $N_B=2$，$N_n=2$，RIS 的反射单元数 $N_R=32$。IAB 供体位置为 $[0,0,10]$，IAB 节点位置为 $[0,5,10]$，RIS 的位置为 $[-2,5,5]$，用户的位置由毫米波雷达感知用户的距离、速度、角度等信息后通过几何计算得到。IAB 供体和 IAB 节点之间的噪声分别为 $\sigma_d^2=0.1$，$\sigma_n^2=0.1$，用户端的噪声为 $\sigma_k^2=0.5$，$\forall k \in \{1,2\}$。

图 3.15 描述在 DRL 优化方法下，RIS 辅助单基站、多基站、IAB 网络系统频谱效率随训练迭代次数的变化情况。由仿真结果可知，DRL 优化 RIS 辅助 IAB 网络频谱效率优于 RIS 辅助双基站和单基站的系统性能，原因是相比于单基站，IAB 网络在面对用户视距链路阻塞或 RIS 和用户之间存在遮挡时，可以通过 IAB 节点实现数据的连接和转发，保证用户正常通信需求，提升通信系统的频谱效率。相比于双基站，IAB 网络利用转移矩阵构建 IAB 供体和 IAB 节点之间信道响应矩阵的关系，实现系统频谱效率的提升。该结果证明了 IAB 网络更能够满足用户对高数据传输速率的需求，更好地支持未来无线通信系统全场景、巨流量、广应用的发展需求。以下仿真会进一步分析影响 RIS 辅助 IAB 网络通信系统频谱效率的相关因素。

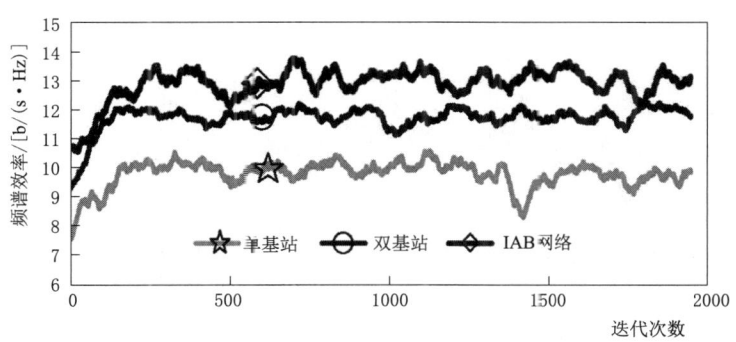

图 3.15　DRL 优化 RIS 辅助单基站、多基站、IAB 网络频谱效率

图 3.16 体现不同的莱斯因子 K 对于 RIS 辅助 IAB 网络频谱效率的影响，仿真结果表明在不同的莱斯因子 K 下，DRL 优化算法相比于随机优化和多臂老虎机优化方法对 IAB 网络系统性能有显著的提升，分别提升 28% 和 22%。优化方法都是选择动作的绝对

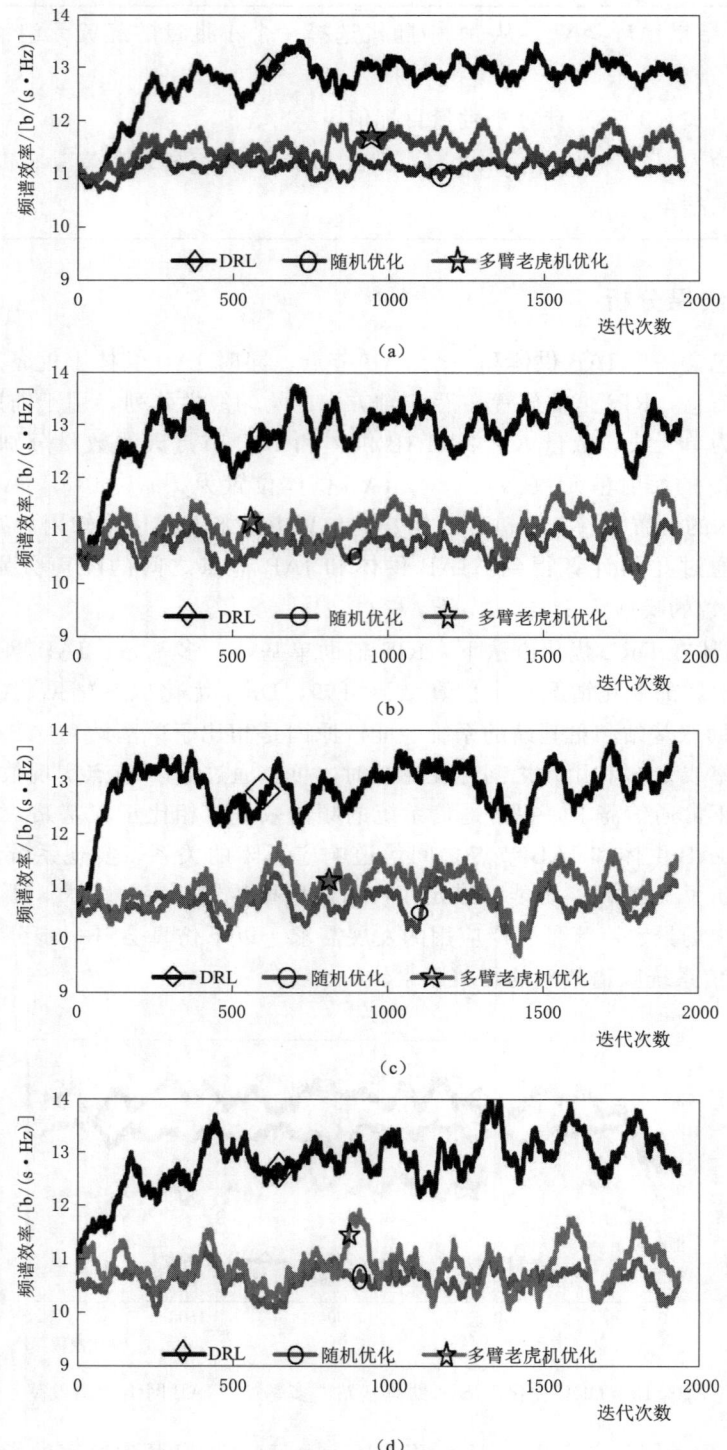

图 3.16 不同莱斯因子 K 对 IAB 网络频谱效率的影响
(a) $K=5$;(b) $K=10$;(c) $K=15$;(d) $K=20$

相移，但不同的优化方法选择动作的原则不同，优化的结果也不同。其中，随机反射是从动作集中随机选择动作，因此其优化的性能是最差的。MAB 是找到一种策略，在探索和利用之间找到最佳平衡，以最大化累积奖励。虽然 MAB 和 DRL 优化算法的目的都是寻找最优策略以最大化累计奖励，但是 MAB 无法描述动态环境的状态并建立动作与环境的联系，而 DRL 可以根据毫米波雷达感知的环境位置信息表示智能体不同的状态。DDQN 利用状态信息学习状态-动作对的质量，使智能体选择最佳动作以最大化累计奖励。同时，实验结果表明，随着莱斯因子 K 的增加，IAB 网络的频谱效率没有明显的变化，进一步说明了 DRL 优化算法无论针对直射链路主导的环境还是多径链路主导的环境都能起到显著的优化作用。

如图 3.17 所示，反映出 RIS 不同的单元个数对 IAB 网络频谱效率的影响，同时毫米波雷达感知存在一定的误差，因此考虑一种感知误差为 2% 的情况。由仿真结果可知，随着 RIS 单元数的增加，IAB 网络的频谱效率也随之提升，当 RIS 单元数为 64、毫米波雷达感知误差为 2% 时，IAB 网络的频谱效率略低于不考虑感知误差时的频谱效率，且高于 RIS 单元数为 32 时的频谱效率。因此，在一定范围内增加 RIS 单元数可以提升 IAB 网络的频谱效率。但随之而来的是部署成本的提升，因此在实际部署中应根据不同场景的通信需求以及成本预算选择合适的 RIS 单元数，以实现收益最大化。

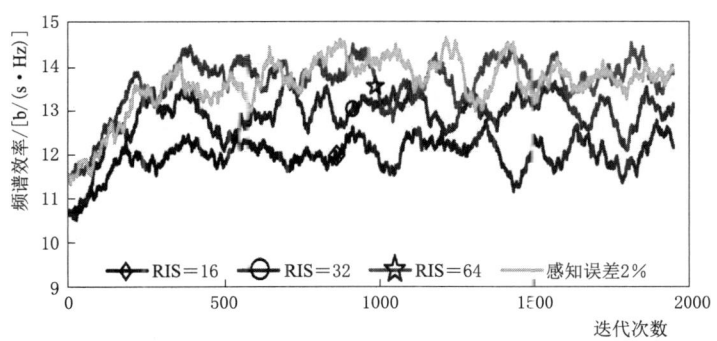

图 3.17 RIS 单元个数以及感知误差对 IAB 网络频谱效率的影响

3.5 本章小结

本章针对毫米波雷达感知的 RIS 辅助 IAB 网络通信系统，提出了一种基于 DRL 的 RIS 辅助 IAB 网络波束切换方法。该方法通过毫米波雷达感知无线环境中目标用户的位置信息以减少复杂的信道估计，结合莱斯信道模型将 IAB 网络中的 RIS 配置优化定义为马尔可夫决策过程，并利用深度强化学习中的双层深度 Q 网络解决频谱效率优化困难的问题。仿真结果表明，在 DRL 优化算法下，IAB 网络比传统毫米波基站通信的频谱效率提升 30%。与随机反射和 MAB 等优化算法相比，DRL 优化算法能利用感知的环境信息与动作选择建立联系，优化性能更佳。

第 4 章

多传感器融合感知

4.1 引言

物联网作为以感知技术和网络通信技术为核心的基础设施,正日益成为连接人、机、物的重要桥梁,为信息的感知、传输和处理提供了基础支撑。特别是随着 5G 技术的快速发展,物联网设备数量呈现出爆炸式增长的趋势,对无线频谱的需求日益迫切。与此同时,构建高精度的物联网感知网络也对信号带宽提出了更高的要求,这意味着需要更有效地利用有限的频谱资源。

在这一背景下,为了实现对频谱资源的高效利用,亟需探索面向广域物联的通信感知融合方法。这种方法可以将不同传感器所收集到的信息进行整合和分析,从而实现对环境的全面感知。通过智能感知融合,物联网系统可以实时地监测和分析环境数据,包括无线信号状态、通信质量、环境参数等,进而优化通信资源的利用。这种感知融合不仅可以提高通信系统的效率和可靠性,还可以为智能决策和智能控制提供更为精准的数据支持。

通过智能感知、智能决策和智能控制等技术手段,使无线通信环境具备自适应性、智能化和自我优化能力,这也是智能无线环境所致力于实现的目标。通过将物联网的感知数据与智能无线环境的智能调控相结合,可以实现更高效、更智能的无线通信系统,从而推动物联网技术的进一步发展,并为数字化社会的建设提供有力支撑。

4.2 多传感器感知信息融合

4.2.1 多传感器信息融合的优势

在面对复杂多变的无线通信环境时,为了获得准确的通信场景信息以支持系统的综合分析和决策制定,通常需要大量的传感器来采集数据。然而,单一、同类型的传感器往往无法满足对通信系统分析场景信息的需求。在不同的环境下,不同类型的传感器信息都具有其独特的优势和适用性。目前环境感知中常见的传感器类型有三种,分别为摄像头、毫米波雷达和激光雷达。

摄像头能够测量颜色和光强度,拍摄的 RGB 图像具有丰富的纹理和颜色信息,适用于目标分类及分割,并且成本低廉,容易部署。其缺点为距离感知能力较弱,因为它们是依赖环境光的被动传感器,摄像头在夜间的探测能力非常低。毫米波雷达优点在于速度和距离感知准确,适用于运动目标检测。它不易受恶劣天气的影响,相比于激光雷达,价格便宜。其缺点为分辨率较低,静止物体感知能力较弱。激光雷达优势在于距离感知准确、分辨率较高。其缺点为成本相对于其他两种传感器最高,受天气影响较大。表 4.1 对比分析了三种传感器的特点。

第4章 多传感器融合感知

表 4.1　各类传感器特点对比

性　能	激光雷达	毫米波雷达	摄像头
成本	很高	适中	适中
探测角度	15°～360°	10°～70°	20°～190°
远距离探测	强	弱	弱
夜间环境	强	强	弱
全天候	弱	强	弱
不良天气环境	弱	强	弱
车速测量能力	弱	强	弱

为了消除单一传感器获取的信息存在片面与不足的缺陷，多传感器信息融合通过计算机技术对多种传感器采集的数据信息采用合理有效的融合算法进行数学分析，从而剔除冗余的数据，得到更加有效的对象信息。相较于单传感器感知信息，多传感器信息融合主要有以下优势：检测精度高感知维度广；短时间内处理信息、能适应多种应用环境；获取信息成本低、系统容错性好。

4.2.2　多传感器感知信息融合结构模型

多传感器信息融合结构模型可以通过两种主要分类标准进行归类：一种是以目标身份为基准，另一种是以目标状态为基准。

1. 以目标身份为基准的分类

以目标身份为基准的分类主要通过融合过程中信息处理的程度不同划分为数据级融合、特征级融合和决策级融合。

数据级融合指的是对多个传感器中类型相同的传感器检测到的数据进行融合，因为同类传感器收集到的初始数据类型和格式也是相同的。在初步融合阶段，为了后续融合结果的准确性，要最大程度上地减少这些数据中细节的丢失，在预处理时就要保证准确性。数据级融合处于信息融合的底层，面对众多杂乱的初始数据，存在一定的缺陷，具体包括：海量的原始数据带来的巨量计算；数据直接从环境中采集，极易受到环境中、数据传输途中的干扰因素影响，鲁棒性较差；原始数据的格式为像素级，其精确度很高，但不同类型之间的数据格式差异很大，无法处理异构问题等。其示意图如图 4.1 所示。

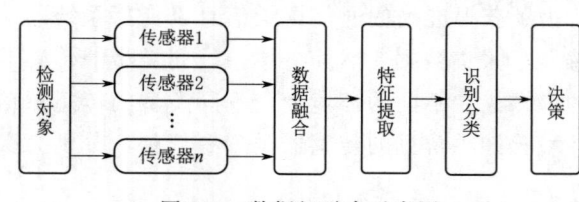

图 4.1　数据级融合示意图

特征级融合是按照需求选择合适的决策推理算法，其示意图如图 4.2 所示。它可以是单一算法，也可以是多种算法相互结合。针对传感器的不同类别数据，提取具有代表性的属性特征，能够充分体现数据的表示特性和统计学特性。其中，以目标状态特征为依据称为目标状态融合，以目标的特性为依据则称为目标特性融合。目标状态融合的目的是对传感器信息的状态进行分类预测并估计相关参数,由于不同类型的传感器坐标系不同,需要通过数据配准等方法将多个坐标系里面的点云数据集合转换融合到一个统一的坐标系中,该类型融合在目标跟踪上面具有良好的适用性。目标特性融合则重点关注数据的特征,结合特征预处理的结果,采用对应的技术对特征的模式进行识别,完成点云数据等的归类或进一步的数据组合操作。

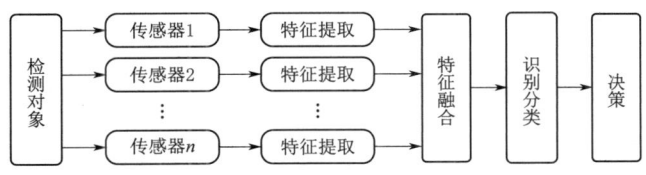

图 4.2　特征级融合示意图

决策层级融合基于前面层级对各类型传感器的数据进行归类和特征处理之后,再联合处理不同类别传感器之间的数据,同时要保证该数据是针对同一个检测目标,对这些数据再一次提取属性特征并进行联合的分类判断类别,根据数据处理的结果生成融合多属性特征的初步结论。以最终决策的具体目标为指引,对该结论进行提炼总结等处理,并从宏观上进行判断决策,最终得到简洁明了的多传感器联合推测。决策级融合在数据融合方面有着重要的地位,具有动态性高、容错性高、鲁棒性强等优点,在面对一个或者部分传感器失效的突发情况下仍然能够给出合理的决策。其示意图如图 4.3 所示。

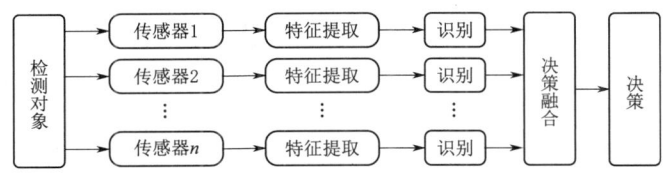

图 4.3　决策级融合示意图

2. 以目标状态为基准的分类

根据数据处理过程的差别可以将以目标状态为基准的方法划分为分布式信息融合系统、集中式信息融合系统和混合式信息融合系统,需要根据该信息融合系统的实际应用需求来选择使用哪一种系统的架构。

图 4.4 所示为分布式多传感器融合结构示意图,分布式的结构可以降低数据融合中心的算力和传输压力,系统可靠性相比于其他结构更强。首先各个传感器根据自己观测到的数据进行一个初步判断;其次基于预判断,各个传感器将终端的判断结果分别发送到数据融合中心;最后数据融合中心基于各个传感器的输入做出最终的判断结果。

图 4.5 所示为集中式传感器融合结构示意图,相较于分布式的结构,该结构的特点是去除了对各传感器的数据进行预判的操作,直接进行多传感器之间的数据融合,最后根据融合结果进行全局的分析判断,做出集中的决策。集中式传感器融合结构的工作模式基于对原始数据的直接判断从而很大程度上降低了传输过程的信息损失率,但是传输过程需要比较大的通信宽带,并且数据融合中心的算力需求较高。

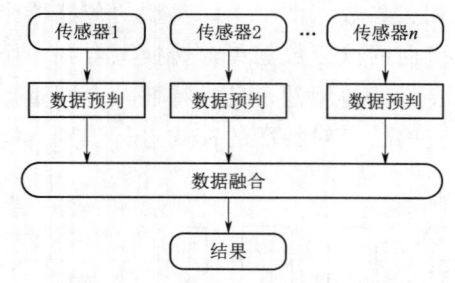

图 4.4　分布式多传感器融合结构示意图

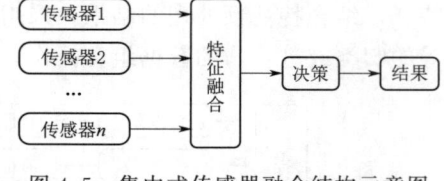

图 4.5　集中式传感器融合结构示意图

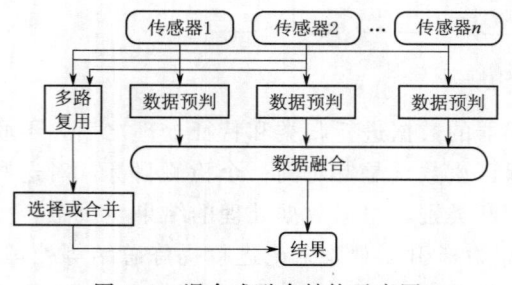

图 4.6　混合式融合结构示意图

图 4.6 所示为结合上述两种结构特点的混合式融合结构示意图，该结构提炼了分布式高可靠性的优点，并结合了集中式低信息失真率的优点，使判断能力、决策能力大大提升，能有效地灵活处理不同现实情况的不同任务请求。但混合式传感器融合结构对自身的结构设计要求非常精细，并且该结构系统的鲁棒性较低。

上述三种融合机构的性能对比见表 4.2。

表 4.2　多传感器信息融合系统性能对比

体系结构	信息损失	精度	通信带宽	可靠性	计算速度	可扩充性	融合处理	融合控制
分布式	大	低	小	高	快	好	容易	复杂
集中式	小	高	大	低	慢	差	复杂	容易
混合式	中	中	中	高	中	一般	中等	中等

4.3　多传感器信息融合算法

对多传感器间异构信息进行融合的算法很多，涉及的知识也很广，包括不确定性理论、估计理论、最优化理论等知识，也包括模糊数学、神经网络、数据挖掘等技术。该类算法的大致流程为：传感器采集环境中的各种数据、根据融合层级的不同使用不同的算法对观测数据进行处理和逻辑判断、基于融合层进行观测数据的融合。

4.3.1　随机类方法

融合算法的随机类方法，其研究对象是随机的，具体方法主要有卡尔曼滤波法、D-S证据理论法、多贝叶斯估计法。

1. 卡尔曼滤波法

图 4.7 所示为卡尔曼滤波算法中核心的预测方程和更新方程，通过建立线性状态方

程对输入的检测系统进行分析，再输出检测结果数据，基于输入和输出来优化系统的状态。由于该过程能够过滤掉检测数据中的噪声影响和干扰，因此称为滤波，是一个最优化的估计过程。

目前，该方法被广泛应用于自动驾驶领域中，具有代表性的应用为多传感器的信息融合、通过插值实现返平滑检测目标框等。该算法涉及一个位置参数，假设该参数服从于高斯分布，于是可以进行参数化，即 $X \sim N(\mu, \sigma^2)$

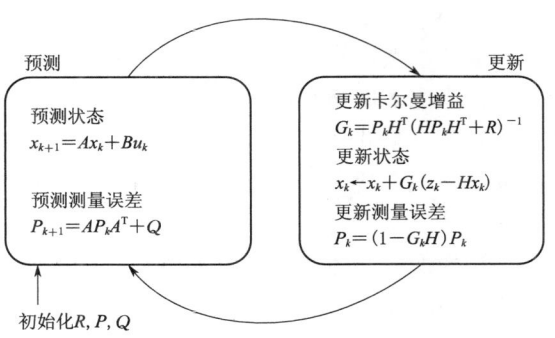

图 4.7 卡尔曼滤波预测方程和更新方程

），需要用到均值和协方差。检测信息从传感器端开始输入，卡尔曼滤波器就根据接收到的信息中的状态值进行预测估计，根据更新的下一步骤的值来不断更新检测目标的概率值。

2. D-S 证据理论法

D-S（dempster-shafer）证据理论法由数学家 A. P. Dempster 提出，其学生 G. Shafer 针对这个算法的不足之处，使用信任函数来完善算法，因此该算法能处理问题中的不确定性，通过建立由"证据"结合"组合"而形成的完整架构来进行问题的求解。该算法中的辨识框架由一组能够构成完备集的相互排斥的命题组合构成，具体到实际场景中则是对某一问题的所有解答集合，并为每个不同的解答赋予相应的概率，以此表示该问题的不确定性。每个解答即为一条证据，由分配函数计算每条证据的概率，并通过信度函数和似然函数对各条证据进行度量。其中，每条证据的信任度的上界由信度函数计算得到，下界由似然函数的计算结果提供，由上、下界决定证据的置信区间，从而为决策层提供支持，提高结果的准确性。

3. 多贝叶斯估计法

多贝叶斯估计法根据多传感器的多类型信息采集特点将不同传感器分为不同的贝叶斯估计，通过对对象所有贝叶斯估计进行综合处理得到联合后的概率分布，最后计算联合分布函数的最小似然，进而得到对目标较为准确的描述。总体而言，贝叶斯估计是通过对参数的优化来得到与实际对象偏差最小的特征描述，如图 4.8 所示。

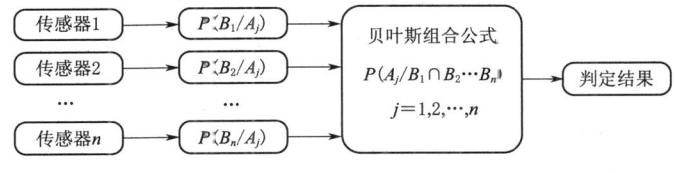

图 4.8 多贝叶斯估计法

4.3.2 人工智能方法

人工智能方法主要有小波变换法、神经网络法、深度图融合法。

1. 小波变换法

时频分析法中,小波变换是一种较为前沿的方法,将其应用在多传感器信息融合的主要目标是完成图像之间的融合。图像的融合指的是将多个视觉传感器检测到的同一环境的多张不同格式的图像或某一个视觉传感器对同一环境在不同时间周期下检测到的多张图像最终融合成一张图像。融合得到的图像能够更全面立体且精准地描述和显示车辆周围的环境。

小波变换的具体应用过程如下:首先对多个视觉传感器采集的 RGB 图像进行分解,得到各个传感器对于各频段的决策表,然后对各决策表进行统一性处理,得到综合各个传感器特征的最终决策表,并计算出其对应的多分辨率表达式,最后对处理后的数据进行逆向还原,从而得到融合后的图像。

2. 神经网络法

基于发展到现代的较成熟的神经生物学和认知学,结合这些学科对人类如何处理复杂外部信息的众多研究成果,学者们提出了神经网络法。该方法同时进行存储和处理操作,具有众多优点,如能够处理大规模数据、能够并行处理问题、适用于连续时间、能够考虑全局网络等。在多传感器信息融合过程中,建模是最重要的一步,构建的模型是否符合真实情况、模型的参数设置是否恰当等都将直接影响模型最终的运行效果,而人工神经网络法可以避开建模的过程,利用其强大的并行计算能力快速进行运算识别。目前对神经网络的研究十分广泛,通过改变神经网络的结构、改进神经网络的算法等途径,使得神经网络算法的发展和应用更加多样。

3. 深度图融合法

深度图融合算法指的是多传感器之间的数据图像通过深度学习的方法进行信息融合。其主要应用场景为激光雷达传感器和相机的图像融合,因为激光雷达采集的深度数据虽然可靠性高,但数据分布较为稀疏且图像的分辨率较低,同时相机采集的数据分布致密且图像的分辨率高,而其数据却具有低可靠性的劣势,结合两种传感器的优缺点可以利用深度图融合法进行联合互补。

4.4 多传感器信息融合的时空同步

为了利用多传感器信息去感知与学习,关键在于对多传感器数据进行有效地对齐。这包括在时间和空间上准确捕捉不同模态描述内容之间的对应关系,并确保它们之间相互关联与匹配,从而更好地为后续的多模态融合服务奠定基础。本节以相机视觉传感器和激光雷达传感器的时空同步为例,以保证两种数据在空间和时间上的一致性。

4.4.1 空间同步

对于世界坐标系中存在的点 $P(x_w,y_w,z_w)$,在激光雷达坐标系下为 $P_L(x_L,y_L,z_L)$,在深度相机图像坐标系下为 $P_k(x_k,y_k,z_k)$,如图 4.9 所示,通过激光雷达和深度相机两个传感器同时观测到的点 P，可求解出激光雷达和相机的转换关系。

$$\begin{bmatrix} x_k \\ y_k \\ z_k \end{bmatrix} = \begin{bmatrix} \boldsymbol{R} & \boldsymbol{T} \\ 0^T & 1 \end{bmatrix} \begin{bmatrix} x_L \\ y_L \\ z_L \end{bmatrix} \quad (4.1)$$

根据相机与激光雷达传感器数据类型，单线激光雷达感知到的信息格式为 (r,θ_p)，相机传感器感知到的深度图像的数据格式为RGB，位于深度图像像素位置 (u_p,v_p) 的深度值大小为 z_p。相机坐标系下点云 $p_k(x_k,y_k,z_k)$ 投影在像素平面可表示为

$$z_p \begin{bmatrix} u_p \\ v_p \\ 1 \end{bmatrix} = \begin{bmatrix} f_x & 0 & c_x \\ 0 & f_y & c_y \\ 0 & 0 & 1 \end{bmatrix} \begin{bmatrix} x_k \\ y_k \\ z_k \end{bmatrix} \quad (4.2)$$

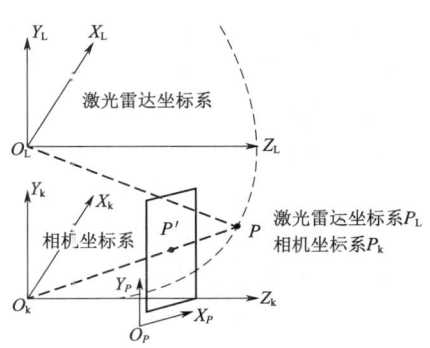

图 4.9 激光雷达和相机坐标系转换

式中：f_x、f_y、c_x 和 c_y 为标定相机时获得的内参。

如图 4.10 所示，激光雷达极坐标系位于直角坐标系 $X_L O_L Y_L$ 中，使两坐标系原点重合，即

$$\begin{cases} x_L = r\sin\theta_p \\ z_L = r\cos\theta_p \end{cases} \quad (4.3)$$

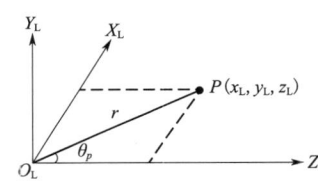

图 4.10 直角坐标系与激光雷达极坐标系示意图

直角坐标系的数据点和激光雷达极坐标的数据点相互对应关系由式（4.3）表示。使相机坐标系和雷达坐标系在 Y 轴上的竖直距离为 l，可将式（4.2）转换为式（4.4），即上述相机经过标定获得内参后，通过式（4.4）将雷达和相机共同获得的多组数据进行求解，通过求解矩阵方程可获得相机和激光雷达两个坐标系的相对变换旋转和平移矩阵 $\boldsymbol{R}$、$\boldsymbol{T}$，从而完成两个传感器的联合标定。

$$z_p \begin{bmatrix} u_p \\ v_p \\ 1 \end{bmatrix} = \begin{bmatrix} f_x & 0 & c_x & 0 \\ 0 & f_y & c_y & 0 \\ 0 & 0 & 1 & 0 \end{bmatrix} \begin{pmatrix} \boldsymbol{R} & \boldsymbol{T} \\ 0^T & 1 \end{pmatrix} \begin{pmatrix} r\sin\theta_p \\ l \\ r\cos\theta_p \\ 1 \end{pmatrix} \quad (4.4)$$

4.4.2 时间同步

在多传感器融合系统中，各个传感器的刷新率不同会导致不同传感器间数据更新的周期不同。此外，由于通信机制的不同，硬件的限制会导致数据传输时出现不同长短的延时。因此，想要提高融合算法的精度，就需要不同传感器的数据在时间维度上保持同步。时间配准的一般做法是将其他传感器数据统一到数据刷新时间更长的传感器数据

上。当前常用的多传感器时间同步方法有最小二乘配准法和内插外推法。上述两种方法都是将传感器目标的运动假设为匀速运动再进行配准,所以对变加速运动的目标数据进行配准效果较差。

1. 最小二乘配准法

最小二乘配准法是将传感器测量数据的时间误差在进行数据融合之前消除。

假设有两个传感器,传感器 1 和传感器 2 的采样周期为 t 和 T,且其比例为 $t:T=n$。传感器 1 的最后一帧数据在 t_{k-1} 时刻获得,下一次数据于 $t_k=t_{k-1}+nT$ 时刻获得,所以在传感器 1 获取两帧数据的时间间隔中,传感器 2 可以得到 n 帧测量数据。最小二乘法是将传感器 2 在此时间间隔内所获取的数据拟合为一个虚拟测量值,再将该虚拟测量值与另一传感器的实际测量值融合,就可以消除由于时间偏差而引起的对目标状态量测的不同步,从而消除时间偏差对多传感器数据融合造成的影响。

该方法适用于传感器的测量数据噪声较少的情况,当数据中包含较多噪声时,使用最小二乘配准法进行时间同步的效果较差。

2. 内插外推法

内插外推法通过异步融合的手段对不同步的量测信息直接进行融合处理,适用于传感器间帧率不存在倍数关系或传感器有帧率不稳定的情况。其主要利用两个传感器帧上的时间标签,计算出时间差,然后通过包含有运动信息的目标帧与时间差结合,对帧中每一个目标的位置进行推算,推算出新的帧时各个目标的位置,并于原有的两帧之间建立新的帧。

假设雷达采样周期约为 62ms,深度相机的采样周期约为 33ms,可以选用卡尔曼滤波加拉格朗日插值法来实现量传感器时间同步。其基本原理为将深度相机的测量值进行预测差值,然后将其同步至毫米波雷达的下一次数据时刻并获得该时刻深度相机的观测的预测值最终将此次预测值作为深度相机的观测值与毫米波雷达的实际观测数据视为同一时刻的两不同传感器的数据进行融合。

如图 4.11 所示,当两个传感器的数据在各时刻均保持同步时,深度相机在某一时刻的预测值可按如下方式得出:先依据 0ms 和 33ms 时的测量值,通过卡尔曼滤波预测出第 66ms 时刻的测量值,然后在 33ms 和 66ms 这两个时刻的测量值之间,进行拉格朗日插值运算,从而获得第 62ms(即所关注的时刻)的近似值。

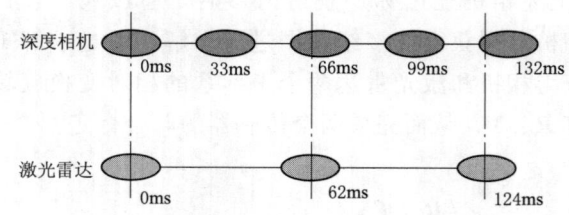

图 4.11 传感器时间同步示意图

插值函数为

$$x(t)=\frac{(t-t_k)(t-t_{k-1})}{(t_{k-1}-t_k)(t_{k-1}-t_{k+1})}x_{k-1}+\frac{(t-t_{k-1})(t-t_{k+1})}{(t_k-t_{k-1})(t_k-t_{k+1})}x_k+\frac{(t-t_{k-1})(t-t_k)}{(t_{k+1}-t_{k-1})(t_{k+1}-t_k)}x_{k+1}$$

(4.5)

4.5 多传感器信息感知融合辅助波束预测

毫米波无线通信技术在高速数据传输和低延迟通信方面具有广阔的应用前景。作为毫米波通信技术中的一个重要环节，波束跟踪存在计算和能量消耗大、延迟高等缺点，难以满足高移动性无线应用的需求。为了解决这些问题，研究人员提出了波束预测技术。波束预测技术可以利用历史数据和智能算法来准确预测用户接下来的运动轨迹，从而实现更加精确的波束跟踪。这种技术不仅避免了不必要的计算和能量消耗，还提高了通信的实时性和效率。因此，波束预测技术在毫米波通信中具有重要意义，可以解决波束跟踪技术存在的问题，为毫米波通信的发展和应用提供更加可靠和高效的解决方案。

无线信道的特性和表现取决于无线环境的传播条件，因此必须对无线环境进行感知和理解，才能为波束预测提供更准确的数据支持。近年来，随着传感器技术的不断进步，使用传感器辅助波束预测的研究逐渐兴起，为无线通信的性能提升和频谱利用率的提高提供了新的思路和方法。传感器辅助波束预测方法已经取得了初步的成果，该方法能够利用 GPS 位置、RGB 图像、激光雷达点云等传感数据进行预测。

本章使用 DeepSense 6G 数据集中的多模态数据开发了一种通用的毫米波波束预测框架 Convformer。该框架利用全局-局部注意力机制将 3D 场景的全局上下文信息嵌入到不同模态的特征提取层中。其中，DeepSense 6G 数据集是世界上第一个大规模真实世界多模态传感和通信数据集，包括视觉数据、LiDAR 传感数据、雷达传感数据、GPS 位置以及部署在基础设施或移动设备上的传感器捕获的天气数据。DeepSense 6G 数据集包含来自 40 多个部署场景的共存且同步的多模态传感和通信数据，涵盖不同的部署用例，如车辆到基础设施、车辆到车辆、可重构智能表面、行人和无人机通信等。因此，DeepSense 6G 数据集有望在通信、传感和定位领域实现广泛的应用。

本节实验使用了白天场景 32 和夜间场景 33 的数据进行实验，如图 4.12 所示。这些数据是在一个城市的双向街道上采集的，包括了不同规模和不同行驶速度的车辆。采集平台（如基站、相机和激光雷达等）被部署在街道一侧。这些场景可作为毫米波无线确定性网络场景基础设施到车辆之间通信的简化用例，因此使用该数据集来评估模型性

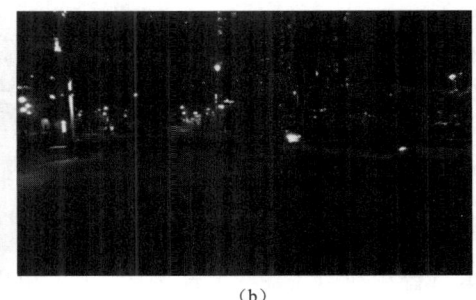

(a)   (b)

图 4.12 DeepSense 6G 数据集
(a) 日天场景 32；(b) 夜间场景 33

能。为了进一步提高模型性能,对数据集进行了一系列处理。

4.5.1 系统模型和问题描述

在毫米波和太赫兹通信系统中,针对移动物体寻找最佳波束是一项具有挑战性的任务,传统的波束训练方法可能会导致大量的训练开销。为解决这一问题,本节将波束预测任务视为多模分类问题,利用相机和激光雷达数据,从预定义码本中预测最佳波束成形向量,以更好地适应高动态场景下的无线应用。本节将对系统模型和波束预测问题进行定义。

1. 系统模型

随着智能化时代市场需求的增加,越来越多的工厂面临实现高效智能物流管理体系的挑战。假设一个位于智慧工厂的室外场景,使用路测感知单元(相机和激光雷达)来实现车辆、基站和云平台之间的实时信息交互。通过相机和激光雷达的融合,可以保证车辆即使在恶劣环境下也能实现高精度定位和感知。多传感器辅助波束预测系统模型如图 4.13 所示,其中毫米波基站配备有 N 个均匀线性阵列和一套采集外界环境信息的传感器,包括 RGB 相机和激光雷达,这些传感器协同工作,提供完整的无线传播环境信息,从而使基站为车辆提供精确服务。为简化系统结构,移动车辆只配备单个天线。假设基站采用预定义的波束成形码本 $\boldsymbol{F}=\{\boldsymbol{f}_m\}_{m=1}^M$,其中 $\boldsymbol{f}_m\in\mathbb{C}^{N\times1}$;$M$ 是码本中波束成形向量总数。针对无线环境中的毫米波用户 u 所具有的信道 $\boldsymbol{h}_u\in\mathbb{C}^{N\times1}$,基站使用波束成形向量 $\boldsymbol{f}_m$ 为其提供服务,则下行链路的接收信号可以表示为

$$y_u=\boldsymbol{h}_u^{\mathrm{T}}\boldsymbol{f}_m x+n \tag{4.6}$$

式中:$x\in\mathbb{C}$,表示传输的复杂信号;$n\sim N_\mathrm{C}(0,\sigma^2)$ 表示接收噪声。

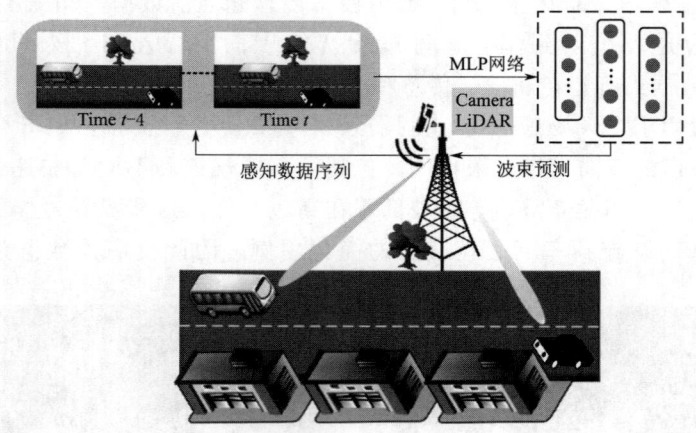

图 4.13 多传感器辅助波束预测系统模型

2. 问题描述

本节旨在利用在基站上部署的 RGB 相机和激光雷达传感器感知信息对场景中的多用户进行波束预测。具体而言,波束预测任务是从码本 $\boldsymbol{F}$ 中的候选波束中确定最佳波束成形向量 $\boldsymbol{f}^*$,以期望最大化接收信号功率。波束选择问题定义为

$$f^* = \arg\max \| \boldsymbol{h}_u^T \boldsymbol{f} \|_2^2, \boldsymbol{f} \in \boldsymbol{F} \tag{4.7}$$

在高速移动的毫米波系统中，获取显式信道信息（即 $\boldsymbol{h}_u$ 的知识）变得十分困难，因此在这项工作中不再使用该信息，而是利用 RGB 图像和 LiDAR 点云数据序列来进行最佳波束预测。为此，定义 $\boldsymbol{X}_I[t]$（$\boldsymbol{X}_I[t] \in \mathbb{R}^{W_I \times H_I \times C_I}$）作为用户 u 在时间 t 捕获的 RGB 图像，其中 W_I、H_I 和 C_I 分别为图像的宽度、高度和通道数。同时，定义 $\boldsymbol{X}_L$（$\boldsymbol{X}_L \in \mathbb{R}^{D_L \times H_L \times W_L}$）作为用户 u 在时间 t 捕获的 3D 点云，其中 D_L、H_L 和 W_L 为点云数据的深度、高度和宽度。在任意时刻 $\tau \in \mathbb{Z}$，将感知数据序列定义为

$$S[\tau] = \{\boldsymbol{X}_I[t], \boldsymbol{X}_L[t]\}_{t=\tau-r+1}^{t=\tau} \tag{4.8}$$

式中，$r \in \mathbb{Z}$ 代表输入序列的长度。这里将 r 设置为 5，意味着每个数据样本由 5 个基站端感知数据组成。

本节开发一个机器学习模型，利用现有的感知数据序列 $S[\tau]$，在码本 $\boldsymbol{F}$ 上找到一个预测/映射函数 $f_\theta(S)$。该模型输出一个概率分布 $P \in \{p_1, \cdots, p_M\}$，其中将最大概率对应的波束索引 $\hat{p}[\tau]$ 确定为预测的波束向量。这个预测/映射函数 $f_\theta(S)$ 由表示模型参数的集合 θ 参数化，将其定义为

$$f_\theta(S) : S[\tau] \rightarrow \hat{p}[\tau] \tag{4.9}$$

4.5.2 基于 Transformer 的多传感器感知辅助波束预测方法

在自动驾驶领域中，通过传感器融合技术增强了系统感知能力，覆盖了 2D 和 3D 目标检测、运动预测和深度估计等关键任务。这些方法通常基于图像空间和激光雷达投影空间之间的几何特征进行融合，如利用鸟瞰图和范围视图等。然而，这些研究通常假设场景中的代理行为接近理想状态，在复杂动态场景中可能导致性能受限。Transfuser 模型融合视觉图像和激光雷达两种模态，利用注意力机制将场景的全局上下文信息集成到不同模态的特征提取层中，以应对上述挑战。这项工作主要是针对计算机视觉应用而开发的，如语义分割、对象识别和定位等。

受到 Transfuser 模型的启发，尝试将其应用到多传感器辅助波束预测任务中，并结合了注意力机制与卷积的优势，提出了 Convformer 架构，如图 4.14 所示。Convformer 架构可以学习模态之间的相关性，特别是在融合图像和点云数据后，可以更好地表示场景，尤其是在一些夜间场景中。

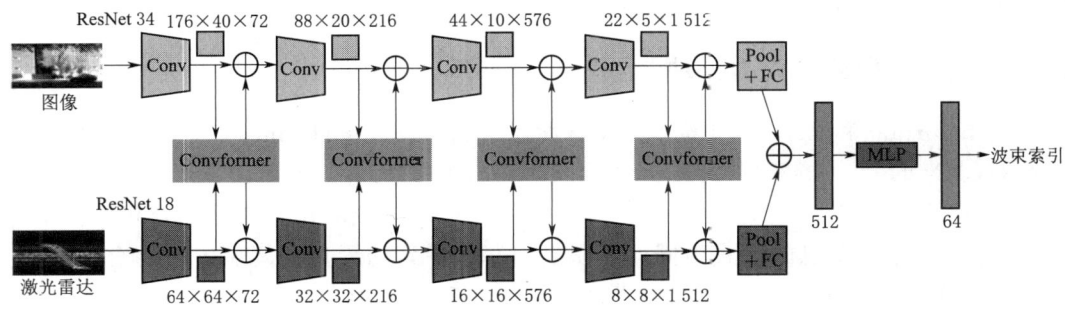

图 4.14 基于 ConvFormer 的多传感器辅助波束预测模型

4.5.3 ResNet 网络和多尺度特征融合

首先使用深度残差网络（residual network，ResNet）在特征空间上对图像和点云进行编码。具体来说，ResNet 34 被用于处理 RGB 图像的每一个实例，经过归一化处理并调整特征向量为 512×1。ResNet 18 被用于对激光雷达 BEV 图进行编码。

每个 ResNet 卷积块、批量归一化、非线性激活和池化都会生成一个抽象的特征向量作为标记。针对每种模态，在不同的时间步长中使用了 5 个标记。在每个卷积块之后，使用 Convformer 模块来融合图像和点云模态之间的中间特征。Convformer 模块具有两个主要功能：一方面使用线性投影计算一组查询、键和值。在查询和键之间使用缩放点积来计算注意力权重，然后聚合每个查询的值；另一方面，使用卷积操作提取局部上下文信息。最后使用非线性转换计算输出特征。Convformer 模块在整个结构中多次应用注意力机制，形成具有多个头的注意力层，以生成多个查询、键和值。由于每个卷积块在不同层对场景的不同方面进行编码，因此以多尺度的方式融合这些特征。

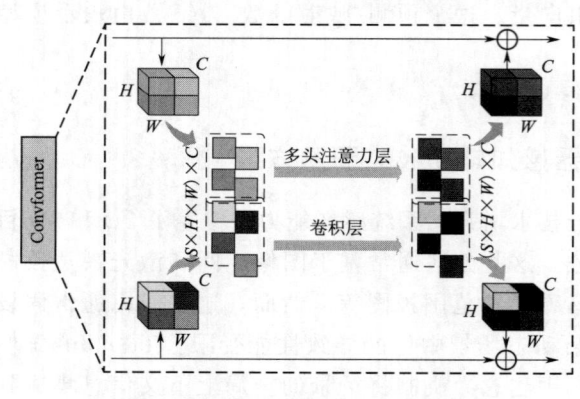

图 4.15 多尺度特征融合示意图

如图 4.15 所示，假设单个模态的中间特征图的维度为 $H\times W\times C$ 的 3D 张量。对于 S 个不同的模态，这些特征堆叠在一起形成一个 $(S\times H\times W)\times C$ 的维度序列。该序列作为输入提供给全局-局部注意力模块，输出结果具有相同的维度。然后将输出重新调整为 S 个 $H\times W\times C$ 的特征图，并使用逐元素求和与现有特征图一起反馈给单一模态分支。上述机制构成了多尺度上的特征融合。

与传统信息融合方法不同，本节将多模态数据转换为二维向量空间后，利用 CNN 提取高阶特征，然后使用 Convformer 架构学习它们之间的关系。由于图像和点云原始数据所处的表示空间不同，因此很难通过数学理论将它们转换到一个共同的抽象空间，从而学习它们的结构。然而，通过 CNN 的多层学习和 Transformer 的关联，深度学习模型有可能收敛到多种模态的有效表征上。这种表征可以针对不同的下游任务进行调整，其本质上是一个结构最小化的过程。

4.5.4 全局-局部注意力模块

Transformer 和 CNN 的架构在很多方面非常相似，Transformer 的前馈神经网络的功能和 CNN 的 1×1 卷积层相同，都使用矩阵乘法对像素中的每个点进行线性变换。两者最大的不同在于多头注意力层和 3×3 卷积层。这两个层的作用都是混合相邻像素之间的信息，但混合信息的方式不同。卷积层是基于像素的固定空间位置来混合信息的，以 3×3 卷积为例，它只采用相邻像素来计算加权和；而注意力混合信息的方式则更关注于权重，可以学习和表达更复杂的关系。此外，CNN 只关注局部信息，适用于图像特征提取等领域，但在处理长距离依赖信息时效果受限。相比之下，注意力机制具有更强的学习能力，并且能够捕捉和存储长距离依赖信息。CNN 和 Transformer 各有各的技术特点，未来很长一段时间内两者会互相融合，而不是被取代。

根据 Transformer 和 CNN 的特点，本节提出了双重网络架构 Convformer，结合了 CNN 和多头注意力机制的优势。如图 4.16 所示，Convformer 架构整体分为两个分支即多头注意力层和 3×3 卷积层。多头注意力层用于捕获全局上下文信息，而卷积层用于提取局部上下文信息。通过对全局上下文和局部上下文应用加权和操作来提取全局-局部上下文特征。为了增强模型的泛化能力，进一步应用了深度卷积、层归一化和 1×1 卷积操作对全局-局部上下文进行处理。Convformer 架构能够以连续交互的方式消除模态之间的语义差异，并在不同分辨率下融合局部特征表示和全局特征表示。

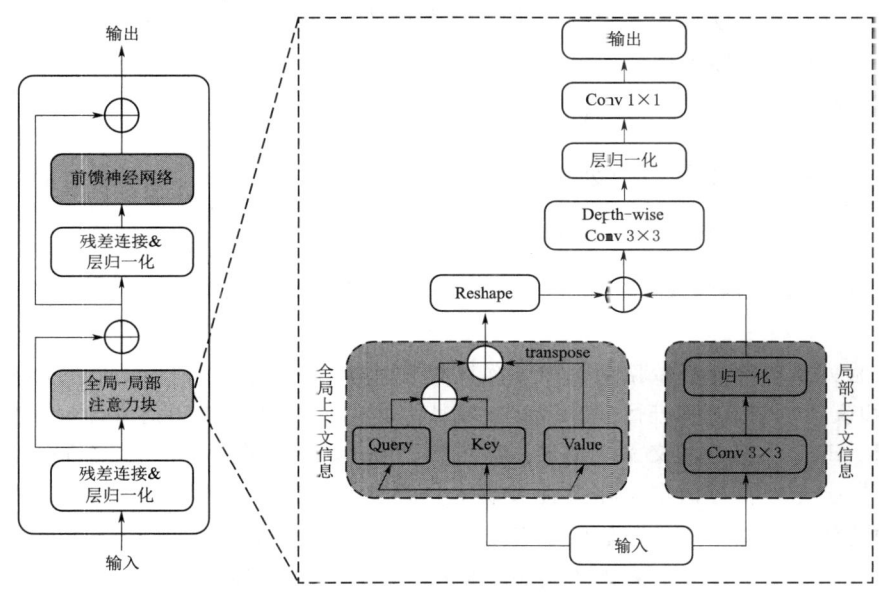

图 4.16 全局-局部注意力架构

4.5.5 MLP 预测网络

不同模态的融合特征图被传播到下一个卷积块，并使用 Convformer 架构重复多次，最终形成一个 512×1 特征向量。该特征向量将图像和激光雷达的特征组合在一起，形成紧凑的环境表征，用于对场景进行编码。然后将 512×1 特征向量传递给 MLP 网络，该网络包括 2 个隐藏层，分别具有 256 个和 128 个单元。最后使用 softmax 函数生成 64 个波束索引的权重。这些权重将被用来选择适当的波束，以实现精确的控制，并且能够减少波束切换的时延。这种方法为无线确定性网络低时延提供了潜在的解决方案，有助于提高基站服务智能设备通信的性能。

4.5.6 仿真实验与分析

1. 评估指标和实验设置

为了评估 Convformer 模型的性能，本章采用了 Top-k 和 DBA-Score 两个指标进行评估。这些指标可以更客观地衡量模型对于波束预测任务中的精度和可靠性，有助于全面评估模型的性能。

Top-k 是用来计算预测结果中概率最大的前 k 个结果包含正确标签的占比。本章主要采用 Top-1 准确率在验证集上评估模型，同时也提供了 Top-2 和 Top-3 准确率的结果，以全面评估模型在波束预测任务上的性能。

在无线通信任务中，研究人员经过实验验证了 Top-k 准确率作为性能评估指标可能不是最合适的选择，并提出了基于距离的准确率分数（Distance-Based Accuracy Score，DBA-Score）评估指标。通过比较 Top-k、DBA-Score 和功率比三个指标，验证了 DBA-Score 与功率比指标具有更高的相关性，因此更能真实体现模型的性能。相较于 Top-k 准确率采用硬性二进制方法，DBA-Score 采用一种更柔和的评估方式，主要计算预测波束与实际波束之间的距离，并根据它们的差距进行评分。因此，本节选择了 DBA-Score 指标进行性能评估。DBA-Score 定义为

$$\text{DBA-Score} = \frac{1}{3}(Y_1 + Y_2 + Y_3) \tag{4.10}$$

其中，Y_k，$K \in \{1,2,3\}$，计算公式如下：

$$Y_k = 1 - \frac{1}{N} \sum_{n=1}^{N} \min_{1 \leqslant k \leqslant K} \left[\min\left(\frac{|\hat{y}_{n,k} - y_n|}{\Delta}, 1\right) \right] \tag{4.11}$$

式中：y_n 和 $\hat{y}_{n,k}$ 分别为数据集中第 n 个样本的实际波束索引和第 k 个最有可能预测的波束索引。

在实验方面，首先将数据划分为训练集和测试集，并在同一地点不同时间段的白天场景 32 和夜间场景 33 中进行训练以及参数调整，以使模型性能达到最佳。在模型训练中，使用 Adam 优化器和交叉熵损失函数进行训练。同时，将 one-hot 编码的波束索引转换为高斯分布，将峰值定位在最佳波束上，并在其相邻的五个波束处截断为 0。这样做的目的是使交叉熵损失函数适应于 DBA-Score，即如果预测的波束更接近最佳波束，则给予更高的权重。表 4.3 列出了实验环境使用的硬件和超参数。

表 4.3　　　　　　　　　实　验　环　境

序号	参数	配置	序号	参数	配置
1	GPU	RTX 3090	5	Optimizer	Adam
2	CUDA	11.1	6	Batch size	16
3	Pytorch	1.8	7	LR	10e-4
4	Python	3.8	8	Epoch	120

2. 仿真结果与分析

为了对 Convformer 模型进行准确地评估，将其与传统 Transformer 模型在不同时间段的场景中进行了对比，以突出 Convformer 的性能。在不同时间段场景中，表 4.4 列出了 Convformer 和 Transformer 在 Top 评估指标上的波束预测性能。结果表明，相较于传统的 Transformer 模型相比，Convformer 模型通常能够实现更高的波束预测精度。在白天场景 32 中，Convformer 模型的 Top-1 波束预测精度超过了 55%，而在夜间场景 33 中也达到了 53% 的波束预测精度。此外，表 4.4 中还显示在波束预测精度方

面，夜间数据集低于白天数据集。与传统 Transformer 模型相比，Convformer 模型在夜间数据集上有明显的提升，分别在 Top-1、Top-2 和 Top-3 上提升约 6.76%、5.28% 和 5.06%。这主要归因于 Convformer 模型能够更好地保留局部特征和全局表示。

表 4.4　　　　　　　　Transformer 和 Convformer 模型波束预测精度

场景	白天场景 32		夜间场景 33	
模型	Transformer	Convformer	Transformer	Convformer
Top-1	0.5332	0.5536	0.4680	0.5356
Top-2	0.7172	0.7302	0.6567	0.7095
Top-3	0.8151	0.8157	0.7522	0.8028

DBA-Score 是一种更全面的指标，用于衡量模型的波束预测性能。本节使用该指标对白天场景 32 和夜间场景 33 的波束预测精度进行了验证，如图 4.17 所示。结果表

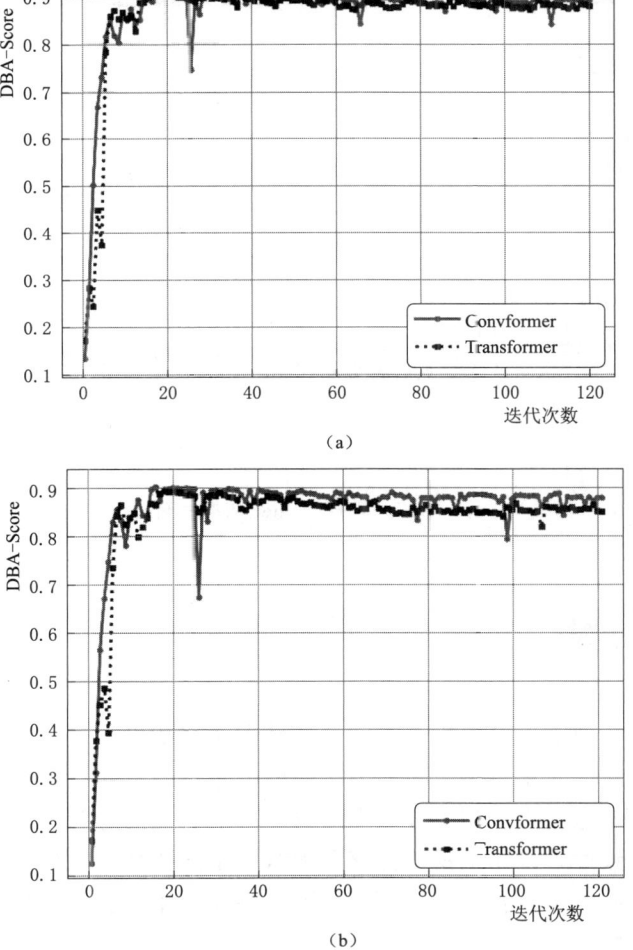

图 4.17　Convformer 在不同场景下的 DBA-Score
(a) 白天场景 32；(b) 夜间场景 33

明，相较于 Transformer 模型，Convformer 模型在夜间数据集上表现出更为显著的性能提升，提高了约 2.55%，而在白天数据集上，性能提升仅约 0.93%。因此，可以得出结论，不论在白天数据集还是夜间数据集上，Convformer 模型能够显著提高波束预测的准确性，适应范围更广。

为了分析波束切换时延，以夜间场景 33 作为研究对象。根据蜂窝网络规范，传统基站切换导致的系统总延迟为 222.8ms，而通过波束预测，可以使系统的理想切换总时延降低到 11.4ms。通过多模感知的手段，可以通过预测提前获得波束信息。假设波束在某一个预测时间段的预测准确率为 p，则平均切换时延为 $p \times 11.4 + (1-p) \times 222.8$。结合表 4.4 中的 Top-1 预测精度，可以得到该环节的波束切换时延，如图 4.18 所示。结果表明，通过感知预测的手段，能够获得比传统方法更低的系统切换时延。在复杂多变的环境下，其能够排除外界干扰，并及时弥补环境突变所带来的问题，从而确保无线通信系统性能，满足无线确定性网络对高可靠性和低时延的需求。

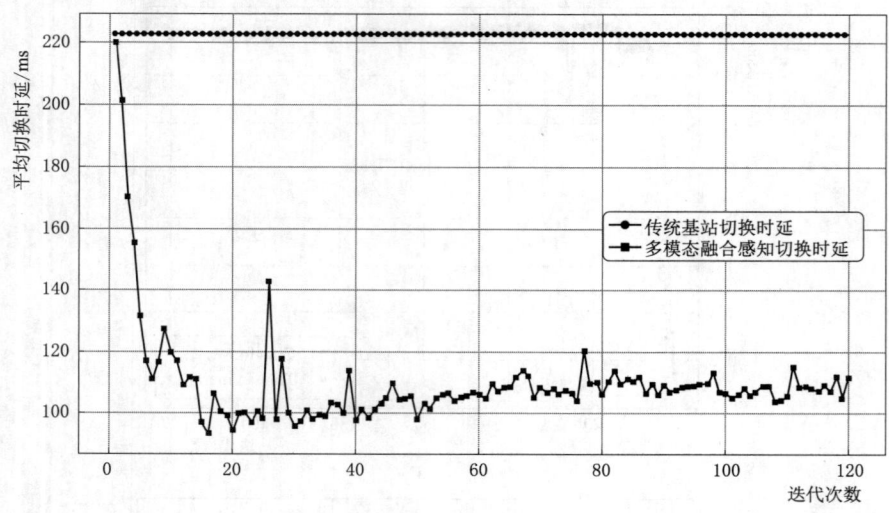

图 4.18 Convformer 切换时延

4.6 本章小结

首先本章总结了通信领域中用于感知的传感器及其优缺点，并引出了多传感器融合的优势。在此基础上，对多传感器融合的结构模型进行了分析。其次本章概述了多传感器信息融合的算法，包括人工智能方法和随机类方法。然后，为了保证多传感器数据在空间和时间上的一致性，以相机视觉传感器和激光雷达传感器的时空同步为例进行了分析。最后将多传感器信息融合应用在波束预测下游任务中，验证多传感器信息融合在通信领域所带来的优势。

适 变 篇

第 5 章

近远场模型

5.1 引言

可重构智能表面技术作为一种新兴的无线通信辅助手段，其技术发展和革新使得毫米波、太赫兹等高频通信技术的应用前景重焕生机，以往传统通信模式中的用户通信模式也会随之发生翻天覆地的变化。天线辐射信号的场分布由麦克斯韦方程组（Maxwell's Equations）确定，其辐射区分为电抗近场区、近场区（又称菲涅耳区）和远场区。不同场中波的传播轨迹不同，这将影响不同的信道建模方式。在现有的研究工作当中，有关于 RIS 的研究部分大多都是基于传统远场理论展开，这是由于传统通信范式中远场波束传输方式几乎是远距离无线通信的唯一选择。但随着通信频段的急速上升和天线孔径的逐渐扩张，大规模 RIS 的近场甚至于更为复杂的应用问题逐渐凸显，这是由于近场波束的传输方式和远场波束的传输方式有质的区别，若仍采用传统远场的信道模型必然会造成较大的性能损失。

基于此，本章首先对于近场区和远场区的波束传输原理进行分析，而后梳理推导适用于大规模 RIS 辅助高频无线通信的近场信道模型。在此基础上，对于受基站远场波束和大规模 RIS 近场波束混合影响的复杂场景通信用户进行着重分析，并引入权重参数，提出了一种适用于该复杂场景通信用户的大规模 RIS 近、远场混合信道模型，现有的近场与远场模型可看作该模型的特殊情况进行分析。此外，本章基于压缩感知算法提出了一种适用于该模型的混合正交匹配追踪算法，通过对混合场景中远场波束和近场波束的稀疏估计，可确定不同应用场景中最优的权重参数配置，通过灵活调控权重参数配置以达到相应场景下的最优增益，而不再是依靠单一的远场或近场信道模型及波束估计方法。最后仿真结果充分验证了所提模型和相关算法的有效性，并分析了可变的权重参数对于系统性能的具体增益效果。

5.2 大规模可重构智能表面近场通信模型

5.2.1 场景描述

在通信过程中，传输电磁波的波前可近似认为是平面波。但随着通信频段的不断提高以及天线孔径的逐渐增大，以 30GHz 的毫米波信号为例，当 RIS 的孔径达到 1m 时，其影响的近场通信范围将扩大至 200m。因此，未来的大规模部署的 RIS 所辅助的通信场景中无线通信很可能发生在近场区域内，这将与传统的远场区无线通信系统截然不同。

在近场区域中，波前的球面形状不能被忽略，这一特点为未来的无线通信系统设计带来了新的机遇和挑战。以有效孔径为 D 的接收天线为例，该天线接收近场的球面波前的过程如图 5.1 所示。当近场球面波到达接收端位置时，其波中心与波两端会产生一定的相位偏移。将发射端垂直至接收端中心之间的距离定义为 d，将发射端与接收端边缘之间的距离定义为 d'，则当球面波到达接收端中心时，边缘位置距离为 $d-d'$。因此，若在近场通信场景中依然采用远场的通信方式进行信道估计是不准确的。

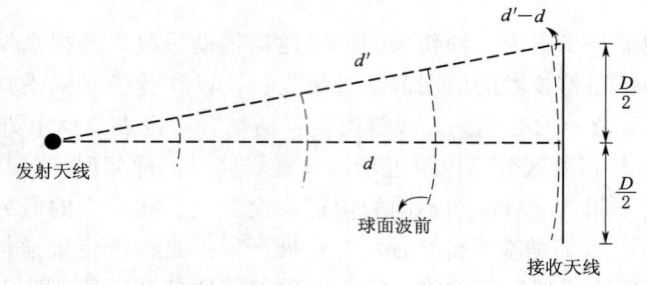

图 5.1 RIS 天线单元的近场球面波前

事实上，针对于近场波前的分析应基于关于电磁波的物理几何推导，而远场平面波可以看作是长距离的近似值，即所称的类平面波。对于无线通信而言，不考虑信号在空间中的传输损失的情况下，近场和远场的边界常被规定为瑞利距离 d_z，即

$$d_z = \frac{2D^2}{\lambda} \tag{5.1}$$

式中：D 为天线有效孔径；λ 为通信载波波长。

图 5.1 中所表征的近场球面波的传输过程，当传播路径与接收平面直接垂直时，所形成的球面波曲度最大。当 $d=d_z$ 时，$d_0 = \sqrt{d_z^2 + \left(\frac{D}{2}\right)^2}$，此时相位差为

$$\frac{2\pi}{\lambda}\left(\sqrt{d_z^2 + \frac{D^2}{4}} - d_z\right) \approx \frac{2\pi}{\lambda}\frac{D^2}{8d_z} = \frac{\pi}{8} \tag{5.2}$$

而后可通过泰勒近似计算近场球面波的到达相位误差，即

$$\sqrt{1+x} \approx 1 + \frac{x}{2} \tag{5.3}$$

令 $x = \frac{D^2}{4}$ 并代入式（5.3）计算近似值，可得出当 $d_z \geqslant 1.2D$ 时，近似误差小于 3.53×10^3，这表明分析大孔径天线时，球面波的到达相位差是极小的，几乎不造成时延影响。而本节所提的近场信道模型是针对与高频段通信中的大规模可重构智能表面所提出的，因此为简便分析过程，后文中不考虑用户接收来自同一信号源的球面波前相位差影响。

首先考虑一个大规模可重构智能表面辅助的近场用户通信场景。接收用户位于大规模 RIS 辅助的无线通信系统的近场区域内，场景主要由单元数为 N 的 RIS 辅助一个天线数为 K 的基站与天线数为 M 的用户进行通信。考虑一条"基站—大规模 RIS—近场通信用户"的下行 LOS 链路，而后对大规模可重构智能表面辅助无线通信的近场信道模型进行推导。

5.2.2 近场信道模型

设 RIS 为一个坐标为 $(x,y,0)$ 的水平放置矩形板,其 y 轴的长度为 a,x 轴的长度为 b,将位于 $(x,y,0)$ 大规模 RIS 的中心作为波束反射的信号源。为便于计算,考虑的大规模 RIS 排布方式为单元总数为 N 的正方形天线阵列,单元之间的间距为 $d=\frac{\lambda}{2}$。由菲涅耳-基尔霍夫衍射公式(Fresnel - Kirchhoff's diffraction formula)可得出 RIS 表面的复振幅电场强度为

$$\boldsymbol{E}_{\text{RIS}} = p\boldsymbol{r}_{(x,y)} \circ \boldsymbol{b}_{(\theta_x, l_y)} \tag{5.4}$$

其中

$$p = \sqrt{\frac{P_t G_t \eta}{2\pi}}$$

式中:p 为远场点源处电场扰动的大小;P_t 为信号发射功率;G_t 为发射天线增益;η 为自由空间阻抗;$\boldsymbol{r}_{(x,y)}$ 为基站到大规模 RIS 表面中心处的路径增益与 RIS 中心至用户的路径增益的标量乘积;$\boldsymbol{b}_{(\theta_x, l_y)}$ 为大规模 RIS 与用户之间的导向矢量。

$\boldsymbol{r}_{(x,y)}$、$\boldsymbol{b}_{(\theta_x, l_y)}$ 分别表示为

$$\boldsymbol{r}_{(x,y)} = \frac{\sqrt{M}}{2\mathrm{j}\lambda} \left\{ \frac{\cos\theta^{azi} + \cos[\theta^{ele}(x,y,1)]}{d(x,y,1)}, \cdots, \frac{\cos\theta^{azi} + \cos[\theta^{ele}(x,y,M)]}{d(x,y,M)} \right\}^{\text{T}} \tag{5.5}$$

$$\boldsymbol{b}_{(\theta_x, l_y)} = \frac{1}{\sqrt{M}} \left\{ \mathrm{e}^{\frac{2\pi}{\lambda}\mathrm{j}[1+y\sin(\theta^{azi})+d(x,y,1)]}, \cdots, \mathrm{e}^{-\frac{2\pi}{\lambda}\mathrm{j}[l+y\sin(\theta^{azi})+d(x,y,M)]} \right\}^{\text{T}} \tag{5.6}$$

式中:$d(x,y,\cdot)$ 为大规模 RIS 中心坐标,即 $(x,y,0)$ 与第 m 个接收天线之间的距离,此时大规模 RIS 与接收用户之间的路径增益为 $\boldsymbol{g}_{(x,y)}$,则

$$\begin{aligned}\boldsymbol{g}_{(x,y)} &= \sqrt{\frac{|\boldsymbol{E}_R|^2 G_r \lambda^2}{2\eta P_t 4\pi}} \\ &= \sqrt{\frac{G_r \lambda^2 p |\boldsymbol{r}_{(x,y)}|^2 \circ |\boldsymbol{b}_{(x,y)}|^2}{8\pi \eta P_t}} \\ &= \sqrt{\frac{G_t G_r \lambda^2 |\boldsymbol{r}_{(x,y)}|^2}{16\pi^2 \eta M}} = \frac{\lambda \boldsymbol{r}_{(x,y)}}{4\pi} \sqrt{\frac{G_t G_r}{\eta M}}\end{aligned} \tag{5.7}$$

式中:G_r 为接收天线增益。

近场通信条件下的基站、大规模 RIS 及接收用户之间的级联信道响应可表示为

$$\boldsymbol{h}_{\text{near}} = \sqrt{\frac{N}{L_n}} \sum_{n=1}^{L_n} \alpha_{l_n} \boldsymbol{\Theta}_N \iint_A \boldsymbol{g}_{(x,y)} \circ \boldsymbol{b}_{(\theta_x, l_y)} \mathrm{d}x\mathrm{d}y \tag{5.8}$$

式中:L_n 为近场条件下基站至接收用户的有效通信路径总数;α_{l_n} 为近场模型下基站与接收用户之间第 l_n 条有效路径增益;A 为大规模 RIS 天线表面;$\boldsymbol{g}_{(x,y)}$ 为近场模型下 RIS 与用户的路径增益;$\boldsymbol{\Theta}_N$ 为 RIS 的反射特性的对角矩阵,计算公式为

$$\boldsymbol{\Theta}_N = \Lambda_n \mathrm{e}^{-\mathrm{j}\theta_n} \tag{5.9}$$

其中,$\theta_1, \cdots, \theta_n \in [0, 2\pi)$,为 RIS 天线表面的反射单元相位分布变量;$\Lambda_1, \cdots, \Lambda_n \in [0,$

1］，为 RIS 天线表面的振幅分布变量。

值得一提的是，对于大规模可重构智能表面所辅助的高频段通信场景，其近场辐射区域较广且波形辐射情况相对单一。总的来说，在定义准确的大规模 RIS 近场信道模型之后，可通过所提全息通信方法捕捉用户信息和信道状态信息，最终实现基于大规模 RIS 的全息感知波束赋形。

5.3 大规模可重构智能表面混合场通信模型

5.3.1 场景描述

随着可重构智能表面天线尺寸和通信频段的逐渐增大，其近场辐射区域逐渐增大，而 RIS 作为一种无线通信的辅助手段，常常被用作发送端和接收端之间进行增益辅助的"第二路径"。这导致其所服务的通信用户并非一直处在某特定区域下，而是会受到来自远场和近场多条路径分量的影响。考虑一个大规模可重构智能表面辅助近场通信用户的延伸场景，如图 5.2 所示。

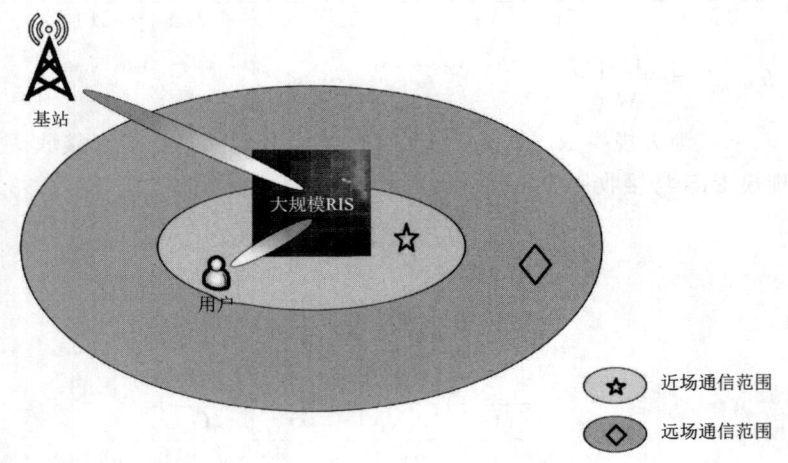

图 5.2　大规模 RIS 辅助的混合场用户通信示意图

对于该复杂通信场景，接收用户依然位于大规模 RIS 辅助的无线通信系统的近场区域内，但该情况下，仅通过远场信道模型和近场信道模型对用户进行下一步信道估计是不合理的，这是由于通信用户会对来自远场基站端发射的类平面波束与近场大规模 RIS 所反射的球面增益波束混合接收。而远场和近场区域的电磁波波前和传输特性完全不同，因此对于混合场的通信用户，单独考虑远场或近场的信道模型均无法准确刻画 RIS 辅助无线通信的传输特性，会造成较大的性能损失。随着 RIS 孔径的逐渐增大和通信频段的逐步上升，其近场辐射区也会急速扩张，该混合通信场景的准确信道估计问题也将日益突出，因此该研究领域亟须一个针对于图中所示场景用户的准确通信模型。

5.3 大规模可重构智能表面混合场通信模型

基于此复杂应用场景，本节梳理了用户同时处于基站的远场区和大规模 RIS 所辅助的近场区的信道模型，通过引入权重参数，构建了更为准确的大规模 RIS 辅助无线通信场景下混合场信道模型。与前面所提模型相比，此混合场混合模型可更精准地进行信道信息获取与信道估计，同时现有的 RIS 远场和近场模型均可视为所提模型的特殊情况。

5.3.2 信道模型

从图 5.2 所示场景可以看出，若想准确定义混合场大规模智能表面的信道模型，需要考虑两部分信道，即"基站—大规模 RIS—通信用户"的近场通信链路以及"基站—通信用户"的远场通信链路。其中，大规模 RIS 与通信用户之间的近场信道已在 5.2 节中推导完成，因此为准确定义混合场的信道模型，则应首先考虑由基站直达用户的远场通信链路。

图 5.2 场景中的相关参数已在 5.2 节中给出定义，值得一提的是，该场景中基站可视为远场点源，其电磁波传输波前为类平面波，这是由于近场波前的细小相位差随着通信距离的拉长而变得可以忽略。为简便计算，针对远场信道采用平面波建模，因此基站与接收用户间的信道响应可表示为

$$\boldsymbol{h}_{\mathrm{far}} = \sqrt{\frac{K}{L_f}} \sum_{l_f=1}^{L_f} \alpha_{l_f} \boldsymbol{I}(\beta_{l_f}) \tag{5.10}$$

式中：L_f 为远场条件下基站至用户有效路径总数；α_{l_f} 为远场模型下基站与接收用户之间第 l_f 条路径的增益；β_{l_f} 为远场模型下信号波束的第 l_f 条路径的角度；$\boldsymbol{I}(\beta_{l_f})$ 为远场类平面波条件下 K 天线基站至接收用户位置处的操纵矢量，定义为

$$\boldsymbol{I}(\beta_{l_f}) = \frac{1}{\sqrt{K}}[1, \mathrm{e}^{-\mathrm{j}\pi\beta_{l_f}}, \cdots, \mathrm{e}^{-\mathrm{j}\pi(K-1)\beta_{l_f}}]^{\mathrm{H}} \tag{5.11}$$

为验证包含 RIS 的无线通信系统为用户所带来的增益效果，基于上述远场模型，该系统中用户的遍历可达速率可表示为

$$\begin{aligned} R_{\mathrm{far}} &= \sum_{K=1}^{K} \log_2[1+\gamma_k] \\ &= \sum_{K=1}^{K} \log_2\left\{1 - \frac{P_T[\omega \|\boldsymbol{h}_{\mathrm{far}}\|^2 + (1-\omega)\|\boldsymbol{H}_T \boldsymbol{h}_{\mathrm{mix}}\|^2]}{\sigma^2}\right\} \end{aligned} \tag{5.12}$$

基于以上分析，考虑用户受近场和远场混合波束的影响，用户接收信号不仅包括近场多径信号，还包括远场多径信号。引入权重参数 ω，则基站与用户之间的信道响应可表示为

$$\boldsymbol{h}_{\mathrm{mix}} = \sqrt{\frac{N}{L}} \sum_{l_n=1}^{\omega L} \alpha_{l_n} \boldsymbol{\Theta}_n \iint_A \boldsymbol{g}_{(x,y)} \circ \boldsymbol{b}_{(\theta_x,l_y)} \mathrm{d}x\mathrm{d}y + \sqrt{\frac{K}{L}} \sum_{l_f=1}^{(1-\omega)L} \alpha_{l_f} \boldsymbol{I}(\beta_{l_f}) \tag{5.13}$$

其中，$L = L_f + L_n$ 表示基站发射端与接收用户之间的有效通信路径总数。

该混合模型下的最大接收信噪比可表示为

$$\gamma = \frac{P_T[\omega \|\boldsymbol{h}_{\mathrm{far}}\|^2 + (1-\omega)\|\boldsymbol{H}_T \boldsymbol{h}_{\mathrm{mix}}\|^2]}{\sigma^2} \tag{5.14}$$

式中：σ^2 为噪声功率；$\boldsymbol{H}_T$ 为基站与大规模 RIS 之间的信道响应。

由式（5.14）得该混合接收模型的可达速率可表示为

$$R = \log_2\left\{1 + \frac{P_T[\omega\|\boldsymbol{h}_{\text{far}}\|^2 + (1-\omega)\|\boldsymbol{H}_T\boldsymbol{h}_{\text{mix}}\|^2]}{\sigma^2}\right\} \quad (5.15)$$

在模型的建立过程中，引入 ω（$\omega\in[0,1]$）表示混合波束接收模型中关于近远场模型选择的一个关键的可变参数。ω 的值由大规模 RIS 所辅助的无线通信系统中近场与远场的有效路径分量确定，即

$$\omega = \frac{G_f}{G_n + G_f} \quad (5.16)$$

式中，$G_f = \sum_{l=1}^{l} \alpha_{l_f}$，表示基站与用户通信链路的远场路径总增益；$G_n$ 为大规模 RIS 与用户通信链路的近场路径总增益。当 $\omega = 0$ 时，$G_f = 0$，混合波束接收模型等同于大规模 RIS 所辅助的近场通信模型；当 $\omega = 1$ 时，$G_n = 0$，混合波束接收模型等同于基站与接收用户间的远场通信模型。

对于图 5.2 场景中的混合场通信用户而言，当混合接收到来自远场基站平面波束信号与近场大规模 RIS 的球面波束信号时，可采用波束估计方法对该场景中接收用户的权重参数 ω 进行最优配置，通过不同场景状态下权重参数 ω 的灵活调整，便可得出适用于对应场景中该用户的近远场混合信道模型。在下一步波束赋形工作当中，远场链路为基站至用户下行链路，因此可采用常规方法（如基于导频符号等方式）进行信道估计，该内容不属于本章的主要研究对象，因此在此不作赘述。而从大规模 RIS 至用户的近场链路可采用前文所提的基于大规模可重构智能表面的近场全息通信方法进行波束赋形，为使得通信系统性能最优，则需提出一种能够计算权重参数的准确算法以实时匹配混合模型中不同通信场景下的近场和远场接收权重。

5.3.3 基于混合 OMP 算法的权重参数估计

本章所提的基于大规模可重构智能表面的近远场混合信道模型中引入了权重参数 ω 以配置混合场景中远场和近场信道模型的权重分配，并可以根据应用场景不同灵活调整权重参数以达到系统的最优增益效果。实际上，权重参数 ω 是在混合场中用户对远场波束和近场波束混合接收影响的背景下所定义的。而在一般的无线通信系统中，常通过发送导频符号的方式获知波束信息，这与大规模可重构智能表面的应用场景并不契合。其主要原因是伴随着通信频段的上升，多导频需要的通信开销也会量化级的增长，从资源角度来讲是非常浪费的。此外，可重构智能表面的应用愿景为低开销的智能可调谐通信模式，因此通过较大的导频开销获取信道信息从而进行波束估计，定义权重参数 ω 的方式并不可取。

通信场景是实时变化的，为准确估计权重参数 ω，本节中采用基于压缩感知理论进行低导频开销的波束和权重参数估计。考虑一个混合场通信用户场景如图 5.3 所示，以下行链路波束估计为例，结合式（5.13），相应的接收导频信号可表示为

$$Y = \boldsymbol{h}_{\text{mix}} S + \boldsymbol{n} \quad (5.17)$$

式中：Y 为接收到的导频信号矩阵；S 为发送的导频信号矩阵。

通过上式可以看出，该用户接收的导频信号中包含远场信道模型和近场信道模型的

共同特征。

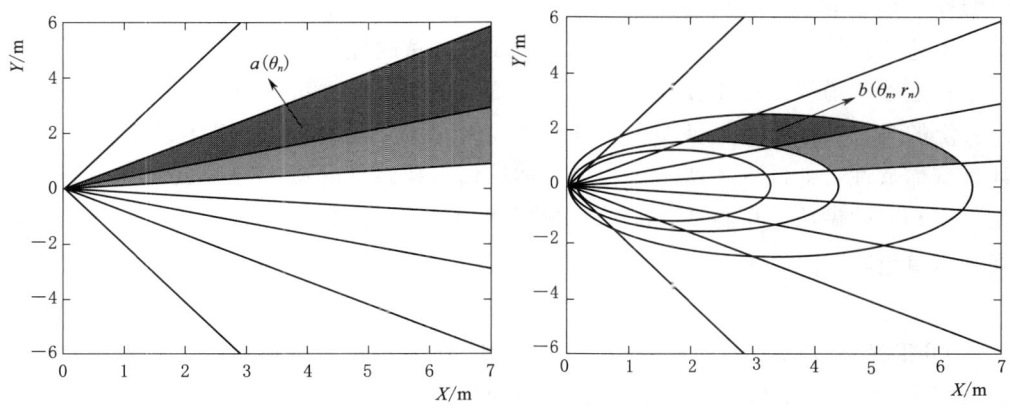

图 5.3 大规模 RIS 辅助的混合场用户通信示意图

而不同的接收用户或应用场景中远近场波束比例是不同的，因此，本节将延续上节中的工作和远近场独立分析的基本思想，梳理远场和近场波束传输特点，并基于不同信道矩阵进行稀疏性表示，最后提出一种基于不同稀疏性信道矩阵的混合场信道估计方案在低导频开销的前提下求出动态场景下所提近远场混合信道模型中权重参数 ω 的最优配置值。

该估计方法基于压缩感知理论中的 OMP 算法实现，其基本思想是通过使用不同的信道变换矩阵来单独估计远场和近场路径分量。其中，远场路径分量是通过考虑其在角度域中的稀疏性来估计的，而近场路径分量则是通过考虑其在极域中的稀疏性进行估计。现有的远场和近场波束估计方案可以被视为所提出方案的特殊情况。通过所提出的低导频开销的混合 OMP 波束估计方案，可准确估计出该混合场通信用户的近场和远场波束接收权重参数 ω 的最优值。获得准确的权重参数 ω 后，可通过传统估计方法和基于大规模可重构智能表面的全息通信方案完成混合场通信用户的信道估计问题，相比于单一模型，基于权重参数适配性的系统可获得较大的增益提升。

对于远场通信链路，常用角度域中的信道稀疏性进行远场波束估计。基于远场类平面波传输背景，各向信道中的阵列导向矢量仅与角度相关，借助于经典的 DFT 离散矩阵处理，可以将稀疏角域信道表示非稀疏空间信道。而后通过 OMP 算法估计具有稀疏性的低导频开销角度域信道波束。为增大远场信道稀疏性并减少导频波束数量开销，将式（5.10）中的非稀疏远场信道 $\boldsymbol{h}_{\mathrm{far}}$ 通过 DFT 变换表示为稀疏的角度域信道矩阵 $\boldsymbol{h}_{\mathrm{far}}^{\wedge}$，即

$$\boldsymbol{h}_{\mathrm{far}} = \boldsymbol{D} \boldsymbol{h}_{\mathrm{far}}^{\wedge} \tag{5.18}$$

其中，$\boldsymbol{D} = [\boldsymbol{I}(\beta_1), \cdots, \boldsymbol{I}(\beta_N)]$，表示 $N \times N$ 的酉矩阵，矩阵中的各列向量之间彼此正交。由于通信环境中存在有限的散射，角域信道 $\boldsymbol{h}_{\mathrm{far}}^{\wedge}$ 通常是稀疏的。基于这种稀疏性，可以将一些 CS 算法用于估计具有低导频开销的高维信道。

相对远场信道分析，现有的具有低导频开销的波束估计算法严重依赖于角度域中的

信道稀疏性。然而，由于高频通信下的大规模可重构智能表面愈发不可忽视的近场球面波前特性，角度域中的这种信道稀疏性是难以实现的，因此上述的远场 OMP 波束估计方案并不适合应用于近场信道当中，会带来较为严重的性能损失。

尽管近场信道模型并不使用远场模型中的 DFT 变换方法进行信道稀疏性压缩，但可以肯定的是，在一个近场模型中，其信道波束总数量是有限的，即可以使用压缩算法使其具有稀疏性，如图 5.4 所示。为增大远场信道稀疏性并减少导频波束数量开销，仿照式（5.20）的做法，可将式（5.8）中的非稀疏远场信道 h_{near} 通过 DFT 变换为稀疏的角度域信道矩阵 $h_{\text{near}}^{\wedge}$，即

$$h_{\text{near}} = Mh_{\text{near}}^{\wedge} \tag{5.19}$$

受 DFT 离散变换矩阵启发，式（5.19）中 M 表示极域变换矩阵，其每一列是采样波束角度 θ_n 和近场可重构智能表面的阵列导向矢量 l_n，基于式（5.16），M 定义为

$$M = \begin{bmatrix} b_{(\theta_1, l_1^1)}, \cdots, b_{(\theta_1, l_1^{S_Q})} \\ \cdots \\ b_{(\theta_N, l_N^1)}, \cdots, b_{(\theta_N, l_N^{S_Q})} \end{bmatrix} \tag{5.20}$$

其中，S_q 属于 $[1, \cdots, S_Q]$，表示极域中的第 q 个采样点，采样网格总数由 Q 定义。由此可得，$h_{\text{near}}^{\wedge}$ 为 $Q \times 1$ 的极域近场信道，与角度域中的远场信道类似，$h_{\text{near}}^{\wedge}$ 具有一定的稀疏性。

需要说明的是，导频信号均为相互正交的序列信号，因此可用于多用户系统中独立用户的波束估计问题，但本节中考虑的为简单典型的单用户情况。对于接收用户而言，假设发送导频的数量为 K 个，则其所接收到的稀疏导频信号 y_{near} 可表示为

$$y_{\text{near}} = SMh_{\text{near}}^{\wedge} + n \tag{5.21}$$

由于极域信道 $h_{\text{near}}^{\wedge}$ 在不同载波处的稀疏性也是相同的，并且可以同时估计接收信号中的各矩阵参量以提高波束估计精度。因此，可将式（5.21）按矩阵形式重新排列，即

$$\overline{Y}_{\text{near}} = MH_{\text{near}}^{\wedge} s + N \tag{5.22}$$

其中，$\overline{Y}_{\text{near}} = [\overline{y}_1, \cdots, \overline{y}_K]$；$H_{\text{near}}^{\wedge} = [h_1^{\wedge}, \cdots, h_K^{\wedge}]$；$N = [n_1, \cdots, n_K]$。通过极域变换的方法可将角度域中难以压缩且具有球面波前性质的近场波束变换为带有稀疏性的极域信道。在波束估计中，可通过压缩感知算法根据已知的 M 和 $\overline{Y}_{\text{near}}$ 进行波束估计。

在对于混合信道模型中的远场信道和近场信道分别进行稀疏性变换后，可将用户端接收到的到导频信号进行稀疏变换，即

$$Y = \omega SMh_{\text{near}}^{\wedge} + (1-\omega)SDh_{\text{far}}^{\wedge} + N \tag{5.23}$$

基于现有的关于远场信道和近场信道的波束估计 OMP 方案，结合考虑前文中所提大规模可重构智能表面混合信道模型，本节中提出了一种基于混合场的 OMP 估计算法。算法 5.1 的基本原理是以远近场波束不同为基础，集合角度域变换矩阵和极域变换矩阵对于混合场波束进行分割，并独立进行波束估计，最终求得信道矩阵。该算法可完成式（5.19）中的 ω 定义目标，完善了上面所提性能提升较大的准确混合场信道模型。

算法 5.1 基于 OMP 的混合场波束估计算法

输入：接收导频 $\overline{Y}$、发送导频 S、极域变换矩阵 M、角度域变换矩阵 P、RIS 相移矩阵 Θ_n、权重参数 ω 以及通信路径数 L

输出：混合场信道波束估计 $\hat{h}_{\text{mix}}$

流程——第一阶段（估计角度域中的远场路径分量）

1：初始化定义：$L_f = \omega L$，$\Lambda_f = \varnothing$，$r = \overline{Y}$；
2：求得远场波束信息矩阵 $I_f = SD$；
3：对所有远场路径进行迭代 **for**$\{l_f = 0, 1, \cdots, L_f\}$；
4：计算远场波束信息矩阵 I_f^H 与残差 r 的相关性 $n_f^* = \underset{n=(1,2,\cdots,N)}{\operatorname{argmax}} |\langle I_f^H, r \rangle|$；
5：得到远场波束信息集合 $\Lambda_f = \Lambda_f \cup n_f^*$；
6：通过最小二乘法求得角度域稀疏信道 $\hat{h}_{\text{far}} = I_{f\Lambda_f}^\dagger \{\overline{Y}\}$；
7：更新残差 $r = \overline{Y} - I_f \hat{h}_{\text{far}}$；
8：结束循环.

第二阶段（估计极域中的近场路径分量）

9：初始化定义：$L_n = (1-\omega)L$，$\Lambda_n = \varnothing$；
10：求得近场波束信息矩阵 $I_n = SM\Theta_n^H$；
11：对所有近场路径进行迭代 **for**$\{l_n = 0, 1, \cdots, L_n\}$；
12：计算近场波束信息矩阵 I_f^H 与残差 r 的相关性 $n_n^* = \underset{n=(1,2,\cdots,N)}{\operatorname{argmax}} |\langle I_n^H, r \rangle|$；
13：得到近场波束信息集合 $\Lambda_n = \Lambda_n \cup n_n^*$；
14：通过最小二乘法求得极域稀疏信道 $\hat{h}_{\text{near}} = I_{n\Lambda_n}^\dagger \{\overline{Y}\}$；
15：更新残差 **if** $\Lambda_f = \varnothing$；
16：　　　**then** $r = \overline{Y} - I_n \hat{h}_{\text{near}}$；
17：　　　**else** $r = \overline{Y} - I_f \hat{h}_{\text{far}} - I_n \hat{h}_{\text{near}}$；
18：结束循环.

第三阶段（混合接收波束估计）

19：混合场信道波束估计 **if** $\Lambda_f = \varnothing$；
20：　　　**then** $\hat{h}_{\text{mix}} = M\hat{h}_{\text{near}}$；
21：　　　**else** $\hat{h}_{\text{mix}} = D\hat{h}_{\text{near}} + M\hat{h}_{\text{near}}$；
22：输出 $\hat{h}_{\text{mix}}$；
23：end.

在算法 5.1 中，将混合 OMP 波束估计方法分为三个阶段。

第一阶段为估计角度域中远场稀疏信道 $\hat{h}_{\text{far}}$。第一步对远场路径分量 L_f、远场波束信息集合 Λ_f 和残差 r 进行初始化定义。需要注意的是，OMP 算法中残差 r 需要一个更新的过程，原始残差即为接收到的导频信号 $\overline{Y}$，其更新意义是在获取与接收信号相关的一列列向量后,需要在残差中减去已获取的部分信息才可进行下一步迭代,而算法的迭代次数由稀疏度决定,稀疏度通常是给定的。在第二步求得远场波束信息矩阵后,在第三步中对远场的每条通信路径进行遍历。在第四步中计算求得的远场波束信息矩阵和残差的相关性 n_j^*,并在第五步中对相关性的集合进行记录,即远场波束信息集合 Λ_f,或称作远场信道支持集。第六步通过最小二乘法求得角度域远场稀疏信道 $h_{\text{far}}^{\wedge}$,并且在最后一步中更新残差 r,即在接收到的导频信息 $\overline{Y}$ 中摒除已获取的远场波束相关信息。

第二阶段为估计极域中近场稀疏信道 $h_{\text{near}}^{\wedge}$。该阶段的流程与第一阶段基本一致,但是存在两处不同。第一处是在第十步中求近场波束信息矩阵 I_n 时需要注意考虑 RIS 的相移矩阵对于波束信息的反射影响,第二处是在十五步更新残差 r 的过程中除了要考虑该阶段获取的近场波束相关信息,还应摒除上阶段中已获取的远场波束相关信息(如有必要)。

第三阶段为估计混合场的稀疏信道 $h_{\text{mix}}^{\wedge}$。在完成第一阶段和第二阶段后,即可根据所求得的远场信道 $h_{\text{far}}^{\wedge}$ 和近场信道 $h_{\text{near}}^{\wedge}$ 求出混合场稀疏信道 $h_{\text{mix}}^{\wedge}$。求得 $h_{\text{mix}}^{\wedge}$ 后,可根据 $h_{\text{mix}}^{\wedge}$ 以低导频开销的方式调整权重参数 ω,进行准确的混合场信道估计,获取较大增益。至此,所提针对大规模可重构智能表面的混合场信道模型已基本完善,下节中会对模型基本参数进行分析,并在后文中对本节所提基于 OMP 算法的权重参数估计方法进行仿真分析。

5.4 基本参数分析

5.4.1 信道增益

对于图 5.2 所示混合场通信场景中基站发射端至 RIS 的通信路径而言,基站可视为远场的发射点源,设波长为 λ、电场强度为 E_0 的信号垂直入射至 RIS 表面,则 RIS 表面电场强度可表示为

$$E(x,y) = \frac{E_0}{\sqrt{4\pi}} \frac{\sqrt{x^2+z^2}}{(x^2+y^2+z^2)^{\frac{5}{4}}} e^{-j\frac{2\pi}{\lambda}\sqrt{x^2+y^2+z^2}} \tag{5.24}$$

其中,$\sqrt{(x^2+y^2+z^2)}$ 为欧几里得距离;RIS 天线的辐射面积可由其有效孔径决定,即 $\frac{D^2}{2}$。由此可通过传统天线的增益公式推出大规模近场 RIS 天线的增益,传统天线的接受增益被定义为

$$G = \frac{\left|\int_A E(x,y) \mathrm{d}x \mathrm{d}y\right|^2}{\frac{\lambda^2}{4\pi} \int_A |E(x,y)|^2 \mathrm{d}x \mathrm{d}y} \tag{5.25}$$

式中:$\frac{\lambda^2}{4\pi}$ 为各向同性天线的面积。

5.4 基本参数分析

对于垂直入射的信号波 $\boldsymbol{E}_0$，上式可得到的远场最大归一化增益为

$$G_f = \frac{4\pi}{\lambda^2} \frac{D^2}{2} \tag{5.26}$$

为探究同一场景下近场和远场的增益对比，因此定义归一化天线增益为

$$G_{\text{天线}} = \frac{G}{G_f} = \frac{\left|\int_A \boldsymbol{E}(x,y)\,\mathrm{d}x\,\mathrm{d}y\right|^2}{\dfrac{D^2}{2}\int_A |\boldsymbol{E}(x,y)|^2\,\mathrm{d}x\,\mathrm{d}y} \tag{5.27}$$

为计算简便，定义 $\widetilde{\boldsymbol{E}}(x,y) = \dfrac{\boldsymbol{E}(x,y)}{\boldsymbol{E}_0}$，则 RIS 天线本身对于信号的增益为

$$G_{\text{RIS}} = \frac{\left(\sum_{n=1}^{\sqrt{N}}\sum_{m=1}^{\sqrt{N}}\left|\int_{A_{n,m}} \boldsymbol{E}_t(x,y)\widetilde{\boldsymbol{E}}(x,y)\mathrm{e}^{-\mathrm{j}\varphi_{n,m}}\,\mathrm{d}x\,\mathrm{d}y\right|\right)^2}{N^2 \dfrac{D^2}{2}\int_A |\boldsymbol{E}_t(x,y)\widetilde{\boldsymbol{E}}(x,y)|^2\,\mathrm{d}x\,\mathrm{d}y} \tag{5.28}$$

除 RIS 本身的天线增益外，仍需要从级联信道角度去计算信道增益。RIS 所辅助的无线通信系统的级联信道的增益可表示为

$$\boldsymbol{g}_{\text{BR}} = \rho_B \mathrm{e}^{\mathrm{j}\phi_B} \tag{5.29}$$

$$\boldsymbol{g}_{\text{RU}} = \rho_U \mathrm{e}^{\mathrm{j}\phi_U} \tag{5.30}$$

式中：ρ_B 和 ϕ_B 分别为基站发射端至 RIS 的增益的幅度、相位；ρ_U 和 ϕ_U 分别为 RIS 至接收用户的增益的幅度、相位。

在已知基站与用户位置的条件下，相位可表示为

$$\mathrm{e}^{\mathrm{j}\phi_B} = \mathrm{e}^{-\mathrm{j}\frac{2\pi}{\lambda}\|\boldsymbol{P}_{\text{BS}} - \boldsymbol{P}_{\text{RIS}}\|} \tag{5.31}$$

$$\mathrm{e}^{\mathrm{j}\phi_U} = \mathrm{e}^{-\mathrm{j}\frac{2\pi}{\lambda}\|\boldsymbol{P}_{\text{UE}} - \boldsymbol{P}_{\text{RIS}}\|} \tag{5.32}$$

式中：$\boldsymbol{P}_{\text{BS}}$、$\boldsymbol{P}_{\text{RIS}}$、$\boldsymbol{P}_{\text{UE}}$ 分别为发射基站、RIS 天线中心与接收用户各自在建立坐标系中的位置表示，令 $\boldsymbol{P}_{\text{RIS}} = (x,y,0)$。基站至 RIS 段通信链路的增益为

$$\boldsymbol{g}_{\text{BR}} = \mathrm{e}^{-\mathrm{j}\frac{2\pi}{\lambda}\|\boldsymbol{P}_{\text{BS}} - \boldsymbol{P}_{\text{RIS}}\|} \iint_A \frac{\boldsymbol{E}_R}{\boldsymbol{E}_0}\,\mathrm{d}x\,\mathrm{d}y \tag{5.33}$$

对于 RIS 与接收用户的通信路径而言，近场聚焦天线的增益与非聚焦天线的远场辐射增益完全不同，取决于与天线孔径的距离以及方向，RIS 天线表面辐射的总功率为

$$\gamma = \frac{D^2}{2}\sqrt{\eta}\iint_A \Lambda^2_{(x,y)} \boldsymbol{E}_R\,\mathrm{d}x\,\mathrm{d}y \tag{5.34}$$

则该级联信道下的增益幅度可表示为

$$\rho = \sqrt{\frac{4\pi P_r}{\gamma}} \tag{5.35}$$

将式（5.35）代入式（5.30）中，可得 RIS 至接收用户段通信链路的增益为

$$\boldsymbol{g}_{\text{RU}} = \sqrt{\frac{4\pi P_r}{\dfrac{D^2}{2}\sqrt{\eta}\iint_A \Lambda^2_{(x,y)} \boldsymbol{E}_R\,\mathrm{d}x\,\mathrm{d}y}}\,\mathrm{e}^{-\mathrm{j}\frac{2\pi}{\lambda}\|\boldsymbol{P}_{\text{UE}} - \boldsymbol{P}_{\text{RIS}}\|} \tag{5.36}$$

5.4.2 路径损耗

设 $\theta_{m,n}^{tx}$ 和 $\varphi_{m,n}^{tx}$ 分别表示从基站发射端至 RIS 上第 (m, n) 单元的仰角和方位角，$\theta_{m,n}^{rx}$ 和 $\varphi_{m,n}^{rx}$ 分别表示从接收用户至 RIS 上第 (m, n) 单元的仰角和方位角，d_1 与 d_2 分别表示基站发射端至 RIS 中心的距离以及 RIS 中心至接收用户的距离。又设 θ_t 和 φ_t 分别表示基站发射端至 RIS 中心的仰角和方位角，θ_r 与 φ_r 分别表示 RIS 中心至接收用户的仰角和方位角，则 RIS 天线的归一化的功率辐射函数为

$$F(\theta,\varphi)=\begin{cases}\cos^3\theta, & \theta\in\left[0,\dfrac{\pi}{2}\right]\\ 0, & \theta\in\left(\dfrac{\pi}{2},\pi\right]\end{cases} \quad (5.37)$$

RIS 辅助无线通信中的接收信号功率可表示为

$$P_r = P_t \frac{G_t G_r G d_x d_y \lambda^2}{64\pi^3} \left| \sum_{m=1}^{\sqrt{N}} \sum_{n=1}^{\sqrt{N}} \frac{\sqrt{F_{m,n}} \psi_\theta}{d_1 d_2} \mathrm{e}^{\frac{-j2\pi(d_1+d_2)}{\lambda}} \right|^2 \quad (5.38)$$

式中：G_t、G_r、G 分别表示发射天线的增益、接收天线的增益以及 RIS 天线的增益；d_x 与 d_y 分别表示均匀分布的 RIS 天线表面上的沿 x 轴的天线单元间距与沿 y 轴的天线单元间距（通常情况认为 $d_x=d=\dfrac{\lambda}{2}$）；$F_{m,n}=F(\theta_{m,n}^{tx},\varphi_{m,n}^{tx})F(\theta_{m,n}^{rx},\varphi_{m,n}^{rx})$ 为归一化功率辐射对接收信号功率的影响。

大规模 RIS 所辅助的近场级联信道中信号传输距离为 d_1+d_2，因此基站发射端、大规模 RIS 与接收用户的级联信道的路径损耗为

$$\xi_{\mathrm{ris}}^{\mathrm{near}} = \frac{c^2}{\left(\dfrac{4\pi}{\lambda}\right)^2 (d_1+d_2)^2} \mathrm{e}^{\frac{-j2\pi(d_1+d_2)}{\lambda}} \quad (5.39)$$

式中：c 为光速。

远场情况下 RIS 辅助的无线通信系统中基站、RIS 与接收用户的级联信道的路径损耗为

$$\xi_{\mathrm{ris}}^{\mathrm{far}} = \frac{c^2}{\left(\dfrac{4\pi}{\lambda}\right)^2 d_1^2 d_2^2} \mathrm{e}^{\frac{-j2\pi(d_1+d_2)}{\lambda}} \quad (5.40)$$

上述式（5.39）与式（5.40）总结了近场和远场情况下 RIS 所辅助无线系统的路径损耗。而对于图 5.3 中所示的混合场通信用户，若发射机和接收机之间的通信距离设为 d'，则混合波束接收情况下的路径损耗为

$$P_L = \omega \xi_{\mathrm{mimo}}^{\mathrm{far}} + (1-\omega) \xi_{\mathrm{ris}}^{\mathrm{near}} \quad (5.41)$$

式中：$\xi_{\mathrm{mimo}}^{\mathrm{far}}$ 为基站与接收用户之间的 MIMO 可视链路的路径损耗，其计算公式为

$$\xi_{\mathrm{mimo}}^{\mathrm{far}} = -27.5 + 20\log_2(f) + 10n\log_2(d') \quad (5.42)$$

式中：f 为通信载波频率；n 为损失常量，具体值由室外实际通信场景决定。

需要特别注意的是，本节中关于混合波束的路径损耗讨论中所考虑场景为较简单的 RIS 级联链路与传统基站下行可视链路。若将传统基站下行链路换为 RIS 所反射的远场

增益波束，则应结合式（5.40）对路径损耗进行推导，且本节不考虑随天线单元数增多后 RIS 自身的单元耦合所带来的损耗影响。

5.4.3 平均误码率

通信信道路径增益 α 的分布可以近似为 Gamma 统计分布，即

$$\alpha(x)=\frac{x^{v-1}}{\Gamma(v)\lambda^v}e^{-\frac{x}{\delta}} \tag{5.43}$$

其中，$v=\frac{E[\alpha]^2}{VAR[\alpha]}$；$\delta=\frac{VAR[\alpha]}{E[\alpha]}$。将通信链路中符号量的平均信噪比表示为 $\bar{\gamma}$。因此，瞬时信噪比 γ 条件下的概率密度函数 $f_o(\gamma)$（PDF）与累积分布函数 $F_o(\gamma_s)$（CDF）分别为

$$f_o(\gamma)=\frac{1}{2\Gamma(v)\gamma}G_{0,1}^{1,0}\left[\frac{1}{\lambda}\left(\frac{\gamma}{\bar{\gamma}}\right)^{\frac{1}{2}}\bigg|\begin{matrix}1\\v\end{matrix}\right] \tag{5.44}$$

$$F_o(\gamma)=\frac{1}{\Gamma(v)}G_{1,2}^{1,1}\left[\frac{1}{\lambda}\left(\frac{\gamma}{\bar{\gamma}}\right)^{\frac{1}{2}}\bigg|\begin{matrix}1\\v\end{matrix}\right] \tag{5.45}$$

平均误码率可通过条件误差概率函数计算得出，将加性高斯白噪声条件（AWGN）下的条件误差概率除以输出信噪比，即

$$\overline{P_e}=\int_0^\infty P_E(x)F_o(x)\mathrm{d}x \tag{5.46}$$

式中：$P_E(x)$ 为条件误差概率函数，可表示为

$$P_E(x)=\frac{\Gamma(p,q\gamma)}{2\Gamma(p)} \tag{5.47}$$

式中：$\Gamma(p)$ 为 Gamma 函数；$\Gamma(p,q\gamma)$ 为互补的不完全 Gamma 函数。

将上式代入式（5.46）中，可得 $\overline{P_e}$，即

$$\overline{P_e}=\frac{q^p}{2\Gamma(p)}\int_0^\infty \gamma^{p-1}e^{-q\gamma}F_o(\gamma)\mathrm{d}\gamma \tag{5.48}$$

式中，p 与 q 的值由编码调制技术不同而决定，当 $p=0.5$、$q=1$ 时表示二进制相移键控（binary phase shift keying，BPSK），当 $p=0.5$、$q=0.5$ 时表示二进制频移键控（Binary Phase Shift Keying，BFSK），当 $p=1$、$q=1$ 时表示二进制差分相移键控（Binary Differential Phase Shift Keying，2DPSK）。

5.5 仿真结果与分析

本节工作中所考虑的仿真场景中采用位于笛卡尔坐标系中心位置的每列单元数量为 N 的正方形大规模 RIS 天线辅助的无线通信场景，并采用蒙特卡罗仿真方法进行对比分析。首先验证 RIS 远场模型对于经典的端到端通信场景增益效果进行仿真实验，具体参数设置见表 5.1。

第5章 近远场模型

表 5.1　　　　　　　　　　　仿真参数配置

参　数	数　值	参　数	数　值
波长 λ	0.1m	RIS每列单元数量 N	10, 20, 30
元素间距 d	0.05m	发射功率 G_t	5dB
发射天线数量 K	10	噪声功率 σ^2	-110dB
接收天线数量 M	1		

在仿真过程中，模拟了单天线用户和多天线基站通过 RIS 列单元数为 10、20、30 的可达速率，得到的仿真结果如图 5.4 所示。考虑到高频通信下天线的近场辐射区域增大，将用户设置在较远处以确保 RIS 和用户的通信波束为远场平面波，此时对于用户而言，基站发射端和 RIS 天线均可视为点源。仿真结果表明，RIS 对于被阻塞的高频无线通信场景的通信速率有明显提升。而随着 RIS 规模的增大，对于系统速率的提升依然明显，但是随之而来也会带来更大的消耗和信号处理难度。

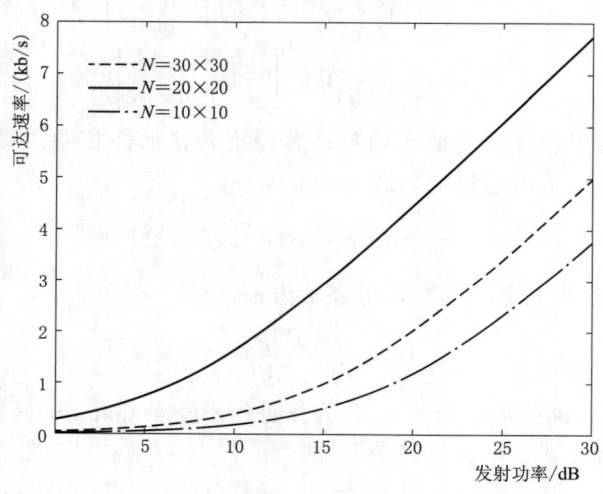

图 5.4　RIS 所辅助无线通信的可达速率

在证明了可重构智能表面对于无线通信的有效增益提升后，为验证大规模可重构智能表面辅助的同一混合通信场景下远场信道模型、近场信道模型及混合场信道模型对于通信系统的增益提升，接下来的仿真中采用表 5.2 中的基本参数设定。同时，为体现更加直观的混合场效应和数据差别，将 RIS 的尺寸固定为较大的 100×100 的方形阵列，同时进行波束传播距离遍历，所得出各通信模型下大规模可重构智能表面的归一化增益效果如图 5.5 所示。

表 5.2　　　　　　　　　　　仿真参数配置

参　数	数　值	参　数	数　值
波长 λ	0.1m	接收天线增益 G_r	15dB
元素间距 d	0.05m	噪声功率 σ^2	-70dB
RIS单元总数 N	100^2	信噪比阈值 γ_t	60dB
发射天线增益 G_t	30dB		

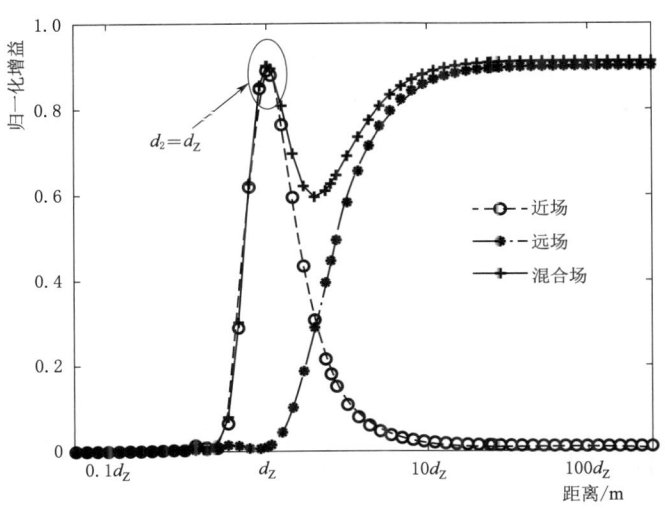

图 5.5　大规模 RIS 处于不同模型的归一化增益与传输距离关系分析

从仿真结果可以看出两部分对比结论。第一部分结论是对于同一混合通信场景而言，近场信道模型和远场信道模型均会为系统带来一定的增益效果，但增益的高低取决于传输距离 d_2 的变化。可以看出，在 $d_2 \leqslant d_Z$ 处范围内，近场信道模型带来的增益较大，同时远场信道模型几乎没有为系统带来增益。而随着传输距离 d_2 逐渐变大，近场信道增益效果急剧衰落，而远场信道模型所带来的系统增益逐渐提高，最终趋于稳定。由此可以看出，对于不同的天线辐射区域，应采用适合的信道模型才能够为系统和用户带来最优的增益效果。

第二部分对比结论是针对于同一场景下混合场信道模型与远场信道模型、近场信道模型的归一化增益对比所得出的。从仿真图中可以观察出，在 $d_2 \leqslant d_Z$ 处范围内，所提混合场信道模型的增益效果接近于近场信道模型增益。但是随着通信距离的不断增大，混合信道模型所带来的信道增益并未随着近场信道模型急速衰减而衰减，反而在一定的衰减后又再次攀升，并逐渐接近场信道模型的增益效果，最后趋于稳定。总而言之，混合场信道模型无论在近场通信范围还是远场通信范围内，较单一信道模型均具备更好的系统增益效果，同时也可以避免类似近场信道模型随距离增长其归一化增益急速衰减的情况，可为服务系统带来稳定高效的增益提升。

值得一提的是，混合场信道模型所带来的稳定增益效果是在预期之内的。这是由于该模型可根据不同的混合波束接收场景而灵活改变模型配置参数 ω，从而可切换通信系统中远场与近场路径分量的估计权重配置，可带来优于任何单一模型的增益效果。

除了观察各信道模型在不同辐射区域的增益变化，还应从误差角度对所提模型进行性能分析。通常关于信道模型的误差性能分析有两种途径，一种是基于平均误码率对信道模型进行统计学误差分析。另一种方式即为通过归一化均方误差（NMSE）对估计信道和真实信道进行对比分析，即

$$\text{NMSE} = \frac{\text{真实信道 } \boldsymbol{h} - \text{估计信道 } \hat{\boldsymbol{h}}}{\text{真实信道 } \boldsymbol{h}} \tag{5.49}$$

由式（5.49）可以看出，当 NMSE 的值越小，其估计信道越接近真实信道，该情况下信道模型性能较好；相反，若 NMSE 的值越大则代表信道模型的性能较差，偏离真实值。

对于所提混合信道模型的误差性能分析采用 NMSE 和平均误码率的分析方法。其中基于 OMP 算法的混合波束估计方案分析中采用 NMSE 作为性能指标，同时将远场波束估计方案和近场波束估计方案作为对比基线。仿真过程中基本参数配置见表 5.3。

表 5.3　　　　　　　　　　仿 真 参 数 配 置

参　　数	数　　值	参　　数	数　　值
波长 λ	0.1m	混合路径总数 L	12
元素间距 d	0.05m	权重参数 ω	0.5
RIS 单元总数 N	25^2	信噪比阈值 γ_t	60dB
导频数量 M	30dB		

仿真过程采用尺寸为 25×25 的大规模可重构智能表面在 30GHz 的通信频段进行模拟实验，信噪比为 $SNR = \frac{1}{\sigma^2}$，信道稀疏度设置为 10，导频信号 S 设置为一个单位矩阵。采用极域变换矩阵求解方式，采样个数设定为 100。在遍历过程中，将权重参数 ω 设置为 0.5，意为混合信道模型中远场信道和近场信道均占比 $\frac{1}{2}$。所得仿真结果如图 5.6 所示。

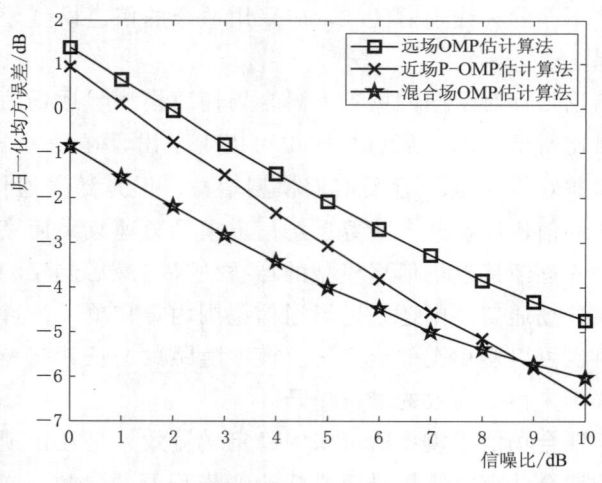

图 5.6　大规模 RIS 场景中现有波束估计算法和所提算法对比

图 5.6 的仿真结果图为远场 OMP 估计算法、近场 P-OMP 估计算法和所提应用于混合场模型中的混合场 OMP 估计算法的归一化均方误差与信噪比之间的变化关系。首先，随着信噪比逐渐增大，三种波束估计算法的归一化均方误差均逐渐减小，所估计信道值逐渐接近于真实信道值。其次，对于较大规模的可重构智能表面所辅助的无线通信

系统而言，近场 P-OMP 估计算法相比远场 OMP 算法更加适用，因此近场 P-OMP 估计算法的误差值总是略小于远场 OMP 估计算法的误差值，这两点现象是合理的。

同时，对于大规模可重构智能表面的通信场景，混合场 OMP 估计算法的归一化均方误差值均小于其余两种现有算法，具有较大的性能提升。可以观察到，在信噪比为 4dB 的条件下，混合场 OMP 估计算法对比近场 P-OMP 估计算法具有 1.3dB 的增益，对比远场 OMP 估计算法具有 2.1dB 的增益。而混合场 OMP 估计算法具有较好性能的原因主要是算法中包含信道模型权重参数 ω，使得该算法进行波束估计的过程中可以均衡考虑近场信道场景和远场信道场景，会带来比单一算法更好的性能提升，这是符合预期的。通过仿真结果表明，该混合场 OMP 估计算法支持的混合场信道模型对比单一的远场和近场模型而言具有更小的损失值，更接近于大规模可重构智能表面的应用场景。

在图 5.6 的仿真过程中将权重参数 ω 设置为 0.5 以均衡考虑远近场信道特点，确保在信道估计过程中可以得到最小损失的估计值，但这并不一定是合理的设置。从该仿真的尾端结果中可以看出，当信噪比不断升高，近场 P-OMP 估计算法的误差值小于混合场 OMP 估计算法。这是因为随着信噪比不断增加，远场信道模型已不适用于该情景，而混合场信道模型仍保持这部分权重不发生改变，会产生"负优化"的现象。

权重参数 ω 的设置应取决于不同的场景进行灵活配置，应当探究某既定场景下权重参数的最优值才能使所提混合场信道模型概念完整。特别是随着通信技术的逐步发展，通过模型重要参数的即时感知与灵活配置才能够更好地适应无线通信场景的实时变化。基于此，在图 5.6 的基础上，进一步探究权重参数 ω 与各算法的归一化均方误差关系。仿真过程中将信噪比设置为 4dB，得到的权重参数 ω 与 NMSE 关系变化如图 5.7 所示。

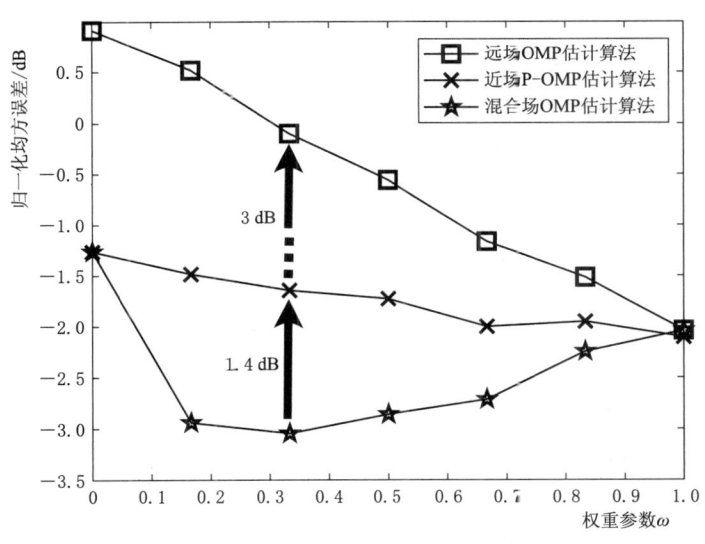

图 5.7 所提混合波束估计算法中权重参数 ω 与 NMSE 关系

图 5.7 的仿真结果展示了权重参数 ω 与 NMSE 的关系变化。从图中可以观察到，对于该设定场景下，最优的设定值应为 $\omega=0.33$，此时所提混合模型应用于该场景时会为系统带来最大的增益效果，同比相对于近场 P-OMP 估计算法具有 1.4dB 的增益，对比

远场 OMP 估计算法具有 3dB 的增益。仿真结果充分表明，相比较于现有单一模型和算法，所提近、远场混合信道模型以及基于该模型提出的混合场 OMP 估计算法可为混合场通信场景中用户带来较好的性能增益。

针对于所提混合场信道模型，通过平均误码率的指标对其和现有通信模型进行可靠性分析。图 5.8 所示为采用 BPSK 调制方式且混合波束接受模型的配置参数 $\omega=0$，0.5 条件下的平均误码率分析，当 $\omega=0$ 时，混合信道模型为单一的近场模型。可见，当用户处于混合波束接收情况下，权重参数 ω 的正确设置可获取较正确的信道信息。特别是当 RIS 的天线规模处于适中尺寸条件下，对于可靠性的优化较为明显。而随着 RIS 的规模逐渐变大，优化作用则逐渐降低，这是因为大规模 RIS 所覆盖的近场通信范围更大，近场模型相比远场模型更加适用于大规模 RIS 的信道信息分析，因此模型权重的重要性随之降低，符合推理结论。仿真结果表明，该混合模型与单一模型相比，可显著提升系统鲁棒性。

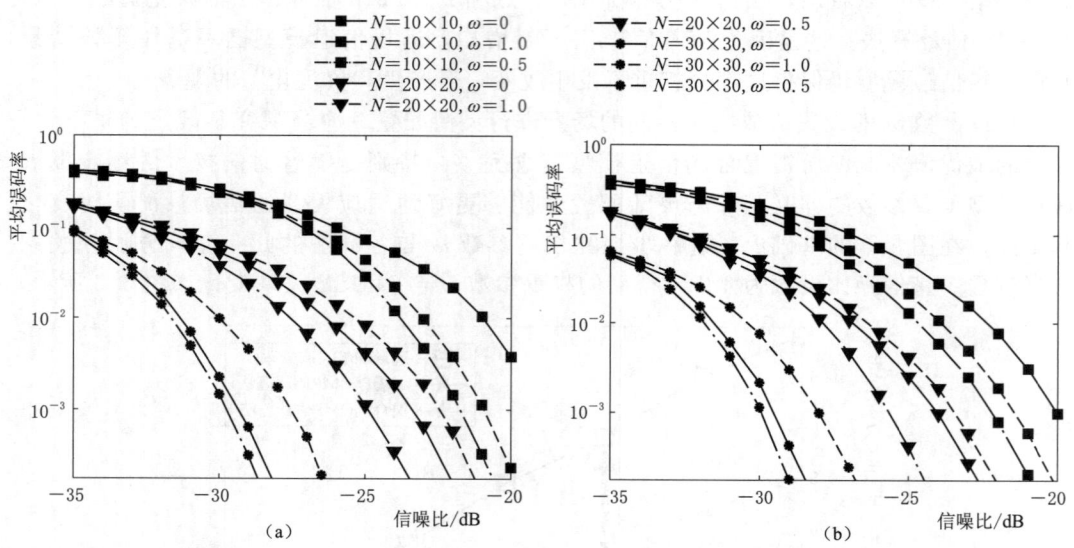

图 5.8 不同单元数目下的混合信道模型平均误码率分析
(a) 2DPSK 编码下平均误码率变化；(b) BPSK 编码下平均误码率变化

5.6 本章小结

针对大规模 RIS 辅助高频无线通信的下行链路中受远、近场波束混合影响用户的通信模型问题展开阐述，考虑大规模 RIS 的近场传输特性，引入权重参数，建立了一个基于有效通信路径的混合信道模型，并通过仿真结果表明该混合估计模型所带来的系统增益与模型鲁棒性均优于单一模型，这得益于不同场景下可对权重参数进行灵活配置，以实现最优的波束接收效果。通过结合现有远场角度域 OMP 估计算法和近场极域 P-

OMP 估计算法，提出了一种针对于 RIS 混合信道模型的混合 OMP 估计算法，在仿真场景设置中，所提算法对比远场 OMP 估计算法具有 2.1dB 的提升，对比近场 P-OMP 估计算法具有 1.3dB 增益的提升。对权重参数进行优化配置后，所提算法对比远场 OMP 估计算法具有 3dB 的提升，对比近场 P-OMP 估计算法具有 1.4dB 增益的提升。实验结果表明，所提模型及其适用算法对于解决大规模 RIS 通信中受混合波束影响的复杂场景用户具备较好的效果和可操作性，为 RIS 的大规模部署应用提供了一定的理论支撑。

第 6 章

区域分割

6.1 引言

随着车联网、物联网等新应用场景的发展，需要通信系统提供更高的数据传输速率、更低的传输时延和更广泛的连接。近年来，毫米波技术受到广泛关注，毫米波是一种高频电磁波，其频率为 30～300GHz，具有更高的频率和更短的波长，这意味着在单位时间内可以携带更多的数据，从而拥有更高的数据传输速率。相比于传统的无线通信技术，毫米波具有更高的带宽和更低的传输延迟。同时，毫米波信号传播波长较短，其能量相对较弱，容易被障碍物吸收和散射，导致信号强度大幅削弱，传输距离较低。毫米波在无线通信环境中常被阻塞物影响，导致难以承受的高路径损耗，且接收功率和覆盖范围应比传统无线通信频段的接受范围更小。因此，在使用毫米波通信时需要采取波束成形技术手段来克服这种缺陷，进而获得高波束成形增益以弥补高路损。

作为 5G 的关键技术之一，虽然大规模多输入多输出（massive multi-input multi-output，Massive-MIMO）技术能降低路径损耗对毫米波通信的影响，但由于其定向的窄波束覆盖范围较小，基站发射的波束难以直接覆盖用户所在位置，因此用户必须在大量波束中选择最佳波束进行接入。如果基于传统波束扫描的方法，将会带来频繁地波束切换，增加时延，也将增大系统开销，影响通信效果。因此，如何通过波束切换算法来快速找到最佳波束是一个重要研究方向。

尽管 Massive-MIMO 等技术被广泛应用于毫米波系统以保障其通信性能，然而在实际应用中，如何在保证通信性能的同时降低能量消耗和硬件成本的问题仍然是一大挑战。RIS 作为一种新兴的通信辅助使能技术被认为有望成为解决上述现有问题的新途径，其低功耗、易调控的结构优势引起了学术界和工业界的广泛关注。作为一种新的变革，RIS 通过灵活调谐自身相位达到控制空间电磁波传输的效用，摒弃了传统通信中总局限于收发端更新换代的观点，使得传统通信视为衰落因素的无线信道逐渐变得可控，甚至能够通过调节电磁波的空间传输对通信用户产生增益。而且，RIS 由人工超材料反射单元和简单电路构成，几乎不需太多的能耗供给，因此该技术在提高通信性能的同时有效地降低了硬件成本和能耗，并成为未来低成本高效通信的重要研究方向之一。

目前，RIS 辅助无线通信所面临的重大挑战多与波束成形、RIS 信道的获得等问题有关。由于其独特的结构特征，RIS 与传统有源相控阵天线不同，其本身不搭载放大器或计算工具，这造成其本身不具备对传输信号的主动处理能力，因此如何获取准确的信道状态信息并最终进行波束成形是 RIS 辅助无线通信系统当中最大的困境之一。此外，RIS 的引入使得高频无线通信系统中的不可视直达链路分割为可视的级联链路，尽管极大降低了毫米波通信传输过程中的路径损耗，但也提高了信道估计的维度，特别是对于实际应用情况中的准确波束成形而言，关于 RIS 的波束成形研究是极大的挑战和机遇。因此，本节中关于无线通信系统波束成形算法的研究与分析对于未来通信领域发展提供了坚实的理论支撑。

6.2 波束管理及智能反射表面相关理论基础

6.2.1 毫米波通信

目前，随着通信技术的不断发展，电磁波频谱资源已成为通信领域中最为宝贵的资源之一。其中，毫米波频段是近年来备受关注的一个重要频段。毫米波频段是指频率为 30~300GHz 的电磁波频段，它位于微波和远红外重叠的波长范围内。图 6.1 所示为无线通信可用频谱资源分布图。与传统的低频段相比，毫米波频段具有更高的带宽和更高的数据传输速率，因此应用前景广阔[56]。

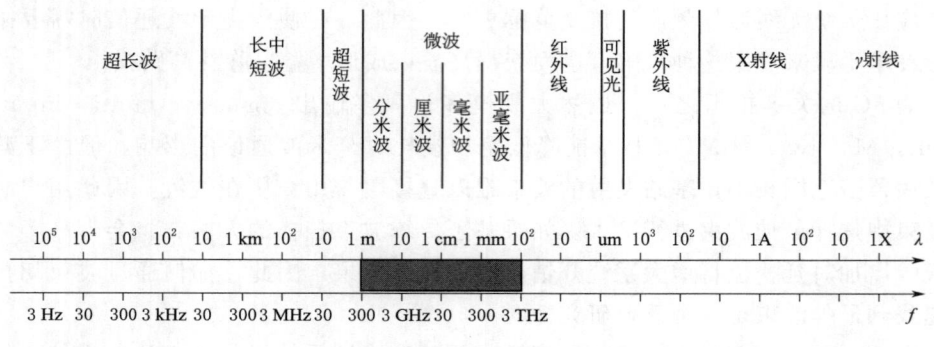

图 6.1 频谱资源分布图

近年来，随着 5G 通信技术的快速发展，毫米波频段作为新一代无线通信的重要频段，得到了广泛应用。在 5G 网络中，毫米波频段主要用于高速无线数据传输、高清视频传输等方面，成为构建 5G 高速通信网的重要基石之一。此外，在车联网、智能制造等领域，毫米波技术也有着广泛的应用前景。

丰富的毫米波带宽资源能够有效满足 eMBB、mMTC、uRLLC 等多种应用场景需求。与传统低频段通信相比而言，使用毫米波这种高频段进行数据传输具有许多显著优势。

1. 毫米波频段带宽大，信道容量大

毫米波的带宽可达 270GHz，覆盖范围远超目前使用的微波频段。频段范围远大于 2.4G 频段（2.401~2.483GHz）和 5G 频段（5.15~5.825GHz）。根据香农定理，在信噪比相同的情况下，信道带宽越大，信道容量越大。

2. 毫米波波束主瓣窄，方向性好，传输质量高

大多数相邻天线阵元之间的固定空间距离一般设定在半个波长左右，天线阵元的尺寸大小会受电磁波波长的限制。而毫米波的波长范围正好是毫米级别，对毫米波通信设备的广泛使用会大幅度节省硬件设备整体空间。此外，与低频微波相比，毫米波的波束主瓣宽度相对较窄，因而具有更好的主方向性，有着更高的空间分辨率。波束能量更为集中在一个方向上，并且能大幅提升通信信号传输的质量。

3. 终端设备间电磁干扰较小

毫米波有着较高的电磁频率，对空间传输途径中存在的气体、雨水等因素影响特别敏感，其路径损耗更为严重。然而，这一物理特性也给毫米波通信带来了天然优势，因其频段范围较高，甚少有干扰源能影响这种高频电波。故而，其通信信道有较少干扰，传播较为稳定可靠，是一种典型的高质量的无线信道，在保密性和安全性通信方面带来很大优势。

毫米波工作频段丰富的频谱优质资源，能够提供更高可用带宽的通信信道，进而提升数据的传输速率。可是毫米波通信信道相比于传统低频段的信道面临一些新的考验，归纳总结如下。

（1）毫米波传播主要路径损耗严重，有效传播空间距离短。考虑到毫米波频率高，依据弗里斯定理，短波长可能会导致相对较高的路径耗损。其次，路损相同的条件下，频率越高，传播空间距离越短，因而相对于低频无线电波来说，毫米波的传播空间距离更短。然而，这一缺点能够利用波束赋形技术解决，波束成形技术可以把发射功率控制在一个主瓣方向上，因而获得更好的增益效果，以弥补高频电波传输的路径损耗。

（2）毫米波传输易遮挡。毫米波的波长较短，带来的另一个特点就是穿透能力较弱，传播过程中遇见建筑材料时会导致很高的路径损耗。毫米波传播过程中遇到较大阻塞物时，衍射能力差，导致传播过程更易被遮挡。再者，为了弥补其路径损耗较大的特点进而使用窄波束远程传输，也加剧了被遮挡的几率。

（3）毫米波传播会受到空气中的氧气直接吸收和下雨衰减。相比于激光和红外光，高频电波对沙尘和颗粒状烟雾有着更强的穿透能力，但是，在另一方面，毫米波在雨水情况下的衰减较大。除常规路径损耗外，大气和阴影会给毫米波这类电磁波传播带来更大影响。还有一些更高频点上的无线电波会遭受更高的被吸收耗损，这是受其自身特性和环境影响。而为了对抗这种衰减，可以在传输中预留足够的功率。在一些特别应用场景，这也是一种可利用的特点，比如用于超近位置距离通信时，较大的路径损耗能够保证信号在超过通信需求范围时快速衰减，达到保密的目的。

（4）毫米波传播时漫射受限制且具有成簇特点。毫米波传播过程含有较少的多径分量，具有受限制散射的特点。另一方面，毫米波传播具有成簇物理特性，簇内一般说来存在多组散射路径，因为散射径为 NLOS 路径，NLOS 信道增益效果要远低于 LOS 路径，即离开角（AoD）和到达角（AoA）均集中于某些特定的角度附近，如图 6.2 所示。毫米波小尺度衰落信道模型中体现了毫米波这种特性。

毫米波通信中一个至关重要的问题就是建立准确的信道模型来进行信号处理，下一小节将介绍几种毫米波信道模型。

由于毫米波空间传播特性不同于低频电波，因此其信道模型建立也会有所不同。此外，由于毫米波

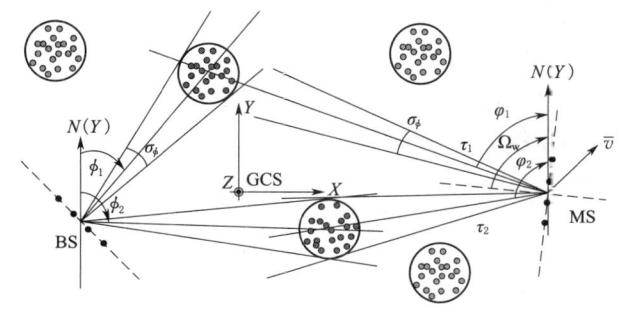

图 6.2 毫米波的成簇特性

有着较高的路径损耗，因此可供选择的传输模型也较少，与毫米波通信所采用的紧密耦合的天线阵列结构也会产生较强的天线相关性。不同的传输散射族具有不同的出发角和到达角因此毫米波信道与阵列天线之间存在较强的几何相关性。Saleh-Valenzuela 模型是一种毫米波通信中常采用的窄带几何信道模型结构。依据这种几何模型可以看出，毫米波在空间上具有很强稀疏性的特点。例如，在城市中进行不同建筑物之间的非视距传输实验，实验结果表明，一个信道中一般只有 3~4 个散射倍数。接下来，本节首先分析链路预算（Link Budget）模型，即接收信号功率和发射信号功率之间的关系；然后比较不同毫米波路径损耗模型，最后比较毫米波 MIMO 小尺度衰落信道模型。

1. 链路预算分析

链路预算分析是指对通信系统中从发射机到接收机的完整信号传输过程进行分析，并计算其中涉及的所有增益和损耗。具体而言，假设发送功率为 P_t dBm，发送天线增益为 G_t dB，路径损耗为 P_L dB，接收天线增益为 G_r dB，信号接收功率为 P_r dBm，噪声功率为 P_n，则该链路的信噪比可表示为

$$\mathrm{SNR}_{rx} = P_r - P_n = P_t + G_t - P_L + G_r - P_n \tag{6.1}$$

天线增益是指使用定向天线与使用全向天线之比，信号传播方向上的功率增益，可用以下公式表示阵列天线的增益

$$G = \frac{\pi^2}{\theta_{\mathrm{ele}} \theta_{\mathrm{axi}}} \tag{6.2}$$

式中：θ_{ele} 为平面上的仰角波束宽度；θ_{axi} 为平面上方位角的波束宽度。

可用下式表示噪声功率模型，即

$$P_n = -174 + 10\lg(B) + \mathrm{NF} \tag{6.3}$$

式中：B 为信道带宽；NF 为噪声系数。

2. 路径损耗模型

毫米波路径损耗模型与传统低频段路径损耗模型相似，其自由空间路损模型可以表示为

$$P_L = -10\lg\left(\frac{\lambda}{4\pi d}\right)^n = -10\lg\left(\frac{c}{4\pi f d}\right)^n \tag{6.4}$$

式中：λ 为毫米波波长；d 为传播空间距离；c 为光速；f 为频率；n 为路径损耗影响因子。

路损因子 n 受电磁波频率、通信场景、NLOS 或 LOS 等因素影响，对于常用的 60GHz、室内场景、视距通信的电磁波，一般设路损因子 $n=2.5$。

除常见的自由空间路径损耗模型外，还有根据不同通信场景和传输环境进行测量得出的基于统计意义的路径损耗模型，如 3GPP 路损模型和 5GCM 路损模型等，3GPP TR38.901 为农村宏蜂窝、城区宏蜂窝、城区街道和室内办公室等场景下的视距和非视距环境分别给出了不同的路径损耗模型，其中在室内视距条件下的路径损耗模型定义为

$$P_L = 32.4 + 17.3\lg(d) + 20\lg(f) \tag{6.5}$$

3. 毫米波 MIMO 小尺度衰落信道模型

传统的 MIMO 窄带衰落信道模型可以表示为

$$\boldsymbol{H} = \sum_i a_i^b \boldsymbol{a}_r(\boldsymbol{\phi}_{r,i}) \boldsymbol{a}_t(\boldsymbol{\phi}_{t,i})^H \tag{6.6}$$

其中
$$a_i^b = a_i \sqrt{N_t N_r} \exp\left(-\frac{\mathrm{j}2\pi d_i}{\lambda}\right)$$

式中：a_i 为第 i 条径的衰减；d_i 为发端天线阵第一根天线到收端天线阵第一根天线之间的第 i 条径的长度；λ 为波长；N_t 为发端天线数；N_r 为收端天线数；$(\boldsymbol{\phi}_{1,i})^H$ 表示共转置。

此外，$\boldsymbol{a}_r(\boldsymbol{\phi}_{r,i})$、$\boldsymbol{a}_t(\boldsymbol{\phi}_{t,i})$ 分别为发射端和接收端天线阵列响应，即

$$\begin{aligned}\boldsymbol{a}_r(\boldsymbol{\phi}_{r,i}) &= \frac{1}{\sqrt{N_r}}\left[1, \exp\left(\frac{\mathrm{j}2\pi d \cos\phi_{r,i}}{\lambda}\right), \cdots, \exp\left(\frac{\mathrm{j}2\pi (N_r-1)d\cos\phi_{r,i}}{\lambda}\right)\right]^T \\ \boldsymbol{a}_t(\boldsymbol{\phi}_{t,i}) &= \frac{1}{\sqrt{N_t}}\left[1, \exp\left(\frac{\mathrm{j}2\pi d \cos\phi_{t,i}}{\lambda}\right), \cdots, \exp\left(\frac{\mathrm{j}2\pi (N_t-1)d\cos\phi_{t,i}}{\lambda}\right)\right]^T\end{aligned} \tag{6.7}$$

式中：d 为天线阵列中天线单元之间的间隔，通常取半波长，即 $\lambda/2$。第 i 条径的到达角（AOA）和离开角（AoD）分别用角度 $\phi_{r,i}$ 和 $\phi_{t,i}$ 表示，在均匀线阵（ULA）中，$(\cdot)^T$ 表示转置。

传统的 MIMO 信道模型可以看作是一种射线追踪模型，然而这种模型涉及每条径的长度，而且并没有考虑毫米波的散射受限与分簇特性，因此并不能直接用于毫米波 MIMO 信道。

目前，扩展的 S-V（extended Saleh-Valenzuela）信道模型被广泛用于毫米波系统的分析和验证，该模型考虑了成簇特性，并扩展为成簇的多天线信道模型，记作 eSV 信道模型，表示为

$$\boldsymbol{H} = \sum_{i=1}^{N_{cl}}\sum_{l=1}^{N_{ray}} \alpha_{il} \boldsymbol{a}_r(\phi_{il}^r, \theta_{il}^r) \boldsymbol{a}_t(\phi_{il}^t, \theta_{il}^t)^H \tag{6.3}$$

式中：N_{cl} 为散射径成簇的个数；N_{ray} 为每个内径的个数；α_{il} 为第 i 个簇内第 l 条径的复增益系数，所有径的复系数独立同分布，且服从均值为 0、方差为 $\sigma_{a,i}^2$ 的复高斯分布，即 $\sigma_{a,i}^2$ 服从 $CN(0, \sigma_{a,i}^2)$ 的分布。

其中方差是第 i 个簇的平均功率，它满足 $\sum_{i=1}^{N_{cl}}\sigma_{a,i}^2 = 1/N_{ray}$，使得单天线之间的信道能量归一化为 1，而多天线的能量为 $N_t N_r$，即 $E[\|\boldsymbol{H}\|_F^2] = N_t N_r$，其中 N_t 为发送天线数，N_r 为接收天线数。角度 ϕ_{il}^r、θ_{il}^r，ϕ_{il}^t、θ_{il}^t 分别是第 i 个簇内第 l 条径的到达方位角（AoD）、到达仰角（ZoD）、离开方位角（AoA）、离开仰角（ZoA）。需要说明的是，到达角为电磁波的传播路径与接收端天线阵法线方向之间的夹角；离开角为电磁波的传播路径与发端天线阵法线方向之间的夹角；所谓方位角是指水平方向上的夹角，所谓仰角是指垂直方向上的夹角。由于考虑的是均匀面阵（UPA），因此涉及垂直方向上的角度。如果使用均匀线阵（ULA），则不涉及仰角，因为均匀线阵的波束模式在垂直方向上具有各向同性。

同一簇内的到达角和离开角都服从拉普拉斯分布。该分布的均值服从于 $[0, 2\pi]$ 的均匀分布，标准差表示角度扩展，通常取一个较小的角度（如 5°或 10°）。在此，向量 $\boldsymbol{a}_r$ 与 $\boldsymbol{a}_t$ 分别表示接收和发送天线阵列响应向量，对于一个坐落于轴上 N 单元的均匀线

性阵列，可将其阵列响应表述为

$$a(\phi) = \frac{1}{\sqrt{N}}[1, e^{jkd\cos(\phi)}, \cdots, e^{j(\lambda-1)kd\cos(\phi)}]^T \tag{6.9}$$

其中

$$k = 2\pi/\lambda$$

式中：λ 为波长；d 为天线间隔；ϕ 为电磁波方向与 y 轴的夹角。

对于一个 yoz 平面上的均匀面阵，其中 y 轴上有 W 列天线单元，z 轴上有 H 列天线单元，则它的阵列响应可以表示为

$$a(\phi, \theta) = \frac{1}{\sqrt{N}}[1, \cdots, e^{jkd(m\sin\phi\sin\theta + n\cos\theta)}, \cdots, e^{jkd((W-1)\sin\phi\sin\theta + (H-1)\cos\theta)}]^T \tag{6.10}$$

式中为 $1 \leqslant m \leqslant W$ 且 $1 \leqslant n \leqslant H$；天线阵列的大小为 $N = WH$。

窄带 eSV 信道模型并不严格区分 LOS 路径和 NLOS 路径。如果需要考虑视距径强弱的不同，可以在 eSV 模型的基础上基于莱斯分布产生如下毫米波 LOS 信道模型即

$$H = \sqrt{\frac{\kappa}{\kappa+1}} H_{LOS} + \sqrt{\frac{1}{\kappa+1}} H_{NLOS} \tag{6.11}$$

式中：H_{LOS} 为 LOS 分量，它的第 n 行第 m 列元素 $(H_{LOS})_{n,m} = \exp\left(-\frac{j2\pi d_{nm}}{\lambda}\right)$，表示第 m 根发送天线到第 n 根接收天线之间的 LOS 信道模型；H_{NLOS} 为非视距分量与 eSV 模型一致；κ 为莱斯因子，反映 LOS 分量与 NLOS 分量的功率比。

以上就是窄带 eSV 信道模型。

在毫米波 MIMO 通信方面，许多协议都基于测量结果或考虑更多因素对信道进行建模。例如，3GPPTR38.901 协议充分考虑到毫米波的散射受限和成簇特性，为毫米波小尺度衰落提供了有效模型。事实上，该协议从一根发射天线和一根接收天线之间的信道入手，考虑了 AoA、AoD、ZoA、ZoD 及时延等参数，这些参数服从着相对较为复杂的概率分布或者根据给定的测量值进行设定。需要指出的是，其他天线对之间的信道仅与天线单元的位置坐标存在差异，而其他因素则被忽略不计。

6.2.2 波束形成原理

本节将详细介绍波束成形技术的原理以及相关技术，旨在深入了解该领域的基础知识。随着 5G 时代通信需求的不断增大，可用频谱不足成为一个严重的问题。值得一提的是，毫米波作为一种具有丰富可用频段的通信技术，有效缓解了这一问题，但是其传输损耗过大的缺陷也逐渐显露出来。因此，波束成形作为 5G 系统中的关键技术之一，可以通过在特定方向形成较高的阵列天线波束增益，从而集中信号能量，提高点对点的信号传输能力，增强链路质量，从而弥补毫米波通信传输中的信号衰减问题。在本小节中，将进一步介绍毫米波 MIMO 通信系统中几种波束成形结构。

1. 数字波束成形结构和模拟波束成形结构

图 6.3 所示为模拟波束成形系统的框架。该技术通过移相器网络将所有的天线阵元连接到一组 RF 链上，通过控制每个移相器的权值来实现波束的产生。一般而言，为了提高搜索效率，该系统会采用不同分辨率的码本进行波束的搜索，以找到最佳的波束指

向方向。需要注意的是，相比数字波束成形系统，模拟波束成形系统无须复杂的数字信号处理器件，并且整个系统只需要一个 RF 链，功耗相对较低。在拥有许多天线的系统中，模拟波束成形系统尤为适用。

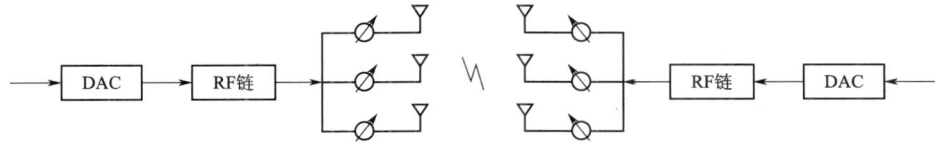

图 6.3　模拟波束成形系统框架

图 6.4 所示为数字波束成形系统框架。该技术使用与天线数量相同的 RF 链路为每根天线的幅相调整提供硬件支持。与模拟波束成形技术相比，数字波束成形技术可以同时传输多个数据流，并且处理更加灵活，从而大大提高系统性能。目前常见的数字波束成形技术包括基于迫零（zero force，ZF）的数字波束成形技术、基于最小均方误差（minimum mean square error，MMSE）的数字波束成形技术以及在收发端进行联合处理的基于奇异值分解（singular value decomposition，SVD）的数字波束成形技术等。

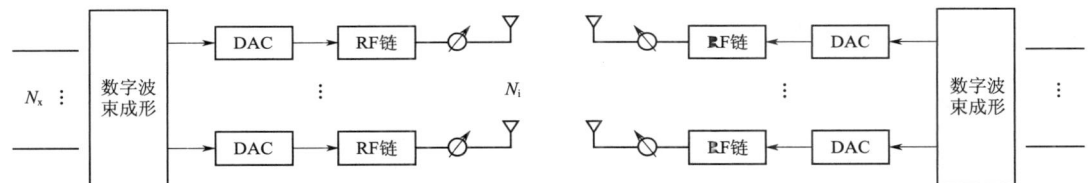

图 6.4　数字波束成形系统框架

当天线系统规模较小时，RF 链数目也相应较少，采用数字波束成形技术会获得较大的收益。但随着天线数量的增加，由于 RF 链的功率累加，系统功率会达到无法接受的地步。此外，RF 链由混频器、滤波器、放大器、数/模转换器等昂贵器件所组成，从成本方面考虑，在大规模天线系统中使用数字波束成形技术也不经济。

2. 混合波束成形技术

在毫米波波束成形系统中，发射端部署了成百上千根天线，如果使用数字波束成形系统架构，则需要部署与天线数目相同的射频链路和模/数转换器。这会给系统带来巨大的成本和功耗。针对此问题，又提出结合数字和模拟混合波束成形方案。混合波束成形系统架构按照硬件连接方式可以分为全连接型和部分连接型。

在图 6.5 与图 6.6 中，展示了两种混合波束成形系统的架构。值得注意的是，这两种结构的 RF 链路数均较少于天线数。全连接型混合波束成形架构的每一个射频链路都与所有天线相连，移相器部分则是模拟波束成形矩阵，信号经过加权后再由天线发送出去。相比之下，部分连接型结构每一个射频链路仅与部分天线相连。虽然这种结构降低了求解模拟波束成形矩阵的难度，对全连接型的系统架构进行了进一步简化，但是由于模拟波束成形矩阵中的部分值为零，会造成整体性能的下降。因此，在选择合适的混合波束成形系统架构时，需要充分考虑场景的实际需求。

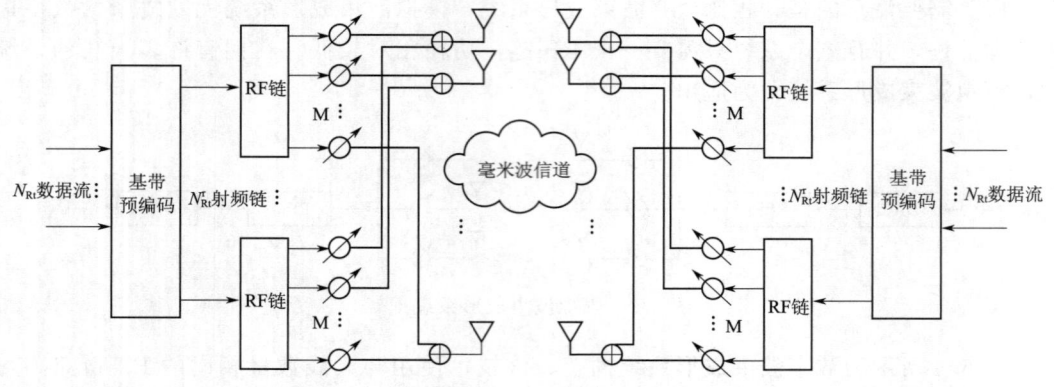

图 6.5　全连接混合波束成形系统框架

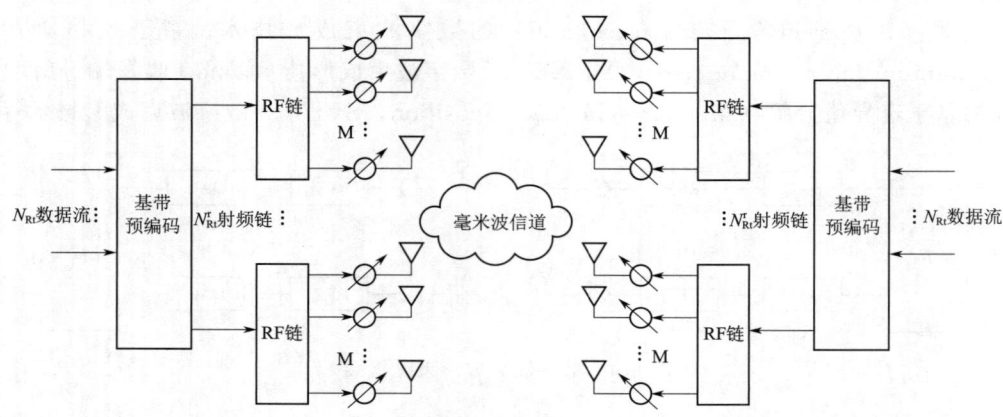

图 6.6　部分连接混合波束成形系统框架

混合波束成形系统作为一种新型的通信技术，既具备了模拟波束成形系统较低的硬件复杂度，能够产生高的波束增益以弥补毫米波信号传输中的空间损耗，又能够利用数字预编码技术传输多个数据流，提高系统频谱效率。这种系统在复杂度和性能方面实现了良好的折中，更加适合应用到实际场景中。因此，目前混合波束成形系统成为国内外学者的研究热点。

6.2.3　毫米波波束移动管理

1. 波束管理基本概念

波束管理是毫米波通信中的一个重要技术。它基于信道质量来动态选择每个用户设备和基站之间以什么方向和频率的波束进行通信。其目的是增强网络的覆盖范围和提高数据传输速率。在毫米波通信中，由于使用了非常高的频率，传播损耗和其他损失会变得非常严重，因此需要采用定向通信来补偿这些损失，同时采用大规模天线阵列来提供波束形成增益，以进一步补偿传播损耗并实现更高的数据速率。通过调整天线的幅度和相位，可以实现无线信号能量在更窄的波束上的集中，从而增强网络覆盖范围和减少信号干扰。同时,移动设备的位置变化会导致波束赋形方向的改变,这种灵活性使得波束赋形技术适应了不同的通信场景。在非视距场景下,波束赋形还可以利用波的反射和折射,将信号传达到移动设备。但是由于移动信号处于不断变化的状态,高频信号容易受到建筑物、雨水等环境影响,从而无法抵达移动设备。因此,在为用户提供无缝覆盖并且确保通信质量的前提下,需要基站在不同的方向发送多个波束,并且需要使用波束管理技术来选择最佳的波束进行通信,这就是波束成形技术所必须具备的波束管理能力。

2. 波束扫描

正如上一节所言,考虑到波束成形系统复杂度和实用性的要求,基于固定码本的波束成形技术成为更加实际的选择。在固定的码本集合中搜索收发双方的波束成形向量以最大化接收信号功率的过程称为波束搜索。本节将具体介绍四种波束搜索算法,分别是:暴力搜索算法、IEEE 802.15.3c 搜索算法、IEEE 802.11ad 搜索算法和二分搜索算法。这四种算法都具有独特的优点和局限性,可以根据具体应用场景的特点选择最优的算法进行波束搜索。

(1) 暴力搜索算法。暴力搜索是一种非常直观的波束训练方法,其过程为发端逐一发送所有码本内的波束,并从中挑选出增益最大的波束。然而,由于波束覆盖角度较小,会导致整个空间内的可选波束数量众多。此外,暴力搜索会有较高的时间复杂度,在实际应用中很难实现。

(2) IEEE 802.15.3c 波束搜索算法。如图 6.7 所示,本算法采用了一种分阶段搜索方法。在搜索过程中,设置了三种不同精度的波束宽度,从宽到窄分别为准全向级、扇区级和波束级,以尽可能地寻找最优解。

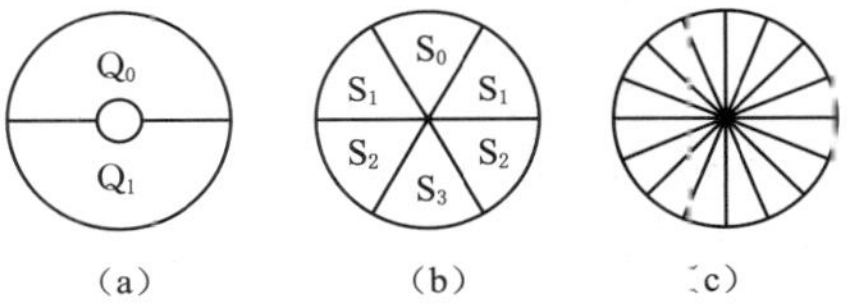

图 6.7 IEEE 802.15.3c 三种波束模式
(a) 准全向级;(b) 扇区级;(c) 波束级

首先,在准全向级波束搜索阶段,发射端和接收端使用准全向波束执行波束扫描过程,从而找到最佳准全向级波束对,以便在搜索过程中进一步提高准确度。

其次,在扇区级波束搜索阶段,采用第一阶段得到的波束对所覆盖的扇区级波束进行波束扫描。这一步训练出了最佳扇区级波束对,以进一步提高搜索的准确性和效率。

最后,在波束级波束搜索阶段,使用了上一阶段得到的最佳扇区级波束所覆盖的波束级波束进行扫描,以确定最佳的收发波束对。

波束级波束搜索阶段已经能够符合实际要求,如果只考虑扇区级搜索和波束级搜索,假设发送端共有 N 个扇区每个扇区覆盖 N 个波束,接收端共有 N 个扇区,每个扇区覆盖 N 个波束,则该算法复杂度可表示为 $T_{ad}=N\times N+N\times N$。

(3) IEEE 802.11ad 搜索算法。标准中对波束搜索过程进行了分阶段设计,分别为扇区级扫描阶段、多扇区 ID 阶段和波束组合阶段。

1) 在扇区级扫描阶段,接收端将天线阵列设置为全向接收模式,发送端则对所有发送扇区进行扫描,以选出最佳扇区。

2) 在多扇区 ID 阶段,发送端将天线阵列设置为全向发送模式,接收端则对所有接收扇区进行扫描,以选出最佳扇区。

3) 在波束组合阶段，遍历搜索前两个阶段确定的扇区内所覆盖的所有细波束对，并选择最佳的发射接收波束对。

与 IEEE 802.15.3c 方案不同的是，在 IEEE 802.11ad 方案中，前两个阶段采用单边搜索方案，即在发送端或接收端进行扫描时，另一端设为全向模式。假设发送端共分为 N 个扇区，接收端也分为 N 个扇区，用于 BC 阶段的备选扇区波束集数量为 N，则该算法的复杂度可表示为 $T_{ad}=N+N+N$。

(4) 二分搜索算法。为了降低波束训练的时间成本，可将二分搜索的思想应用于波束对齐中相较于暴力搜索的时间复杂度，

为了降低波束训练的时间成本，可以将二分搜索思想应用于波束对齐中。相较于暴力搜索，二分搜索可以极大降低时间复杂度，从而提高搜索效率。在二分搜索中，需要预先设计的号分层码本，以进行分层搜索。一般情况下，每一层码本中的波束覆盖角度（分辨率）均为上一层的 $\frac{1}{2}$，并且每一层码本的波束数量逐层翻倍。

二分搜索的搜索过程是分层进行的，每一层的搜索都涉及该层内的两个波束，并根据接收端的反馈确定下一阶段搜索的候选波束，最终可以得到一个最窄的波束，以实现收发两端的对齐。这种方法不仅简化了波束对齐的过程，而且能够在不损失系统性能的前提下降低时间成本。多项实验结果表明，二分搜索方法具有显著优势，展示出其在多信道系统中的良好应用前景。

3. 波束切换

在动态场景中，终端的快速运动使得信道状态变化加剧，导致信道相干时间缩短。因此，收发双方需要频繁地进行波束切换，以保证通信链路的正常连接。目前，对于动态场景下快速波束切换算法的研究主要分为两类：一类是基于信道状态信息（CSI）预测的波束切换算法，二类是基于机器学习的波束切换算法。

(1) 基于 CSI 预测的波束切换算法。由于在大规模天线阵列场景中，全天线维度 CSI 的估计与处理的时延复杂度相对较高，因此现有算法大部分通过提取 CSI 的部分特征来降低计算复杂度。当直射径存在时，波束方向通常与直射径方向重合，可以通过位置信息可以计算得到直射径方向与角度。因其与波束方向的强相关性，AOA、AOD 以及位置信息受到了较多关注。在进行算法预测阶段时，卡尔曼滤波算法被广泛使用。卡尔曼滤波算法能够从一系列的不完全包含噪声的测量中，估计动态系统的状态，即实现精准的位置跟踪，进而完成下一时刻波束方向的预测。综合来看，在大规模天线阵列场景下，基于提取 CSI 特征和采用卡尔曼滤波算法的波束对齐方法是一种高效可行的解决方案。其具有较高的精度和稳定性，并且能够在实践中产生显著的应用效果。

(2) 基于机器学习的波束切换算法。神经网络因其强大的学习与预测能力，已成为 CSI 追踪与预测问题中备受关注的研究领域。在神经网络的训练阶段，CSI 通过输入层、隐藏层与输出层获得响应结果及其误差，并通过误差的反向传播更新每一层神经元的权值。在预测阶段，将当前时刻 CSI 特征输入到训练完成的神经网络中，即可追踪 CSI 随时间的变化并用于指导波束切换。这种基于机器学习的波束切换算法不需要高维度的 CSI，只需要通过部分典型特征进行分析，从而获得隐含信息和非线性关系，降低了波

束搜索的复杂度。

与基于 CSI 预测的波束切换算法相比，基于机器学习的波束切换算法具有更高的灵活性和精度。通过对特征进行分析，可以获得收发双方相对位置或散射体环境等隐含信息，同时也降低了波束搜索的复杂度。训练完成的神经网络可以直接根据输入的 CSI 特征进行波束切换方向的预测，实现了更加智能化和高效的波束切换算法。

6.2.4 智能反射表面基础理论

毫米波通信已被认为是 5G 或 6G 系统之外的一种使能技术，以适应无线数据服务的指数增长需求。然而，毫米波信号会遭受严重的路径损耗，为了补偿这种路径损耗，在收发机处使用大型天线阵列和波束形成技术来提供足够的链路预算。然而，定向波束形成使得毫米波通信容易受到阻碍。因此，阻塞被认为是阻碍蜂窝网络中毫米波通信部署的主要问题。

为了缓解阻塞问题，可重构智能表面（RIS），又称元表面和大型智能表面，最近成为一种有希望的范例，在直接链路被障碍物阻塞时建立 LOS 路径。具体而言，RIS 是由大量低成本和被动反射单元组成的平面。每个单元或元件可以在智能控制器的帮助下诱导可调节的振幅和相移，以反射入射电磁波。因此，RIS 辅助系统可以通过软件控制的反射来帮助重塑无线传播环境。

RIS 作为辅助设备在提高频谱效率、减轻干扰、增强物理安全等方面具有巨大潜力。特别地，由于 RIS 仅被动地反射撞击信号，因此它可以以节能的方式操作，而不需要射频（RF）链，因此与传统的有源天线阵列相比，可以将能量消耗降低几个数量级。此外，由于其无源特性，RIS 没有自干扰和天线噪声放大，RIS 辅助系统可以实现接收信号功率的二次缩放定律，该定律与无源单元的数量成二次缩放。所有这些特性使得 RIS 成为克服毫米波通信中的阻塞和提高覆盖率的一个有吸引力的解决方案。

1. RIS 基本原理

RIS 高度可控的反射原理，可借助现有的数字可重构/可编程元表面来实际达成。具体来讲，元表面是由大量经过妥善设计的反射元件（即元原子）构成的平面阵列，其电厚度通常处于传播信号的亚波长量级。通过对元原子的几何形状（如正方形或分裂环）、尺寸大小、取向以及排列方式等进行设计，能够让每个元原子实现预期的信号响应（例如反射幅度和/或相移）。

然而，在无线通信场景中，鉴于发射机、接收机以及周围物体的移动性，信道往往具有时变性。因此，这就要求 RIS 能够根据信道变化，做出实时可调谐的响应。基于此，RIS 元件需要被设计成具有动态可调节的反射系数，而且 RIS 需接入无线网络，以了解外部通信环境，进而实现实时自适应反射。如此一来，RIS 便能依据不同的通信环境，对传输信号进行相应调整，从而实现更为可靠、高效的通信。

在图 6.8 中，展示了一种典型的 RIS 架构，包含三层和一个智能控制器。第一层由印刷在介电衬

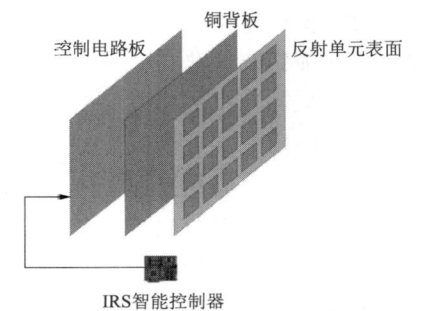

图 6.8 一种典型 RIS 的硬件架构

底上的大量可调谐金属贴片组成，通过直接操纵入射信号来实现反射调节。第二层通常使用铜板可以最小化 RIS 反射期间的信号能量泄漏。接下来是第三层，它是负责激励反射元件以及实时调整其反射幅度或相移的控制电路板。此外，反射自适应是由连接到每个 RIS 的智能控制器触发和确定的，该智能控制器可以通过现场可编程门阵列（FPGA）实现高速处理。RIS 控制器还担当网关的角色，以通过有线或无线回程链路与其他网络组件（例如 BS/AP 和用户终端）通信。通过这种结构设计和控制方法，可以实现对信号的精确调节和优化，从而提高通信的质量和效率。

为了提高 RIS 的环境适应性，可以在其第一层中部署专用传感器。这些传感器可以与 RIS 的反射元件交错布置，并通过感测周围的无线电信号来收集环境信息，以便智能控制器设计合适的反射系数。通过获得的环境反馈，智能控制器可以实时地对 RIS 进行自适应调整，从而优化信号传输质量和效率。同时，这种传感器的加入可以大大提高 RIS 的感知能力，使其能够更好地适应不同的通信环境和信道状态。

已有文献提出了三种主要方法来重新配置 IRS 元件以实现高度可控的反射。这三种方法分别为①机械制动，通过机械旋转和平移等方式实现；②功能材料，如液晶和石墨烯等；③电子器件，如 PIN 二极管、场效应晶体管（FET）或微机电系统（MEMS）开关等。其中，第三种方法被广泛采用，因为其具有快速响应时间、低反射损耗和相对较低的能耗和硬件成本。此方法是基于安装在元件中心的 PIN 二极管，通过施加不同的偏置电压使 PIN 二极管处于"ON"或"OFF"状态，从而产生 π 相移差。除调谐相移外，进一步控制每个 IRS 元件的反射幅度可以提供更大的灵活性，以重塑反射信号以有效地实现各种通信目标。此外，也可以实现振幅调整，一种常见的方法是通过调整每个元件的负载电阻/阻抗。通过改变每个元件的电阻，一定比例的入射信号能量将被转化成热量消散，从而实现反射幅度的动态调整。在实践中，可以通过独立控制每个 IRS 元件的振幅和相移来优化反射设计，但这需要更复杂的硬件设计。总之，这些方法可以有效地提高 IRS 反射面的可控性和适应性，以满足不同的通信需求，并为未来通信技术的发展提供技术支持。

2. RIS 辅助无线通信系统关键技术

RIS 在通信系统中的应用离不开关键技术的支持，其中包括信道建模、信道估计和波束成形等。这些关键技术的研究与开发直接决定了 RIS 在通信系统中的应用场景、实现方式以及性能表现等方面的表现。

（1）信道建模。RIS 技术在通信系统中的应用需要可靠准确的无线信道模型作为基础，以保证系统性能评估的合理性和准确性。简单的信道模型可能会误导算法设计，例如信道估计和波束成形等关键技术的设计，会对系统性能的评估结果造成较大影响。因此，建立准确而高效的无线信道模型对于提高基于 RIS 的无线通信系统及相关技术的性能至关重要。只有通过准确的无线信道模型，才能更好地分析和优化 RIS 系统的关键性能指标，如有效资源利用率、传输速率及能量捕捉效率等。同时，鉴于 RIS 技术的高度可控性和适应性，建立符合实际场景的无线信道模型也需要考虑多种因素，如信号频率、多径效应、信噪比等因素的影响。为此，建立适用于基于 RIS 的通信场景的高精度信道模型将在未来的研究中具有重要意义。

目前,基于衍射模型的 RIS 信道建模已成为研究热点,但对于未来的研究来说,从电磁学角度研究 RIS 单元的电磁特征对信道建模的影响非常重要。例如,电荷单元的互相耦合和极化效应等在信道建模中都是需要考虑的因素。此外,现有的理论分析通常将 RIS 单元建模为理想的反射单元,而实际的单元响应可能会受到信号入射角度、出射角度以及入射信号的极化方向等因素的影响。因此,未来需要更多关于 RIS 单元信号响应模型的仿真评估和实际测试。

(2)信道估计。毫米波通信面临一系列挑战,如高噪声和低信噪比等,因此进行准确信道估计是具有极大挑战性的。在传统的无线通信中,仅存在 BS 和 UE 之间的直线传播信道。然而,引入 RIS 后,BS 与 RIS 之间、RIS 与 UE 之间均存在信道,因此在基于 RIS 的通信场景中需要估计这三段信道,增加了信道估计的难度。此外,由于 RIS 阵列相对较大,因此 BS-RIS-UE 级联信道的维度也相对较高,进一步增加了算法设计的复杂度。目前 RIS 研究主要依赖于无源元器件,信号处理受到限制,获取信道信息更加困难。

未来的研究应着重探究适用于基于 RIS 的无线通信的高效信道估计算法,同时充分利用 RIS 的可控特性,例如采用自适应(Adaptive)算法,实现更好的信道估计效果。此外,还可以通过引入 AI 技术等新兴方法,进一步提升 RIS 系统的信号处理和优化能力。

(3)波束成形。基于 RIS 的通信系统中,通过调控 RIS 上每个单元的相位,可以使得 RIS 形成特定方向的波束,从而实现信号的定向传输。这种基于 RIS 的波束成形技术,可以通过优化 RIS 的相位配置,进而达到全局信号的最优接收,提高系统吞吐量。波束成形设计问题一般从最优化的角度出发。其主要思路是通过优化预编码矩阵、RIS 相位阵和接收端的合并矩阵等参数,使得目标函数最优化。常见的目标函数有系统速率和、信干噪比(SINR)、发射端功耗等。为了实现优化方案,关键在于将优化问题转换成凸优化问题。这是波束成形设计的核心问题。具体来说,凸优化是指在局部最优点上具有全局最优解的优化问题。这意味着可以通过一些有效的算法求解凸优化问题,以获得波束成形设计中的最优化结果。基于 RIS 通信系统的波束成形设计如图 6.9 所示。

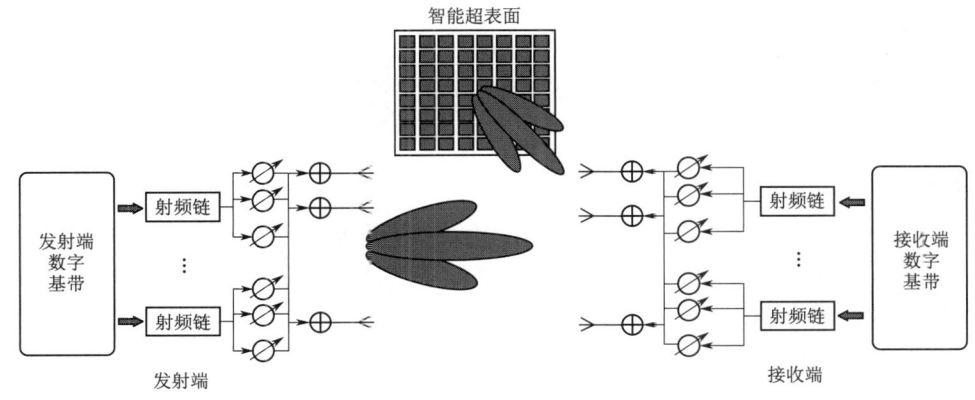

图 6.9 基于 RIS 通信系统的波束成形设计

由于 RIS 中包含大量的电磁单元,计算每个单元的反射系数以获取最优的波束形成通常具有高复杂度。因此,在波束形成方案的设计中需要平衡性能和算法复杂度之间的关系。此外,当前大多数的波束成形设计仅考虑单个 RIS 场景,为了提高系统容量,未来必然会考虑部署大规模的 RIS,因此多 RIS 场景下的波束成形设计也将成为未来的主要研究问题之一。对于多 RIS 场景的波束成形设计,需要考虑 RIS 间互相干扰的情况,并利用现有的分布式算法和协作波束成形技术进行优化设计。

(4) 无线定位。传统的基于蜂窝网络的无线定位,受限于基站部署位置和数量,其定位精度往往有限。但 RIS 定位有成本低、部署方便等优点,可以布置在基站覆盖范围内与基站协同工作,提高定位的准确性。此外,利用 RIS 上的电磁单元进行智能调控电磁波的特性,可以提高其对信号的空间分辨率,减少定位误差中的多径信号影响,从而进一步提高定位的精度。

由于大多数 RIS 采用无源电磁单元,缺乏信号处理能力,因此对于 RIS 辅助定位方案的精确控制对于系统的定位性能具有重要的影响。同时,在设计 RIS 辅助定位方案时,需要考虑 RIS 与基站之间的时空同步以及部署方式等因素。目前,RIS 辅助定位的研究主要集中在静态或低速移动场景下,但未来必将面临高速移动场景下定位性能瓶颈的挑战。因此,需要探索适用于高速场景下的 RIS 辅助定位方案,并充分利用机器学习、数据融合等新兴技术,提升定位精度和稳定性。

(5) 无线能量与信息传输。随着通信业务的增加和数据速率的提高,未来通信网络需大量设备以满足需求,但除保证数据传输外,还需要确保设备的可靠能量供给。射频传输广泛应用于工程中,但受路径损失等因素影响,能量效率常较低。RIS 技术能智能调节电磁波协助能量传输,甚至实现信息与能量同步传输,提高通信质量。基于 RIS 技术的无线能量与信息传输是新兴的通信技术,包括无线能量传输(WET)、无线携能通信(SWIPT)和无线能量通信网络(WPCN)等。与传统通信场景不同,无线能量与信息传输问题需要考虑时间分配、功率分配、干扰等额外问题,以达到速率与能量的平衡。目前,已有针对传统通信场景的方案设计,未来将面对车联网通信、无人机通信等新型应用场景的挑战。解决这些问题可提高资源利用、增强通信稳定性并广泛应用于无线能量与信息传输领域。

6.3 基于位置信息辅助的网格化波束切换方法

在 Massive-MIMO 系统中,波束成形方法可显著提高系统容量,减少干扰,但同时也存在波束失准和波束切换而导致频繁的服务中断情况,严重影响通信质量。在移动通信场景下,完成通信过程往往需要更加频繁地重新搜索波束,也导致增大波束切换失败的概率,同时波束切换也是通信系统开销的一个来源,骤增的波束搜索开销使得通信系统有效性降低。因此,如何提升移动场景下的波束切换性能是当前无线通信研究工作的热点之一。到目前为止,现有工作中所提方案都是以信号的接收功率作为波束对准的准则,使得 UE 始终处于最强的信号接收功率下,会导致切换开销急剧增加。从另外一个角度而言，若此刻的波束能够满足 UE 的通信需求，就可以继续使用其建立通信，不必要切换到接收功率最强的波束对。基于此，本章提出一种基于位置信息辅助的网格化波束切换方法，考虑通过几何网格划分的形式将 UE 的位置分区化，并将波束对准用户的结构转变为波束对准网格的结构。即用户在一个网格的范围内移动，波束不发生切换，超出网格边界则发生切换。在系统部署阶段测量最佳波束对，建立位置-波束映射表，在实际通信阶段，基于 UE 位置信息和运动信息计算下一切换时间。这样只要 UE 在所服务的网格范围内，始终可以使用网格所对应的波束对，本节所提方案的优势在于保证通信质量的前提下尽可能地减少必需的波束切换次数以降低切换概率，同时提高系统的频谱效率，降低现有无线通信网络中波束对准和切换的设计复杂度。

6.3.1 系统模型问题描述

通信系统考虑在室内环境中，室内场景只是本节对应用场景的一个示例，对室外 LOS 小区同样适用，部署小型蜂窝毫米波 BS，如图 6.10 所示。

BS 配备具有 M 个元素的均匀面阵列（UPA）和一个标准分辨率的 RGB 摄像头。出于实用性考虑，假设 BS 采用具有单个射频链和 M 个移相器的模拟赋形架构。对于模拟波束赋形系统，假定系统中有一个 BS 和一些通信目标 UE。BS 配备 N 个收发器，信号由收发器通过天线传输，每个 UE 配备单天线。因此，单用户下行接收信号可以表示为

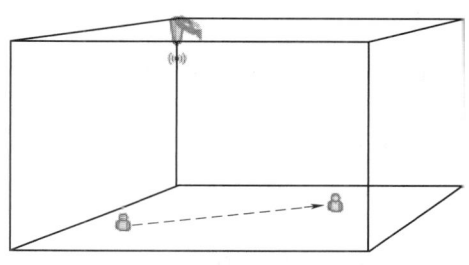

图 6.10 室内毫米波通信环境

$$y = W^H HVs + n \quad (6.12)$$

式中：s 为一个 $N \times 1$ 维的向量，是发射信号；W 为发射端波束控制码本，$W = [w_1, w_2, \cdots, w_p]$；$V$ 为接收端合并波束控制码本，$V = [v_1, v_2, \cdots, v_p]$，它们遵循天线阵列的选择；$n$ 为噪声矢量；H 为下行链路信道矩阵，其复数值是对传输信号的振幅和相位的响应。

模拟波束成形系统可以同时为 N 个 UE 服务，在存在多径传播的情况下，可以为 UE 构建以下通道矩阵，即

$$h_i = \sqrt{\frac{N_{BS} N_{UE}}{P_L}} \sum_{l=1}^{L} \alpha_l A_{UE}(\psi_l^{UE}, \theta_l^{UE}) A_{BS}^H(\psi_l^{BS}, \theta_l^{BS}) \quad (6.13)$$

同时得到 $H = [h_1^T, h_2^T, \cdots, h_N^T]$，式中，$N_{BS}$ 和 N_{UE} 分别表示基站和用户侧天线数量；L 表示多路径的数量；α_l 第 l 条路径相关的复数增益，所有径的复系数独立同分布，且服从均值为 0、方差为 σ_a^2 的复高斯分布；$\psi_l^{BS}, \theta_l^{BS}, \psi_l^{UE}, \theta_l^{UE}$ 分别表示从基站发射端至用户侧的方位角和仰角以及从接收用户至基站端的方位角和仰角，取值范围为 $\psi_l \in [0, 2\pi]$ 和 $\theta_l \in [0, 2\pi]$；向量 A 表示基站和用户端波束成形矢量；P_L 表示 BS 和 UE 之间的路径损耗；室内、视距条件下的路径损耗公式为 $P_L = 32.4 + 17.3 \log_{10}(d) + 20 \log_{10}(f)$，其中，$d$ 表示传播距离，f 表示载波频率。

由于信道矩阵是根据方位角、俯仰角计算而来的，在视径传播时，获取 UE 相对于 BS 的位置信息和角度信息，此位置信息可直接用于波束赋形，以更低的开销来找到最

佳的波束赋形矢量 w_i，即降低波束赋形的训练开销。

设 BS 坐标为 $Tx(x_0,y_0,z_0)$，UE 坐标为 $Rx(x_i,y_i,z_i)$，则

$$\psi = \arctan \frac{y_i - y_0}{x_i - x_0} \tag{6.14}$$

$$\theta = \arccos \frac{z_0 - z_i}{\sqrt{(x_i-x_0)^2+(y_i-y_0)^2+(z_i-z_0)^2}} \tag{6.15}$$

式中，$A_{BS}^H(\psi_l^{BS},\theta_l^{BS})$ 和 $A_{UE}(\psi_l^{UE},\theta_l^{UE})$ 是与第 l 条路径相关的 BS 和 UE 的阵列响应。对于一个 yoz 平面上的 UPA，其中，y 轴上有 W 列天线阵元，z 轴上有 H 列天线阵元，则 UPA 的天线响应为

$$A_{UE}(\psi_l^{UE},\theta_l^{UE}) = \frac{1}{\sqrt{N_{MS}}}[1,\cdots,e^{jkD(m\sin(\psi_l^{UE})\sin(\theta_l^{UE})+n\cos(\theta_l^{UE}))},$$
$$\cdots,e^{jkD((W-1)\sin(\psi_l^{UE})\sin(\theta_l^{UE})+(H-1)\cos(\theta_l^{UE}))}]^T \tag{6.16}$$

其中 $$k = 2\pi/\lambda$$

式中：λ 为信号波长；D 为天线间隔；$1 \leq m \leq W$ 且 $1 \leq n \leq H$；天线阵的大小为 $N=WH$。

$A_{BS}(\psi_l^{BS},\theta_l^{BS})$ 可以用同样方法得到。在基于 LOS 的信道模型中，通常认为信号主要通过 LOS 路径传播，在本章中，L 被设定为 1。

采用 DFT 码本，码本的第 n 行第 m 列元素表达式为

$$W(n,m) = \exp\left(j\frac{2\pi mn}{M}\right), m=0,1,\cdots,M-1; n=0,1,\cdots,N-1 \tag{6.17}$$

式中：N 为天线阵元数目；M 为波束方向数目。

由于 BS 通过一定的模拟波束成形权重向量 w_i 向 UE 发射信号，w_i 和信道状态 h_i 都与 UE 与 BS 的相对角度有关，如果能找到 UE 的位置或角度信息，该信息可直接用于确定最佳码字，可以省略部分搜索步骤，提高频谱效率。

本节所提场景为双目相机辅助下的无线移动用户服务案例，双目相机可用于获取用户位置信息，使得基站能够准确有效地对移动用户进行波束对齐。双目相机的具体工作方式为先获取用户的位置坐标 $P(x,y,z)$，而后通过双目相机分别获取的投影点坐标 $p_1(X_1,Y_1)$ 和 $p_2(X_2,Y_2)$ 对实际用户位置进行计算，得到空间点 P 的估计位置 $P'(x',y',z')$，即

$$\begin{cases} x' = \dfrac{B\cot(w_l+\alpha_l)}{\cot(w_l+\alpha_l)+\cot(w_2+\alpha_2)} \\ y' = \dfrac{z'\tan\phi_l}{\sin(w_l+\alpha_l)}\dfrac{z'\tan\phi_2}{\sin(w_2+\alpha_2)} \\ z' = \dfrac{B}{\cot(w_l+\alpha_l)+\cot(w_2+\alpha_2)} \end{cases} \tag{6.18}$$

其中 $w_1=\arctan\dfrac{X_1}{f_1}$；$w_2=\arctan\dfrac{-X_2}{f_2}$；$\tan\phi_1=\dfrac{Y\cos w_1}{f_1}$；$\tan\phi_2=\dfrac{Y\cos w_2}{f_2}$

式中：α_1，α_2 为相机光轴与水平轴的夹角；f_1，f_2 分别为两个摄像头的焦距。

将本节所提方案中双目相机设置为 $\alpha_1=\alpha_2=90°$，因此上式可改写为

6.3 基于位置信息辅助的网格化波束切换方法

$$\begin{cases} x' = \dfrac{X_1 z'}{f} \dfrac{X_1 B}{X_1 - X_2} \dfrac{X_2 B}{X_1 - X_2} \\ y' = \dfrac{Y_1 z'}{f} \dfrac{Y_1 B}{X_1 - X_2} \dfrac{Y_2 B}{X_1 - X_2} \\ z' = \dfrac{Bf}{X_1 - X_2} \end{cases} \quad (6.19)$$

分别获取用户在 t_2 和 t_1 时刻的真实位置 $P_2'(x',y',z')$ 和 $P_1'(x',y',z')$，那么 $|P_2-P_1|$ 代表用户在 t_2 和 t_1 时刻移动的距离，计算出移动距离后，可以根据帧率得出时间差，根据移动距离和时间差计算出用户的速度，计算公式如下：

$$\text{Speed} = \frac{|P_2 - P_1|}{t_2 - t_1} \quad (6.20)$$

6.3.2 基于位置信息辅助的网格化波束切换设计

1. 切换算法设计目标

波束切换的目标是选择最佳发送波束和接收波束组合，使得通信链路频谱效率最高。对于上述毫米波系统结构下的接收信号 y，本章考虑以最大化频谱效率为准则，具体来说，单用户频谱效率可以表示为

$$R = \log_2\left(1 + \frac{|\boldsymbol{w}^H \boldsymbol{H} \boldsymbol{v}|^2}{p_n}\right) \quad (6.21)$$

式中，发送功率归一化为 1；p_n 表示噪声功率；$|\boldsymbol{w}^H \boldsymbol{H} \boldsymbol{v}|^2$ 表示接收信号功率。从式 (6.21) 中可以看出，噪声功率一定时，接收信号功率越大，频谱效率越高。因此，波束切换的目标可以看作最大化接收信号功率。通常将全空间方向量化成有限数量的波束码本，波束切换问题变成在码本中搜索波束，即波束搜索问题，而基站端至用户处的下行链路反馈波束信息时也只需要反馈波束在码本中的序号。基于码本的波束切换问题可以看作如下优化问题，即

$$\begin{cases} (\boldsymbol{w}^{opt}, \boldsymbol{v}^{opt}) = \arg\max |\boldsymbol{w}^H \boldsymbol{H} \boldsymbol{v}| \\ \text{s.t.} \quad \boldsymbol{w} \in \boldsymbol{W} \\ \quad\quad \boldsymbol{v} \in \boldsymbol{V} \end{cases} \quad (6.22)$$

式中：$\boldsymbol{W}$ 为发端波束成形向量的码本；$\boldsymbol{V}$ 为收端波束合并向量的码本。

优化目标为选择波束码本以最大化接收信号功率。

考虑到毫米波系统的信号波束较窄，UE 的轻微移动或许会造成切换，这会导致系统容量降低，因此需要尽量减小切换开销和切换次数。由于 UE 移动位置可以实时通过相机获取，利用 UE 位置坐标和网格分布的几何关系可以判断出 UE 是否还在上一时刻的通信网格范围内。因此，若当前时刻 UE 与服务网格中心点的距离为 d，所服务网格中心点到边界各点的最大距离为 r，可见，只要 $d > r$，UE 就一定在网格外，必定发生切换，当 $d < r$ 时，有可能发生切换，因此求切换概率，即

$$\begin{cases} x' = \dfrac{B\cot(w_l+\alpha_l)}{\cot(w_l+\alpha_l)+\cot(w_2+\alpha_2)} \\ y' = \dfrac{z'\tan\phi_l}{\sin(w_l+\alpha_l)} \dfrac{z'\tan\phi_2}{\sin(w_2+\alpha_2)} \\ z' = \dfrac{B}{\cot(w_l+\alpha_l)+\cot(w_2+\alpha_2)} \end{cases} \quad (6.23)$$

$$P_{\text{switch}}(d,r) = \begin{cases} \dfrac{d}{r}, & d<r \\ 1, & d>r \end{cases} \quad (6.24)$$

由于每次波束切换占用系统开销是固定的，因此切换开销和切换概率是正比关系即 $m(d,r) \propto P_{\text{switch}}(d,r)$。因此，降低切换概率将减少切换开销。

基于此，本节提出一种针对于无线移动通信场景下的网格化波束覆盖分布结构，其采用类似于蜂窝通信网的划分结构，与传统的覆盖结构相比，本节所提网格化波束覆盖分布结构扩大了波束覆盖范围，最大限度地减少波束切换，并基于覆盖结构设计一种基于位置信息的高效波束切换方法。

2. 网格化波束切换方法

考虑通信场景为一个室内单用户场景，BS 具有一个高度为 h 的天线阵列，它覆盖一个方位角从 φ_1 到 φ_2 的 LOS 区域。地面划分若干个网格，网格分为两种，一种为正方形的方格，一种为正六边形，UE 在这些网格的范围内移动。毫米波 BS 位于室内天花板，假设捕获视频以帮助 BS 执行基于位置的波束形成的双目相机与 BS 天线阵列位于同一位置，相机面向整个通信范围，基于双目相机实时获取 UE 当前位置坐标。

当 UE 从一个网格运动到另一个网格时，之前的波束发生失准，为保证通信需要切换到新的波束。如果在失准后再进行波束搜索、波束切换步骤，在完成切换后的波束可能仍不能保证新位置的通信需求，且会造成延迟。因此，波束信息需要在 UE 到达之前就已经确定，基于此建立"位置—波束"映射表，UE 一旦到达，收发双方就可以直接切换至相应的波束。网格波束切换示意图如图 6.11 所示。

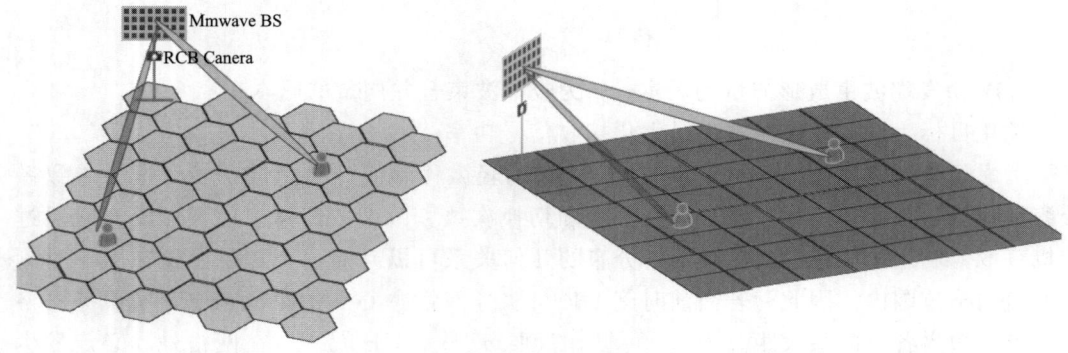

图 6.11 网格波束切换示意图

在系统部署阶段，BS 会遍历所有网格中心点位置，在每个网格中心点与 BS 进行波束训练，基于最大接收功率准则确定该网格中心点位置与 BS 通信可用的最佳收发波束对。

在实际通信阶段，UE 在移动的过程中，BS 通过双目相机实时获取 UE 当前位置，基于该位置信息动态调整收发波束对。当 UE 移动位置超出所处网格的边界时，BS 和 UE 的当前通信链路不再对准，BS 和 UE 可以直接切换至新网格范围内的收发波束对通信。基于位置信息辅助的网格化波束切换方法的系统部署阶段算法（算法 6.1）叙述如下。

算法 6.1　系统部署阶段算法

系统部署阶段算法

输入：基站的坐标 $Tx(x_0,y_0,z_0)$ 和每个网格中心点的位置坐标 $Rx(x_i,y_i,z_i)$

输出：位置-波束映射表 (p, w_p, v_p)

(1) 初始化基站端和所有网格中心点坐标信息
(2) for p=1 to P do
(3) 由相机得到第 p 个网格中心点的坐标信息 $Rx(x_i,y_i,z_i)$
(4) 结合基站的坐标信息 $Tx(x_0,y_0,z_0)$，通过式（6.14）、式（6.15）计算得到 (ψ, θ)
(5) 通过 (ψ, θ) 计算得到 $\boldsymbol{A}_{\text{BS}}(\psi_p^{\text{BS}}, \theta_p^{\text{BS}})$，并能得到 BS 侧模拟波束成形权重向量 w_p
(6) end for
(7) 计算得到 $\boldsymbol{W}=[w_1, w_2, \cdots, w_p]$
(8) 所有网格得到基站相对于网格中心点的位置坐标 $Tx(x_0,y_0,z_0)$
(9) for p=1 to P do
(10) 第 p 个网格得到 $\psi_p^{\text{UE}}=\pi/2-\psi_p^{\text{BS}}$，$\theta_p^{\text{UE}}=\pi/2-\theta_p^{\text{BS}}$
(11) 通过 ψ_p^{UE} 和 θ_p^{UE} 得到 $\boldsymbol{A}_{\text{UE}}(\psi_p^{\text{UE}}, \theta_p^{\text{UE}})$，并能得到网格端模拟波束成形权重向量 v_p
(12) end for
(13) 计算得到 $\boldsymbol{V}=[v_1, v_2, \cdots, v_p]$
(14) 构建位置-波束映射表 (p, w_p, v_p)

在初始连接阶段，BS 通过双目相机获取 UE 位置信息，BS 根据 UE 位置，判断 UE 所处的网格标号，查询位置-波束映射表，并下发给 UE 最佳波束，BS，UE 双方使用最佳波束对建立通信链路。当 UE 所处网格位置发生变化，BS 根据 UE 当前移动方向和速度计算波束切换时间。BS 和 UE 分别在最佳切换时间执行相应的波束切换。若将此时正在通信的网格称作服务网格，则下一时刻拟切换的网格称作目标网格。随着 UE 位置的不断变化，UE 在服务网格内的接收信号功率不断下降，而与目标网格的接收功率变得

增强，此时，BS 与 UE 的通信链路就由原服务网格切换到目标网格，目标网格便成为新的服务网格。实际通信阶段的切换算法（算法 6.2）叙述如下。

算法 6.2　系统实际通信阶段算法

系统实际通信阶段算法

输入：当前 UE 坐标 (x,y)

输出：所处网格的最佳波束对

(1) 计算当前 UE 坐标 (x,y) 和目标网格中心点坐标 (x_s,y_s) 之间距离值为 L_S

(2) UE 和服务网格中心点坐标 (x_p,y_p) 距离值为 L_P

(3) if $L_S \leqslant L_P$

(4) 则 UE 处于新的网格覆盖范围，执行波束切换流程

(5) else

(6) 则仍继续使用当前组波束建立通信

(7) end if

6.3.3　仿真结果分析

本节通过仿真单用户 UE 在室内的运动场景，评估在不同网格划分下，基于位置信息辅助的网格化波束切换方法的性能。室内场景设为长 20m、宽 20m、高 5m，地面划分若干网格，分两种情况，一种为正方形的方格，一种为正六边形，两者采用同等面积的划分，因此共需要划分 49 个正方形的方格，或划分 42 个正六边形网格。UE 的移动路径相同。采用 eSV 信道模型，系统带宽设为 400MHz，噪声功率谱密度设为 −174dBm/Hz，BS 高度为 10m，发射功率为 20dBm，配备 UPA 天线，用户采用单天线结构。本节以频谱效率和波束切换概率作为性能评估的依据。

1. 不同网格下的频谱效率性能分析

为验证所提方案的实际性能和应用价值，本节内容采用不同码本方案，比较两种网格下分别采用 3c 码本和 DFT 码本的频谱效率差异，仿真分析结果如图 6.12（a）所示，从该图中可以看出，DFT 码本优于 3c 码本。这是由于 3c 码本仅采用四个复数值来构建加权向量矩阵，多数波束在方向都存在较大的增益损失。同时，对不同天线数目下的同场景作出进一步仿真分析，仿真结果如图 6.12（b）所示，仿真结果表明，针对不同数量的发射天线条件下网格的频谱效率差异，该方法的性能随天线数目的增加而单调增加。

图 6.12（a）和图 6.12（b）表明了同等网格数量下不同方法的对比，然而只做相同网格数量对比是不够全面的。本节针对同一场景下，划分不同网格数量条下网格的频谱效率差异，如图 6.13 所示。通过仿真结果可以看出，该方法的性能随网格数目的增加而上升，但网格数量增加同时会增加系统的切换开销，因此在实际通信中，需要根据不

6.3 基于位置信息辅助的网格化波束切换方法

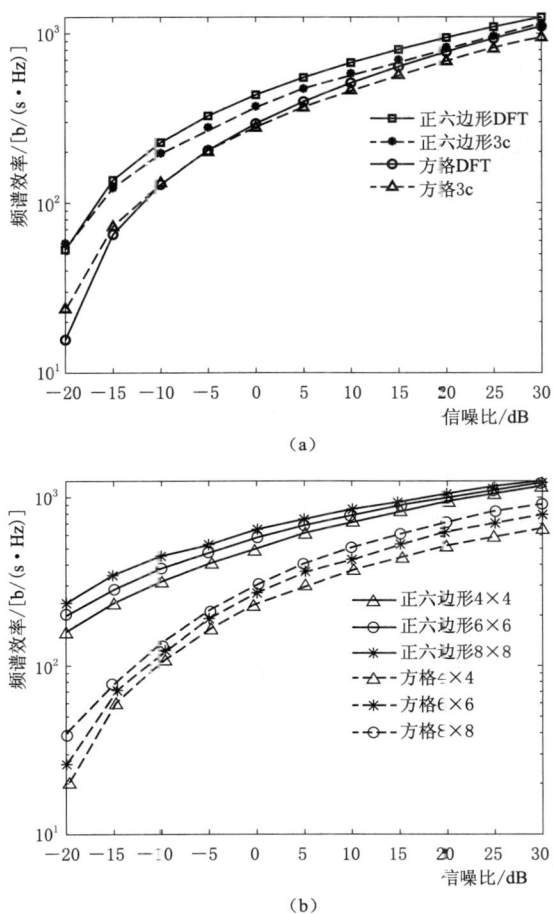

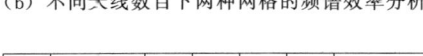

图 6.12 不同信噪比条件下频谱效率分析
(a) 不同码本下两种网格的频谱效率分析；
(b) 不同天线数目下两种网格的频谱效率分析

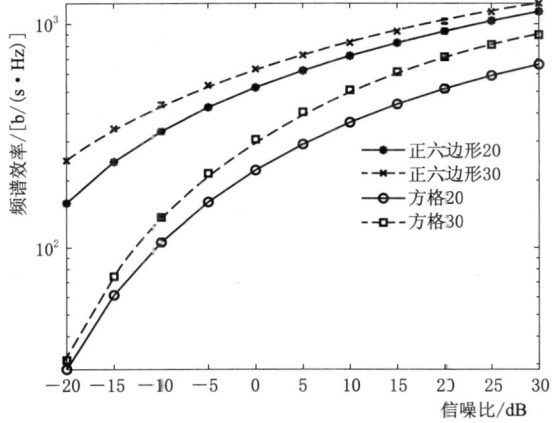

图 6.13 不同网格数目下两种网格方式的频谱效率分析

同应用场景折中选择。

2. 切换性能对比分析

表 6.1 比较了 UE 在不同起止位置时,基于方格和正六边形网格划分情形下,波束切换次数,可以看出同样路径情况下,正六边形可以减少 50% 的切换次数。

表 6.1　　　　　　　　　　波束切换次数和距离的关系

起止点距离 D/m	方格	正六边形	相对减少切换次数
4.7	3	1	2
11.4	6	3	3
20.5	10	6	4

接下来对移动场景中,波束切换的性能进行分析,具体包括两方面:网格切换和传统切换的频谱效率分析以及波束切换概率分析。本节在相同信噪比门限值的条件下,将所提出的方案与传统非网格切换进行比较,如图 6.14 所示。从图中可以看出非网格切换方法频谱效率性能最低。同时,也可以看出本节提出的正六边形网格比方格的频谱效率明显提高。这是因为正六边形结构相较于方格结构,在一定区域内可使波束覆盖面积广且布置的网格数量可最小,能够完整地覆盖某一区域可能的几何形状中,正六边形的张开面积最大(波束圆区覆盖的重叠面积最小),分布在正六边形网格内的波束能够提供更长时间的服务,从而减少切换次数,减少切换开销,提高整个系统的频谱效率。

如图 6.15 所示,横坐标为单个网格中心点到边界的最大距离,从一条曲线上可以看出,单个网格覆盖面积越大,切换概率越低。因为网格覆盖面积越大,波束的覆盖范围越广,UE 移动前后时刻处于同一波束范围的概率越大。从图中两条曲线可以看出,单个网格覆盖面积一定时,正六边形的切换概率要低于方格的切换概率,这是因为同等覆盖面积的情况下,正六边形的张开面积最大,可以包含更大的有效波束范围,因此 UE 落在同一波束覆盖范围内的概率就越大,切换概率越低。

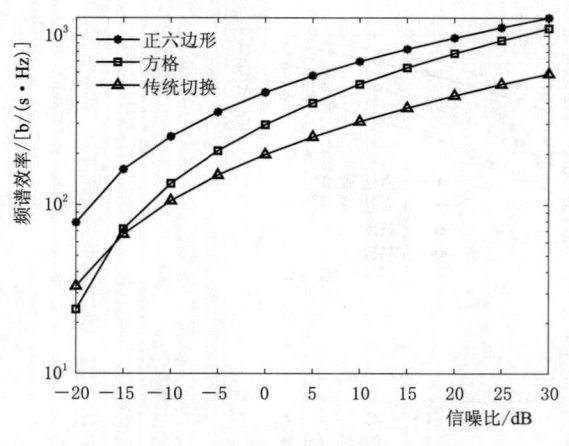

图 6.14　网格切换和传统切换的频谱效率分析

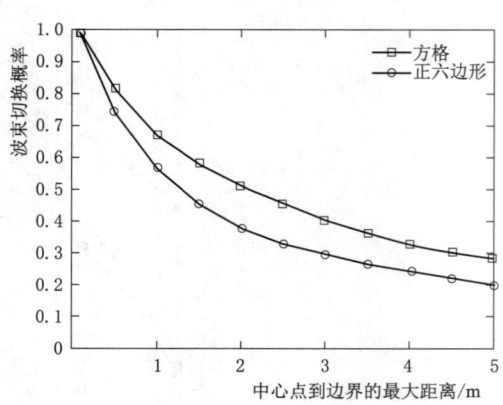

图 6.15　波束切换概率分析

6.4 基于"位置-相位"映射表的 RIS 联合波束成形设计

由于毫米波传输过程中对于阻塞的严重衰落，即使是 LOS 通信链路在复杂动态环境中也会产生难以避免的阻塞和损耗，因此，针对于第三节在所提基于位置信息辅助的网格化波束切换方法对于实际动态场景而言并不完善。为提高复杂动态场景下毫米波由阻塞链路转为可视链路的自由度，本节引入可控制空间电磁波传播的 RIS 对毫米波通信场景进行优化。RIS 是一种具备极大应用前景的通信辅助技术，由多个具备反射电磁波特性的无源人工超材料单元按规则排列构成，能够控制空间中的电磁波传输的相位或幅度。本节中考虑 RIS 辅助的多用户多输入单输出（multiple input single output，MISO）下行链路通信系统，通过设计 RIS 元素的相位和发射端波束成形向量来最大化所有用户的和速率。为使和速率最大化，提出了一种联合基站发射波束成形设计和 RIS 相位优化方案。具体而言，首先通过网格化波束切换方法建立"位置-相位"映射表，然后将得到的网格相位值作为后续基于 RCG 算法的 RIS 相位优化的初始点，最后通过灭出二次变换算法准则的闭式解求得基站发射波束成形。仿真结果表明，所提联合优化方法的系统和速率提升均优于其他方法。与随机初始化的联合优化相比，带有网格相位初始值的联合优化方案为系统的和速率增加了大约 3dB 的增益，为 RIS 所辅助的毫米波通信系统带来了一定的有效性提升。

6.4.1 系统模型和问题描述

在本节中阐述了图 6.16 所示的 RIS 辅助 MISO 多用户下行链路通信系统，其中基站服务于多个单天线移动用户。基站和移动用户之间的直接链路可能遭受深度衰落和遮挡，并且 RIS 通过提供从基站到用户的间接链路来改善传播条件。虽然 RIS 类似于全双工放大转发中继器，但它通过无源反射转发射频信号，因此在能源和成本效率方面都具有优势。本节的目标是通过联合优化基站处的发射波束成形和 RIS 单元的相位系数来优化通信系统加权和速率性能。

假设所有用户与基站之间的 LOS 路径均被障碍物严重阻塞，而 RIS 部署在一个位于基站和用户的视距传输路径范围内的建筑表面上，以起到建立新的传输链路的作用。这个无线通信系统包含一架基站和三部双目相机，分别位于不同方位，面向整个通信范围，基于双目相机实时获取 UE 当前位置坐标。K 个地面用户。RIS 固定高度为 B 并装有 $M \times N$ 个反射单元组成的 UPA。并且每个反射单元的相位都可以由基站控制。不失一般性，位于地面的多个用户和建筑物表面的 RIS 都建立笛卡尔坐标系。

令 $h_{d,k}$ 表示基站到用户 k 的无线信道，G 表示基站到 RIS 的无线信道，$h_{r,k}$ 表示 RIS 到用户 k 之间的无线信道。RIS 的相移矩阵定义为对角矩阵，即 $\Theta = \mathrm{diag}(\theta_1, \cdots, \theta_n, \cdots, \theta_N)$，其中 $\theta_n = e^{j\varphi_n}$，是 RIS 上第 n 个反射元件的相位。

一般情况下，基站到 RIS 的信道以 LOS 信道为主。在特殊场景中，基站和用户之间的 LOS 信道容易遭受阻塞,在 RIS 辅助无线通信方案中,部署的 RIS 可以改善阻塞环境,通过相位反射将传输的信号转移到需求用户。

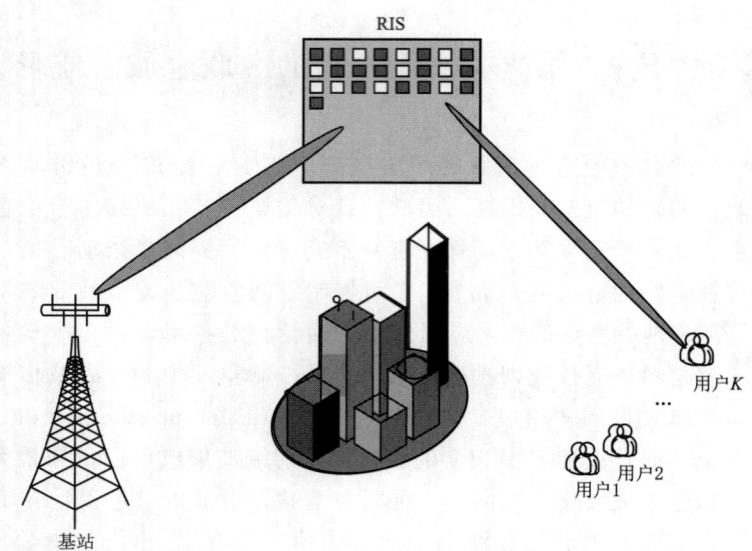

图 6.16 RIS 辅助多用户通信系统

基站到用户 k 信道增益 $\boldsymbol{h}_{d,k}$ 可以表示为

$$\boldsymbol{h}_{d,k} = \sqrt{\rho d_{uk}^{-\kappa}} g_{uk}, \ \boldsymbol{h}_{d,k} \in \mathbb{C}^{1\times 1} \tag{6.25}$$

式中:ρ 为在参考距离 $d_0=1\mathrm{m}$ 处的信道功率增益;d_{uk} 为基站到用户 k 之间的距离;g_{uk} 为零均值和单位方差复高斯随机变量;κ 为路径损耗指数。

基站到 RIS 信道增益 $\boldsymbol{G}$ 表示为

$$\boldsymbol{G} = \sqrt{\rho d_{ur}^{-2}} g_{ur} \in \mathbb{C}^{M\times 1} \tag{6.26}$$

式中:d_{ur} 为基站到 RIS 之间的距离;g_{ur} 为数组响应阵列。

RIS 到用户 k 的信道增益为

$$\boldsymbol{h}_{r,k} = \sqrt{\rho d_{rk}^{-\epsilon}} \left(\sqrt{\frac{\iota}{1+\iota}} \boldsymbol{h}_{rk}^{\mathrm{LOS}} + \sqrt{\frac{1}{\iota+1}} \boldsymbol{h}_{rk}^{\mathrm{NLOS}} \right), \ \boldsymbol{h}_{r,k} \in \mathbb{C}^{M\times 1} \tag{6.27}$$

式中:d_{rk} 为 RIS 到用户 k 的距离;ι 为瑞利因子;$\boldsymbol{h}_{rk}^{\mathrm{LOS}}$ 和 $\boldsymbol{h}_{rk}^{\mathrm{NLOS}}$ 分别为 RIS 到用户链路的 LOS 和 NLOS 成分。

用 s_k 表示发送给用户 k 的数据符号,s_k 是具有零均值和单位方差的独立随机变量。然后,基站处的发送信号可以表示为

$$\boldsymbol{x} = \sum_{k=1}^{K} \boldsymbol{w}_k s_k \tag{6.28}$$

其中,$\boldsymbol{w}_k \in \mathbb{C}^{M\times 1}$,是相应的发射波束成形向量。

6.4 基于"位置-相位"映射表的RIS联合波束成形设计

第 k 个用户处接收到的信号表示为

$$\begin{aligned} y_k &= \boldsymbol{h}_{\mathrm{d},k}^{\mathrm{H}}\boldsymbol{x} + \boldsymbol{h}_{\mathrm{r},k}^{\mathrm{H}}\boldsymbol{\Theta}\boldsymbol{G}\boldsymbol{x} + u_k \\ &= (\boldsymbol{h}_{\mathrm{d},k}^{\mathrm{H}} + \boldsymbol{h}_{\mathrm{r},k}^{\mathrm{H}}\boldsymbol{\Theta}\boldsymbol{G})\sum_{k=1}^{K}\boldsymbol{w}_k s_k + u_k \end{aligned} \quad (6.29)$$

其中，$u_k \sim \mathrm{CN}(0,\sigma_0^2)$ 表示第 k 个用户接收机处的加性高斯白噪声（AWGN）。为了使上述表达式更易于处理，可以进一步定义 $\boldsymbol{\theta} = [\theta_1,\cdots,\theta_N]^{\mathrm{H}}$ 和 $\boldsymbol{H}_{\mathrm{r},k} = \mathrm{diag}(\boldsymbol{h}_{\mathrm{r},k}^{\mathrm{H}})\boldsymbol{G} \in \mathbb{C}^{N\times M}$，然后将接收信号 y_k 等效表示为

$$y_k = (\boldsymbol{h}_{\mathrm{d},k}^{\mathrm{H}} + \boldsymbol{\theta}^{\mathrm{H}}\boldsymbol{H}_{\mathrm{r},k})\sum_{k=1}^{K}\boldsymbol{w}_k s_k - u_k \quad (6.30)$$

其中，第 k 个用户将来自其他用户位置的所有信号（即 $s_1,\cdots,s_{k-1},s_{k+1},\cdots,s_K$）视为干扰。因此，用户 k 处的 s_k 解码 SINR 为

$$\gamma_k = \frac{|(\boldsymbol{h}_{\mathrm{d},k}^{\mathrm{H}} + \boldsymbol{\theta}^{\mathrm{H}}\boldsymbol{H}_{\mathrm{r},k})\boldsymbol{w}_k|^2}{\sum_{i=1,i\neq k}^{K}|(\boldsymbol{h}_{\mathrm{d},k}^{\mathrm{H}} + \boldsymbol{\theta}^{\mathrm{H}}\boldsymbol{H}_{\mathrm{r},k})\boldsymbol{w}_i|^2 + \sigma_0^2} \quad (6.31)$$

其中，σ^2 是加性高斯白噪声噪声功率。此外，基站的发射功率约束为

$$\sum_{k=1}^{K}\|\boldsymbol{w}_k\|^2 \leqslant P_{\mathrm{T}} \quad (6.32)$$

6.4.2 基于和速率最大化的波束切换优化算法

1. 发射波束成形和 RIS 相位联合优化算法设计

在本节中，不同于第三节单用户场景，考虑到多用户通信系统的整体效率，本节设计目标是通过联合设计基站处的发射波束成形和 RIS 处的相位矢量来最大化所有用户的加权和速率（WSR），受制于式（6.32）中的发射功率约束。

在基站服务多用户通信场景下，通过优化 RIS 的相移使得通信系统中用户可达和速率最大化，令 $\boldsymbol{W} = [\boldsymbol{w}_1,\boldsymbol{w}_2,\cdots,\boldsymbol{w}_K] \in \mathbb{C}^{M\times K}$。WSR 最大化问题被表述为

$$\begin{cases} P(A) \quad \max_{\boldsymbol{W},\boldsymbol{\theta}} f_A(\boldsymbol{W},\boldsymbol{\theta}) = \sum_{k=1}^{K}\omega_k \log_2(1+\gamma_k) \\ \mathrm{s.\,t.} \quad |\theta_n|=1, \quad \forall n=1,\cdots,N \\ \sum_{k=1}^{K}\|\boldsymbol{w}_k\|^2 \leqslant P_{\mathrm{T}} \end{cases} \quad (6.33)$$

其中，权重 ω_k 用来表示用户 k 的优先级，与用户与基站间直接链路信道增益成反比，增益越小的用户权重越大，以保证用户公平性。由于最优解与对数函数的底无关，在整章中使用自然对数。

尽管 $P(A)$ 简洁，联合波束成形和相位优化问题通常比功率最小化问题和基于迫零传输的设计困难得多，因为优化变量 $\boldsymbol{W}$ 和 $\boldsymbol{\theta}$ 是在非凸目标函数中深度耦合，且 RIS 的相移矩阵需要满足非凸的横幅约束，因此难以直接进行求解。不过通过观察上述表达式不

难发现，此优化问题中不存在相互矛盾的优化约束，因此该问题是具有可行解的。考虑采用交替优化对原问题进行解耦，交替优化方法其基本原理是将优化变量分解为几个块，然后每个块按照一些特定规则更新，同时将剩余块固定为最后更新的值。基于此联合优化问题被分解为两个子问题：一个是基站处的传统波束形成设计问题，另一个是给定优化波束形成向量的 RIS 相位优化问题。由于 $\log_2(\ )$ 函数耦合，让原问题的求解变得十分困难，因此在分别考虑基站波束成形与 RIS 相位设计前，先通过拉格朗日对偶变换去掉 $\log(\ )$ 函数。引入辅助变量 $\alpha = [\alpha_1, \cdots \alpha_K]^T$，则原问题变为

$$\begin{cases} \max_{\boldsymbol{W},\boldsymbol{\theta},\boldsymbol{\alpha}} f_{4.10}(\boldsymbol{W},\boldsymbol{\theta},\boldsymbol{\alpha}) = \dfrac{1}{\ln 2}\sum_{k=1}^{K}\omega_k l\ln(1+\alpha_k) - \omega_k\alpha_k + \dfrac{\omega_k(1+\alpha_k)\gamma_k}{1+\gamma_k} \\ \text{s. t.} \sum_{k=1}^{K}\|\boldsymbol{w}_k\|^2 \leqslant P_T, \\ |\theta_n| = 1, \quad \forall n = 1,\cdots,N \end{cases} \quad (6.34)$$

其中，变换后的问题（6.34）的解可以通过交替求解，$\boldsymbol{W},\boldsymbol{\theta},\boldsymbol{\alpha}$ 直至收敛来得到；当固定 $\boldsymbol{W},\boldsymbol{\theta}$ 时，由 $\dfrac{\partial f_{4.10}}{\partial \alpha_k} = 0$，得到 $\alpha_k = \gamma_k$，令式（6.35）成立。

$$\alpha_k = \gamma_k = \frac{|(\boldsymbol{h}_{d,k}^H + \boldsymbol{\theta}^H \boldsymbol{H}_{r,k})\boldsymbol{w}_k|^2}{\sum_{i=1,i\neq k}^{K}|(\boldsymbol{h}_{d,k}^H + \boldsymbol{\theta}^H \boldsymbol{H}_{r,k})\boldsymbol{w}_i|^2 + \sigma_0^2} \quad (6.35)$$

接下来需要分别考虑基站波束成形和 RIS 相位优化设计。

在使用交替优化算法优化问题时，在优化开始前，RIS 相位优化初始值的选择变得尤为重要，不同于大多数交替优化算法所采用的随机初始化，本节使用第三节网格化分区思想，将通信区域离散网格化，在通信场景内建立 K 个网格，通信前期建立初始位置-相位映射表。基于双目相机获取用户坐标，并实时判断用户所处网格编号。根据用户所处网格位置，判断所需初始相位，提高联合优化算法的准确性。

依据笛卡儿坐标系，建立 RIS 辅助无线通信场景下的几何信道模型，操作如下。

令基站发射端坐标 $Tx(0,0,H_T)$，发射天线的水平角为 ϕ_T，网格处接收天线坐标 $b_k = (x_k, y_k, H_R)$，接收天线的水平角和仰角分别为 ϕ_R 和 φ_R。发射端、RIS、接收端的高度分别为 H_T、H_{RIS}、H_R，RIS 维度为 $M \times N$，相邻单元之间的间隔为 d_{RIS}。RIS 中心 (m_c, n_c) 作为参考位置，其三维坐标为 $m_R = (l_c, y_c, h_c)$，根据 RIS 中心位置，计算 RIS 第 (m_i, n_i) 单元的三维位置坐标，即

$$\begin{cases} l_{m_i n_i} = l_c + (m_i - m_c)d_{RIS} \\ y_{m_i n_i} = y_c \\ h_{m_i n_i} = h_c + (n_i - n_c)d_{RIS} \end{cases} \quad (6.36)$$

其中，$m_i = 1,2,\cdots,M$；$n_i = 1,2,\cdots,N$。

基站端发射天线的水平角 ϕ_T 可表示为

$$\phi_T \approx \arctan\left(\frac{y_{m_i n_i}}{l_{m_i n_i}}\right) \quad (6.37)$$

6.4 基于"位置-相位"映射表的RIS联合波束成形设计

接收天线的水平角 ϕ_R 可表示为

$$\phi_R \approx \arctan\left(\frac{y_{m_i n_i} - y_k}{l_{m_i n_i} - x_k}\right) \quad (6.38)$$

接收天线的仰角 φ_R 可表示为

$$\varphi_R \approx \arctan\frac{h_{m_i n_i} - H_R}{\sqrt{(l_{m_i n_i} - x_k)^2 + (y_{m_i n_i} - y_k)^2}} \quad (6.39)$$

根据接收功率最大化准则,计算RIS的相位,即

$$\theta_{m_i n_i} = \text{mod}\{2\pi[d(p, m_i n_i) + d(m_i n_i, q)]/\lambda, 2\pi\} \quad (6.40)$$

式中:$d(\cdot)$ 为距离参数。具体来说,RIS级联传播路径的相位公式如下:

$$\theta_{m_i n_i} = \text{mod}[2\pi(\varepsilon_{p,m_i n_i} + \varepsilon_{m_i n_i, q})/\lambda, 2\pi] \quad (6.41)$$

式中:λ 为波长;$\varepsilon_{p,m_i n_i}$ 和 $\varepsilon_{m_i n_i, q}$ 分别是 SBR 传播路径中第 p 根发射天线到 RIS 第 (m_i, n_i) 单元的距离和 RIS 第 (m_i, n_i) 单元到第 q 根接收天线的距离。

第 p 根发射天线与第 q 根接收天线的间距 $\varepsilon_{p,q}(t)$、RIS单元分别与第 p 根发射天线、第 q 根接收天线的距离 $\varepsilon_{p,m_i n_i}$ 和 $\varepsilon_{m_i n_i, q}$ 公式如下:

$$\varepsilon_{p,m_i n_i} = [(l_{m_i n_i} - d_T \cos\phi_T)^2 + (d_T \sin\phi_T)^2 + (h_{m_i n_i} - H_T)^2]^{1/2} \quad (6.42)$$

$$\varepsilon_{m_i n_i, q}(t) = \{[\cos(\alpha_R^{m_i n_i}(t)) - d_R \cos\varphi_R \cos\phi_R]^2 \\
+ [\sin(\alpha_R^{m_i n_i}(t)) + d_R \cos\varphi_R \sin\phi_R]^2 \\
+ (h_{m_i n_i} - H_R - d_R \sin\varphi_R)^2\}^{1/2} \quad (6.43)$$

式中:d_T 和 d_R 分别为收发端阵列天线 p 和 q 到天线阵列中心的距离;$\alpha_R^{m_i n_i}$ 为距离参数,是电磁波经过第 (m_i, n_i) 个RIS单元反射的到达方位角。

基于公式(6.39),由网格中心点坐标直接计算该位置的RIS反射相位,依据第三节网格划分的思想,在通信区域建立网格划分,UE在这些网格的范围内移动。通信前期,由RIS遍历所有网格位置,建立"位置-相位"映射表,具体见算法6.3。

算法6.3 "位置-相位"映射表建立算法

输入:Tx,b_k,H_{RIS},m_c,n_c,m_R,K

输出:位置-相位映射表 (k, θ_k)

(1) 初始化基站端和RIS及网格中心位置信息
(2) for k=1 to K do
(3) 由相机得到第 k 个网格中心点的坐标信息 b_k
(4) 结合基站和RIS的坐标信息 Tx、m_R,通过式(6.40)、式(6.41)计算得到 θ_k
(5) end for
(6) 构建位置-相位映射表 (k, θ_k)

采用交替优化技术来解决基站波束成形和 RIS 相位联合优化问题时，对于基站的基站波束成形设计需要固定 RIS 相位的配置以及辅助变量，并且去掉不相关的常数，优化问题转化为

$$\max_{\boldsymbol{W}} f_{4.20}(\boldsymbol{W}) = \sum_{k=1}^{K} \frac{\omega_k (1+\alpha_k)\gamma_k}{1+\gamma_k}$$

$$\text{s.t.} \sum_{k=1}^{K} \|\boldsymbol{w}_k\|^2 \leqslant P_{\text{T}}$$

(6.44)

该问题为二次分式规划问题，故利用二次变换技术（the quadratic transform，QT）。将式（6.44）转化为

$$\max_{\boldsymbol{W},\boldsymbol{\beta}} f_{4.20}(\boldsymbol{W},\boldsymbol{\beta}) = \sum_{k=1}^{K} 2\sqrt{\omega_k(1+\alpha_k)}\,\boldsymbol{h}_k^{\text{H}} \boldsymbol{w}_k - |\beta_k|^2 \Big(\sum_{m=1}^{K} |\boldsymbol{h}_k^{\text{H}} \boldsymbol{w}_m|^2 + \sigma^2\Big)$$

$$\text{s.t.} \sum_{k=1}^{K} \|\boldsymbol{w}_k\|^2 \leqslant P_{\text{T}}$$

(6.45)

其中

$$\beta_k = [\beta_1, \beta_2, \cdots, \beta_K]^{\text{T}}$$

式中：β_k 为 QT 变换引入的辅助变量。

上述问题为关于 $\boldsymbol{W}$ 和 $\boldsymbol{\beta}$ 的双凸优化问题；对于 β 的取值问题，考虑固定 $\frac{\partial f_{4.20}}{\partial \beta_k}=0$，即

$$\beta_k = \frac{\sqrt{\omega_k(1+\alpha_k)}\,\boldsymbol{h}_k^{\text{H}} \boldsymbol{w}_k}{\sum_{m=1}^{K} |\boldsymbol{h}_k^{\text{H}} \boldsymbol{w}_m|^2 + \sigma^2}$$

(6.46)

然后固定 $\boldsymbol{\beta}$ 来求解 $\boldsymbol{W}$，注意到式（6.46）是关于 $\boldsymbol{W}$ 的问题，因此采用拉格朗日乘子法，求解每个用户对应的 $\boldsymbol{w}_k$ 偏导数并设为 0，得到对应用户波束成形向量为

$$\boldsymbol{w}_k = \sqrt{\omega_k(1+\alpha_k)}\,\beta_k \Big(\sum_{m=1}^{K} |\beta_m|^2 \boldsymbol{h}_k \boldsymbol{h}_k^{\text{H}} + \lambda \boldsymbol{I}_Q\Big)^{-1} \boldsymbol{h}_k$$

(6.47)

其中，λ 的取值为

$$\lambda = \min\Big\{\sum_{k=1}^{K} \|\boldsymbol{w}_k\|^2 \leqslant P_{\text{T}}\Big\}$$

(6.48)

至此，通过固定辅助变量 α_k 和 RIS 的相移矩阵得到了基站波束成形矩阵 $\boldsymbol{W}$ 的优化结果。然后接着关注相位优化子问题。

为了表示方便，定义直接链接和 RIS 链接的有效通道，即

$$\begin{aligned} \boldsymbol{a}_{i,k} &= \boldsymbol{H}_{\text{r},k} \boldsymbol{w}_i \\ b_{i,k} &= \boldsymbol{h}_{\text{d},k}^{\text{H}} \boldsymbol{w}_i \end{aligned}$$

(6.49)

那么，相位优化子问题表示为

6.4 基于"位置-相位"映射表的 RIS 联合波束成形设计

$$P(C) \max_{\boldsymbol{\theta}} f_C(\boldsymbol{\theta}) = \sum_{k=1}^{K} \omega_k \log_2 \left(1 + \frac{|\boldsymbol{\theta}^H \boldsymbol{a}_{k,k} + b_{k,k}|^2}{\sum_{i \neq k} |\boldsymbol{\theta}^H \boldsymbol{a}_{i,k} + b_{i,k}|^2 + \sigma_0^2} \right) \quad (6.50)$$

$$\text{s.t.} \ |\theta_n| = 1, \quad \forall n = 1, \cdots, N$$

其中，$f_C(\boldsymbol{\theta})$ 是连续可微的，单位模数约束 $|\theta_n|=1$ 是求解 $P(C)$ 的主要障碍。在本小节中，展示了 $P(C)$ 可以通过流形优化有效地求解，因为单位模数约束定义了黎曼流形。$\boldsymbol{\theta}$ 的约束集构成了一个复圆流形。因此，$P(C)$ 的稳态解可以通过黎曼共轭梯度（RCG）算法获得，它已广泛应用于混合预编码问题中的模拟预编码器设计，并且在单用户 RIS 辅助 MISO 系统中也显示出良好的性能。

单位模量约束形成了一个复圆流形 $M = \{\boldsymbol{x} \in \mathbb{C}^{M_2} : |x_1| = |x_2| = \cdots = |x_{M_2}| = 1\}$。因此，问题 $P(C)$ 的搜索空间是复平面上 N 个复圆乘积。从概念上讲，RCG 算法在每次迭代中有三个关键步骤。

步骤 1：计算目标函数的黎曼梯度。

对于流形上的任何一个点 θ_t，切空间由通过 θ_t 的所有切向量组成，切空间表达式如下：

$$T_{\theta_t} M = \{\boldsymbol{z} \in \mathbb{C}^N : Re\{\boldsymbol{z} \circ (\theta_t)^*\} = \boldsymbol{0}_N\} \quad (6.51)$$

式中：$Re\{\ \}$ 为求实部运算。

其次，$P(C)$ 中其目标函数的正交投影表示如下：

$$\text{grad} f_C = ? f_C - Re\{? f_C \circ \boldsymbol{\theta}^*\} \circ \boldsymbol{\theta} \quad (6.52)$$

其中，欧几里得梯度表示如下：

$$? f_C = \sum_{k=1}^{K} 2\omega_k \boldsymbol{A}_k \quad (6.53)$$

带入参数得

$$\boldsymbol{A}_k = \frac{\sum_i \boldsymbol{a}_{i,k} \boldsymbol{a}_{i,k}^H \boldsymbol{\theta} + \sum_i \boldsymbol{a}_{i,k} b_{i,k}^*}{\sum_i |\boldsymbol{\theta}^H \boldsymbol{a}_{i,k} + b_{i,k}|^2 + \sigma_0^2} - \frac{\sum_{i \neq k} \boldsymbol{a}_{i,k} \boldsymbol{a}_{i,k}^H \boldsymbol{\theta} + \sum_{i \neq k} \boldsymbol{a}_{i,k} b_{i,k}^*}{\sum_{i \neq k} |\boldsymbol{\theta}^H \boldsymbol{a}_{i,k} + b_{i,k}|^2 + \sigma_0^2} \quad (6.54)$$

步骤 2：构造搜索方向。

可以找到与 $\text{grad} f_C$ 共轭的切线向量作为搜索方向，即

$$\boldsymbol{d} = -\text{grad} f_C + \tau_1 T(\overline{\boldsymbol{d}}) \quad (6.55)$$

其中，$T(\cdot)$ 定义为

$$T(\boldsymbol{d}) = \overline{\boldsymbol{d}} - Re\{\overline{\boldsymbol{d}} \circ \boldsymbol{\theta}^*\} \circ \boldsymbol{\theta} \quad (6.56)$$

式中：$\circ$ 为元素式乘积；τ_1 为共轭梯度更新参数；$\overline{\boldsymbol{d}}$ 为先前的搜索方向。

步骤 3：确定搜索步长并迭代更新值以获得最佳 $\boldsymbol{\theta}_n$，即

$$\boldsymbol{\theta}_n \leftarrow \frac{(\boldsymbol{\theta}+\tau_2\boldsymbol{d})_n}{|(\boldsymbol{\theta}+\tau_2\boldsymbol{d})_n|} \tag{6.57}$$

式中：τ_2 为通过线搜索方法获得的 Armijo 步长。

综上所述，本章所采用的求解 $P(C)$ 过程总结在算法 6.4 中。

算法 6.4　基于黎曼共轭梯度的 RIS 相位优化算法

输入：$\boldsymbol{a}_{i,k}$，$b_{i,k}$，$\boldsymbol{w}_k$，σ_0^2；

输出：更新后的 RIS 相移矩阵 $\boldsymbol{\theta}_n$

(1) 初始化 $\boldsymbol{\theta}$，设置阈值 ε_1，$t=0$

(2) 重复

(3) 通过式（6.52）计算黎曼梯度

(4) 通过式（6.54）更新搜索方向

(5) 设置一个合适的 Armijo 步长 τ_2

(6) 通过式（6.56）更新 $\boldsymbol{\theta}_n$

(7) $t=t+1$

(8) 直到两次迭代之间的目标函数值之差小于预先设定的阈值 ε_1，结束循环

综上所述，基于交替迭代框架，完整的基站波束成形和 RIS 相位的联合优化过程可以表示为结合算法 6.3 建立的映射表，对于辅助变量参数、基站波束成形向量和及 RIS 相移进行迭代求解，直至达到收条件。具体步骤见算法 6.5。

算法 6.5　发射波束成形和 RIS 相位联合优化算法

输入：$\boldsymbol{h}_{d,k}$，$\boldsymbol{G}$，d_{rk}，σ_0^2，(k, θ_k)

输出：$\boldsymbol{w}_k$，$\boldsymbol{\theta}_n$

(1) 由相机获取用户所处网格位置 k，查找映射表获取网格初始 RIS 反射相位 θ_k

(2) 令 $\boldsymbol{\theta}$ 初始值为 θ_k，设置阈值 ε_2，$t=0$

(3) 重复

(4) 通过式（6.35）更新 $\alpha_k^{(t)} = \gamma_k$

(5) 根据式（6.46）和式（6.47）更新 $\beta_k^{(t)}$ 和 $w_k^{(t)}$

(6) 通过算法 6.4 求解问题 $P(C)$ 并获得近解 $\boldsymbol{\theta}_n$

(7) $t=t+1$

(8) 直到两次迭代之间的目标函数值之差小于预先设定的阈值 ε_2，结束循环

---

2. 计算复杂度分析

上面的交替优化方法实际上是一种多阶段迭代优化算法。外层循环涉及两个分别优化 $\boldsymbol{W}$ 和 $\boldsymbol{\theta}$ 的子问题，每个子问题仍然需要迭代更新的方法来解决。具体来说，二次变换

算法需要在所有三个更新步骤中进行矩阵求逆运算,复杂度为 $O(KM^3)$。此外,需要对 λ 进行一维搜索(通常是双向搜索)。因此,二次变换算法的复杂度为 $O(I_\lambda I_W K M^3)$,其中 I_λ 和 I_W 分别是搜索 λ 和三步更新循环的迭代次数。RCG 算法的复杂度主要由计算欧几里得梯度决定,其复杂度为 $O(K^2 N^2)$。回溯步骤也需要迭代搜索 τ_2,幸好复杂度仅为 $O(K^2 N)$,当 N 较大时可以忽略不计。因此,交替优化方法的总复杂度为 $O[I_O(I_\lambda I_W K M^3 + I_R K^2 N^2)]$,其中 I_O 和 I_R 分别表示外循环的迭代次数和内 RCG 算法的迭代次数。

6.4.3 性能仿真分析

在本节给出了数值结果,以评估所提出的算法在优化 RIS 辅助无线通信系统时加权和速率的性能。

考虑图 6.17 所示的模拟设置,配有统一矩形阵列的 RIS 放置在坐标 (8,8,30) 的 xyz 平面上,单位为 m。基站坐标设为 (0,0,20),用户均匀分布在矩形区域 $[5,45] \times [5,45]$ 中,所有用户的 z 坐标设置为 $z=3$。假设 RIS 和用户 k 之间的信道模型是 Rician 衰落信道,则其模型如下:

$$h_{r,k} = \sqrt{\frac{\varepsilon}{1+\varepsilon}} \mu_k \tilde{h}_{r,k}^{\mathrm{LOS}} + \sqrt{\frac{1}{1+\varepsilon}} \mu_k \tilde{h}_{r,k}^{\mathrm{NLOS}} \tag{6.58}$$

式中:μ_k 为从 RIS 到用户 k 的路径损耗;$\tilde{h}_{r,k}^{\mathrm{LOS}}$ 为视线部分;$\tilde{h}_{r,k}^{\mathrm{NLOS}}$ 为非视线部分。

以 dB 为单位的路径损耗建模为 $-30-22\log_2(d_k)$;d_k 是用户 k 和 RIS 之间的距离,m;视线通道 $\tilde{h}_k^{\mathrm{LOS}}$ 建模为 $\tilde{h}_{r,k}^{\mathrm{LOS}} = \tilde{a}(\theta_k, \phi_k)$;非视线通道矢量 $\tilde{h}_k^{\mathrm{NLOS}}$ 建模为标准高斯分布,即 $[\tilde{h}_{r,k}^{\mathrm{NLOS}}]_i \sim \mathbb{CN}(0,1)$;系统带宽为 10 MHz,噪声频谱密度为 $-170\mathrm{dBm/Hz}$。

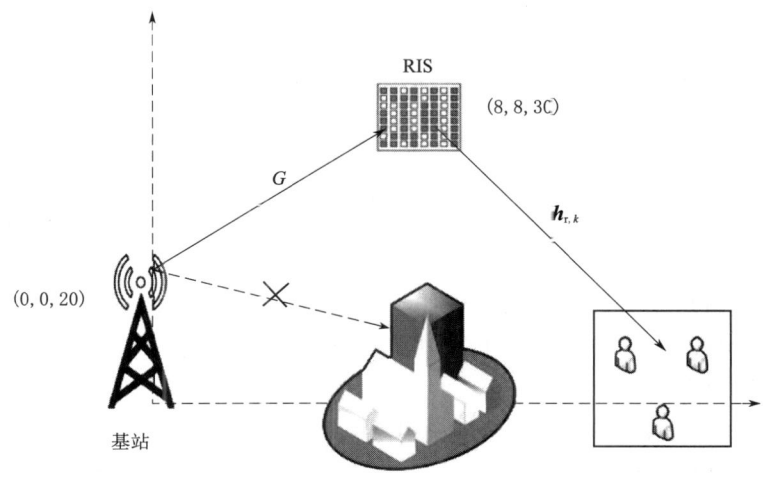

图 6.17 模拟 RIS 辅助多用户 MISO 通信场景

为了证明所提出的交替优化方法解决和速率最大问题（6.33）的效率，比较了以下方案实现的和速率。

（1）无 RIS 辅助。

（2）网格化相位切换：只依据"位置-相位"映射表的简单 RIS 相位切换，不使用联合优化方案。

（3）随机初始化＋RCG 优化：只有随机初始化相位优化的 RCG 算法。

（4）波束成形＋随机初始化＋RCG：联合优化基站处发射波束成形和 RIS 处的随机初始化相位矢量。

（5）波束成形＋特征值初始化＋RCG：联合优化基站处发射波束成形和依据映射表选择 RIS 初始相位的方案。

对于图 6.18 所示实验，实验中将 RIS 元件的数量和用户的数量分别设置为 $N=12\times12$ 和 $K=8$。

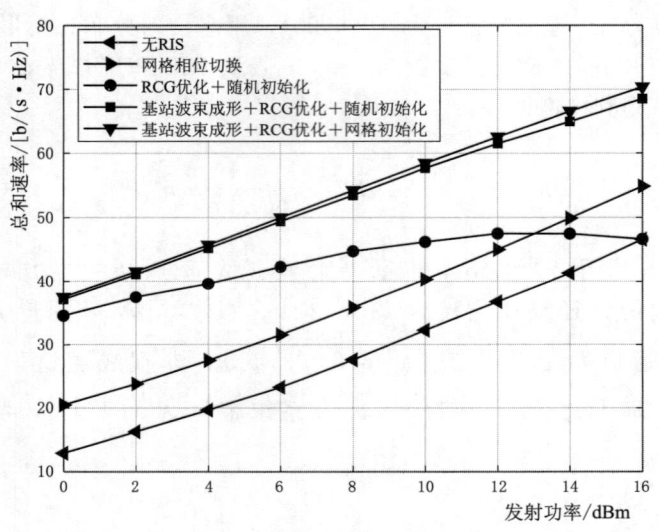

图 6.18 发射功率与和速率之比性能分析

从图 6.18 中可以看出，随着基站发射功率增大，五种方案的表现情况。可以看出无论采用五种方案中的哪一个，随着基站发射功率的增加，对应的系统的加权和速率也随着增大。无 RIS 辅助的方案显然性能最低，而 RIS 引入，即使只简单依据网格做相位切加权和速率也有明显提升。RCG 随机初始化方法实现的和速率随着发射功率的增加而增加，但随着发射功率增加，它们的性能逐渐饱和。在三种 RCG 优化方案之间，联合基站波束赋形的方案明显优于单一 RCG 算法优化。此外，使用基于网格相位初始化的 RCG 算法则可以获得最佳性能。

在图 6.19 中，绘制了固定 35dBm 发射功率和用户数量 $K=6$ 时的和速率与 RIS 元素数量的关系。从仿真结果可以看出，随着 RIS 单元数量的增加，当 N 从 50 变为 60 时，系统和速率显著增加。采用 RIS 辅助的方案都可以实现较好的系统性能，而以网格相位值做初始化的联合波束成形优化算法使系统得到了大幅的性能提升。

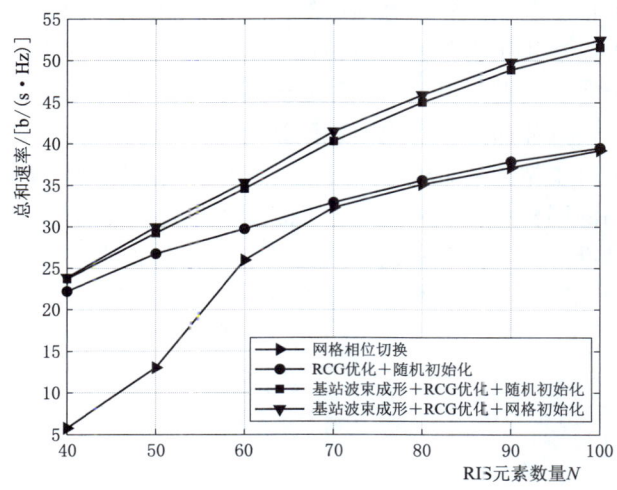

图 6.19 RIS 元素数量与和速率之比性能分析

6.5 本章小结

针对毫米波通信系统所面临的挑战，本章主要阐述了针对移动终端的快速波束切换问题和 RIS 辅助毫米波通信多用户系统和速率最大化问题。

第一节是引言。首先分析本章背景及意义，从毫米波通信需求出发引出 5G 关键技术，包括毫米波传播特性与波束管理以及 RIS 辅助毫米波通信技术，分别论述关键技术中仍然存在的问题从而引出本章所要阐述的问题，即移动场景下波束切换以及 RIS 辅助毫米波通信多用户系统性能优化问题。

第二节综述毫米波定向通信波束管理技术和 RIS 辅助无线通信的有关技术。首先论述了毫米波通信所蕴藏的丰富频谱资源、受限因素及其未来广阔的应用前景，其次分析了毫米波链路预算模型，然后梳理了不同路径损耗模型并介绍毫米波 MIMO 小尺度衰落信道模型。再然后通过毫米波高路损特性引入到波束成形系统中，对波束扫描与波束切换算法进行了概述。最后对 RIS 基本原理和辅助无线通信关键技术研究状况和技术难点也进行了详细介绍。

第三节提出一种基于位置信息辅助的网格化波束切换方法，用以解决毫米波通信中的移动场景下的波束切换性能问题。首先提出一种网格划分结构，这种结构能够减少波束切换频次。然后基于这种网格划分结构，提出一种基于位置信息辅助的网格化波束切换方法，其基本原理是在视距径时，考虑通过几何网格划分的形式将 UE 的位置分区化，并将波束对准用户的结构转变为波束对准网格的结构。在系统部署阶段，建立位置-波束映射表，在实际通信阶段，基于 UE 位置信息和运动信息计算下一切换时间，动态调整网格所对应的波束对。仿真分析结果表明，所提方法相比于非网格切换方式系统频谱效率显著提高，且所提出的正六边形网格切换性能优于方格，波束切换概率降低 50%，保障了通信质量，验证了基于位置信息辅助的网格化波束切换方法的合理性。

第四节阐述了 RIS 辅助的多用户下行链路 MISO 系统。为了解决基站发射功率约束下最大化和速率这个非凸问题，提出了一种基于网格相位的发射波束和 RIS 相位联合优化算法来解决该问题。具体而言，首先通过网格化波束切换方法建立位置-相位映射表，采用二次变换算法进行基站处波束成形设计，RIS 相位的优化问题则设计了基于 RCG 算法的方法。并将得到的网格相位值作为 RCG 优化的初始点。实验验证了所提出的联合优化方案优于其他基准方法。且与随机初始化的联合优化相比，带有网格相位初始值的优化方案增加了大约 3dB 的增益，取得了良好的性能。

第 7 章

功率控制

7.1 引言

通信感知一体化（integrated sensing and communication，ISAC）技术普遍被认为是未来 6G 无线通信的重点技术之一，它将无线通信与传感功能紧密结合，赋予无线通信感知能力，从而显著提升物理系统的性能。目前的 ISAC 技术主要针对静态场景，依赖射频传感器作为主要参与者，并且缺乏对环境特征的全面表征，导致在动态环境中面临严重的性能瓶颈，动态环境下的信道通常表现出更显著的高开销和延迟。在未来的无线动态环境中，对于无线通信系统的功耗和可靠性的需求更为迫切，然而，目前 ISAC 技术存在的局限性使得通信系统实现低功耗和高可靠性的要求变得更加困难。

RIS 能以较低的硬件成本和能耗提高无线通信系统的覆盖率和可靠性。针对使用 RIS 减少通信系统开销，提高系统可靠性，已有很多有价值的研究成果。目前，非盲信道估计技术在获得精确的环境信息方面发挥着关键作用，但通常需要大量的导频序列，从而导致通信系统的开销增加。

在 ISAC 技术相关研究的早期阶段，雷达作为最早的传感器之一，受到了广泛关注，相比于目前 ISAC 技术使用射频传感器感知，采用 FMCW 雷达更能在动态环境中展现出强大的环境感知能力。表征动态环境中的信息能够更好地适应高开销和延迟等挑战，使得通信系统在面对不确定性和变化时具备更强的鲁棒性。

基于此，针对复杂动态无线环境中，高频段通信高路径损耗、低散射以及频繁切换等导致的通信系统开销过大的问题，本章提出一种基于毫米波雷达辅助可重构智能表面的功率控制方案。首先利用 FMCW 雷达感知用户，通过测距原理，并利用 2D-Music 算法得到用户的距离、方位角、俯仰角等信息，进而得到用户在坐标系中的位置信息。然后提出一种基于二分查找算法的最小发射功率优化方法，利用天线系数（antenna factor，AF）的最小增益反转得到确保满足通信系统约束的传输功率，即基站发射所需的最小功率。最后分析 FMCW 雷达定位误差对性能的影响。

符号说明：$\mathrm{mod}(a,M)$ 为 a 模 M 运算；$E(\cdot)$ 为期望值运算；$P(e)$ 为事件 e 发生的概率；$\lceil a \rceil$ 表示 a 的最小整数。

7.2 系统模型

考虑一个具有单用户的毫米波雷达辅助可重构智能表面的工业下行链路（DL）场景，如图 7.1 所示。该场景由一个单天线基站（BS）、一个地面移动用户（UE）、一架配备 RIS 和 FMCW 毫米波雷达的无人机组成，用户设备作为通信终端，与基站建立通信连接并传输关键的实时数据。在为地面移动用户提供通信服务之前，毫米波雷达被部署在无人机上，用于感知用户设备的位置信息，这些信息将用于配置 RIS，并优化传输参数。由于考虑链路一定存在阻塞，因此基站到用户的链路为 NLOS 链路，基站不能直接传输信号给用,为了提高信号的传输效率,在无人机上部署一个 N 元 RIS,建立一个三维坐标系,以 RIS 的中心点 $x_r=(0,0,0)^T$,x 轴与 y 轴分别平行 RIS 平面,z 轴竖直向下指向地面,在这个坐标系中,可以对无人机和 RIS 的位置进行精确定位和配置。

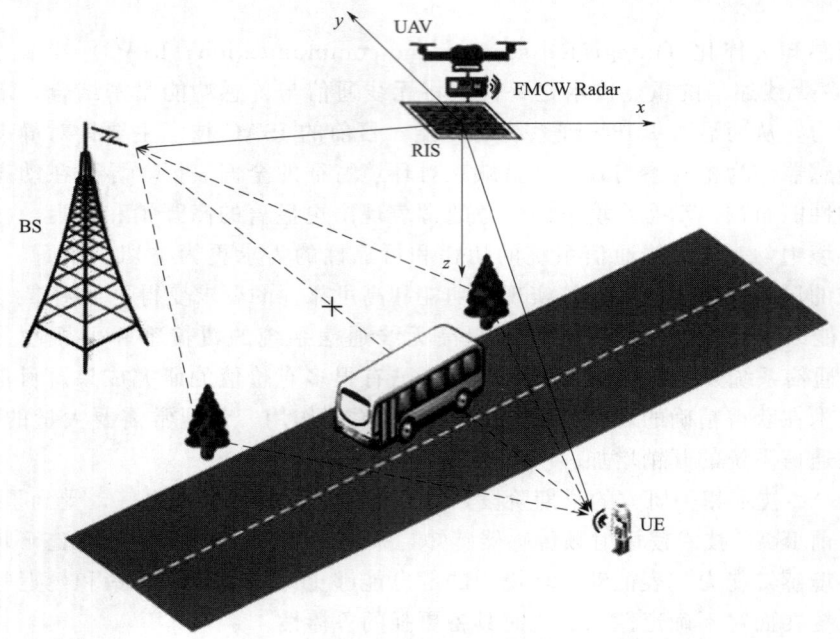

图 7.1 基于毫米波雷达辅助可重构智能表面通信系统

7.2.1 多径效应

当基站发射的信号到达障碍物,如建筑物、树木等,会发生反射和散射等现象,信号在到达接收设备时将会存在多条传播路径,这些不同路径上的信号会以不同的相位和幅度到达接收设备,将障碍物比拟为簇的话,从发射端到达接收端则会有多个簇存在,这就是多径效应。簇由一组组散射体组成,每组散射体在通道中的位置彼此靠近并且特征相似,使信号能量在收发器处呈现不同的出发角和到达角,因此可以叫每一组散射体为散射簇。散射簇可以在时延域、角度域被观测。

多径效应会对信号的传输产生复杂的影响,导致信号衰减、时延和相位变化等现象,因此多径效应对通信系统可靠性的影响也是不可忽略的因素。基于现有的多径效应工作,散射簇放置在二维/三维的规则形状上,如椭圆、圆柱体、椭球体等,用以刻画通信信道环境中导致信号散射的建筑物、树木等物体。与规则几何随机信道模型不同的是,非规则几何随机信道模型不限制散射簇的位置,大多分布于物理环境的实际位置。

本节采用非规则几何随机信道模型,更好地模拟了现实环境,考虑现实环境中地多径效应对通信系统的影响。并模拟了非规则的具有时间平稳特性的散射簇的位置和散射路径的数量来模拟多径效应,计算信号的多径传播损耗。假设散射簇的数量为 q,每簇存在 w 路分量,散射簇的位置为 $x_q=(x_q,y_q,z_q)^T$,且每条多径均服从 Rice 衰落。Rice

分布可以描述一个主要的路径（BS - RIS - UE）信号和多个较弱的散射路径（NLOS）信号同时存在的情况。

7.2.2 信道模型

假设无人机的初始高度为 h_m，基站的坐标为 $x_b = (x_b, y_b, z_b)^T$，用户在公路右侧移动，用户的坐标为 $x_u = (x_u, y_u, h)^T$。对于 RIS，假设每个元素在坐标系的位置为 $r_n = l \left\{ \mathrm{mod}(n-1, \sqrt{N}) - \frac{\sqrt{N}-1}{2}, \left[\frac{n-1}{\sqrt{N}}\right] - \frac{\sqrt{N}-1}{2}, 0 \right\}^T$，其中 l 为相邻元素之间的距离，λ 为载波波长，$l < \lambda$，且 $h \geq \frac{2}{\lambda} l^2 N^2$，每个 RIS 元素过引入相移 Φ^n 来调控接收到的输入信号，假设每个 RIS 元件对信号的衰减是严格等于 1，即不引入任何额外的信号衰减，每个 RIS 元素相移的向量 $\Phi^n = [e^{\Phi_1}, \cdots, e^{j\Phi_N}]^T$，通过调整每个 RIS 元件的相移，能够对接收到的信号进行精确的相位控制，从而实现对信号的干涉和辐射。RIS 的相位可通过控制端进行调控，基站通过外带控制通道接收毫米波雷达感知到的用户位置信息。基站在尊重通信系统的可靠性约束的同时，完成与用户的通信任务。

假设传输带宽远低于信道相干带宽，BS 向 UE 发送一个功率为 P 的单个符号 x 的信号为

$$y = \sqrt{\beta P} \sum_{q=1}^{N_q} \sum_{w=1}^{N_{w(q)}} g_{q,w} \alpha_{q,w}^{RX}(\varphi_{q,w}^{RX}, \theta_{q,w}^{RX}) \alpha_{q,w}^{TX}(\varphi_{q,w}^{TX}, \theta_{q,w}^{TX})^H + n \quad (7.1)$$

式中：N_q、$N_{w(q)}$ 分别为散射簇和每个散射簇的多径数量，表征了发射端和接收端的出发角（AoD）和到达角（AoA）；$g_{q,w}$ 为路径的短期衰落；α 为天线阵列的 $N \times 1$ 阵列因子（AF）；$\varphi_{q,w}$、$\theta_{q,w}$ 分别为第 q 个散射簇的第 w 个多径分量的方位角和俯仰角；符号 $(\ )^H$ 为厄米特转置；n 为接收器的噪声。

$\alpha(\varphi, \theta)$ 表示天线的阵列响应向量。RIS 采用均匀平面阵列（UPA），将平面阵列的行元素、列元素分别用 I_r、I_c 表示，则阵列响应向量为

$$\alpha_{\mathrm{UPA}}(\varphi, \theta) = [1, \cdots, e^{jd(i_r \cos\varphi\cos\theta + i_c \sin\theta)2\pi/\lambda}] \quad (7.2)$$

式中，$0 < i_r < I_r$ 并且 $0 < i_c < I_c$。利用天线远场的全向路径损耗为

$$\beta = \xi_0 e^{\frac{-T_q}{\Gamma_q}} e^{\frac{-\tau_{q,w}}{\Gamma_w}} 10^{-0.1[PL(d) + Z_p + U_p]} \quad (7.3)$$

式中：T_q、$\tau_{q,w}$、Γ_q、Γ_w 分别为簇到达时间、子路径到达时间、簇衰减常数和子路径衰减常数；ξ_0 为路径损耗指数；$PL(d)$ 为参考距离 d_0 处 d 的路径损耗；Z_p、U_p 分别表示每 dB 中每簇和每子路径的阴影。

$PL(d)[\mathrm{dB}]$、$PL(d_0)[\mathrm{dB}]$ 的计算公式如下：

$$PL(d)[\mathrm{dB}] = PL(d_0) + 10\xi \lg\left(\frac{d}{d_0}\right) + SF \quad (7.4)$$

$$PL(d_0)[\mathrm{dB}] = 20\lg\left(\frac{4\pi d_0 f_c}{c}\right) \quad (7.5)$$

式中：c 为光速；f_c 为载频；ξ 为路径损耗指数；SF 为阴影因子，服从零均值正态分

布，dB。

系统的实际信噪比为

$$\gamma = \frac{\beta P}{\sigma^2}|g_{q,w}|^2 N^2|\alpha_{RIS}|^2 \tag{7.6}$$

式中：α_{RIS} 为 RIS 的阵列因子 AF；$|\alpha_{RIS}|^2$ 为 RIS 的天线增益。

7.2.3 波束指向模型

均匀平面阵列（UPA）在由 $\hat{\theta}$ 和 $\hat{\varphi}$ 给出的方向上的阵列因子 AF 可以表示为

$$AF(\hat{\theta},\hat{\varphi}) = (\sin\hat{\theta}\cos\hat{\varphi},\sin\hat{\theta}\cos\hat{\varphi},\cos\hat{\varphi})^T \tag{7.7}$$

式中：$\hat{\theta}$ 为方位角；$\hat{\varphi}$ 为俯仰角。

在实际应用中，通过 FMCW 雷达可以测得用户设备（UE）的位置；本节设置方位角 $\hat{\theta}$ 为测得的方位角 $\hat{\theta}_u$；设置俯仰角 $\hat{\varphi}$ 为测得的俯仰角 $\hat{\varphi}_u$；FMCW 雷达测用户设备信息的方案将在下一节给出。这样，将本章评估得到的阵列增益称为 $G(A_0)$，表示达到预设目标增益 A_0 的区域。

波束宽度表示波束的主瓣宽度，即在给定方向上的主要能量传输方向的范围。为了产生在角度 $\hat{\theta}$ 和 $\hat{\varphi}$ 方向上具有 AF 增益为 A_0 的三维波束，$A_0 \in (0,1]$，计算波束的宽度，即

$$\Delta\theta(A_0) = \frac{\Delta\Theta(A_0)}{\cos\hat{\theta}} \tag{7.8}$$

$$\Delta\varphi(A_0) = \Delta\Theta(A_0) \tag{7.9}$$

三维空间中 AF 增益为 A_0 的点位于以指向方向 $AF(\hat{\theta},\hat{\varphi})$ 为垂直轴的椭圆锥表面上。该椭圆锥的大直径（$2a$）由仰角平面上的角度 $\Delta\theta(A_0)$ 产生，其中 $\Delta\theta(A_0)$ 定义为方位角 $\varphi = \hat{\varphi}$ 时的角度差。同时，小直径（$2b$）由垂直于仰角平面上的角度 $\Delta\theta(A_0)$ 产生，其中 $\Delta\theta(A_0)$ 定义为俯仰角 $\theta = \hat{\theta}$ 时的角度差。$\Delta\Theta(A_0)$ 为均匀线性阵列（ULA）穿过 x（或 y）维的波束宽度，提供 A_0 的 AF 增益

$$\Delta\Theta(A_0) \approx \arcsin\left(\frac{2\lambda x(A_0)}{\pi d \sqrt{N}}\right) \tag{7.10}$$

其中

$$x(A_0) = \{x \mid \text{sinc}(x) = A_0\}.$$

7.3 基于毫米波雷达的可重构智能表面辅助无线通信系统功率控制

7.3.1 毫米波雷达感知方案

FMCW 雷达可以通过多天线发射线性调频脉冲信号及接收回波的方式获得用户相对于雷达的距离、方位角和俯仰角等关键信息，进而可以确定用户在三维坐标系中的位

置，其工作流程如图 7.2 所示。该模型中，毫米波雷达与 RIS 都配备在无人机上，雷达的初始位置近似为坐标原点。

1. 测距原理

设 f 为 FMCW 的初始频率，信号的频率斜率为 k，信号从发射到返回的延迟为 τ，混频后的频率为 f_b，则发射信号可表示为

$$x(t)=\sin(2\pi ft+\phi) \quad (7.11)$$

混频后的中频信号可表示为

$$x_b(t)=\sin(2\pi f_b t+\phi_b) \quad (7.12)$$

时延 τ 与用户距离 g 的关系为

$$\tau=\frac{2g}{c} \quad (7.13)$$

式中：c 为光速；g 为雷达与用户的径向距离。

因此可以由已知参数求得距离 g，即

$$g=\frac{f_b c}{2k} \quad (7.14)$$

2. 2D-MUSIC 算法

由 7.3.1 可得到雷达到用户之间的

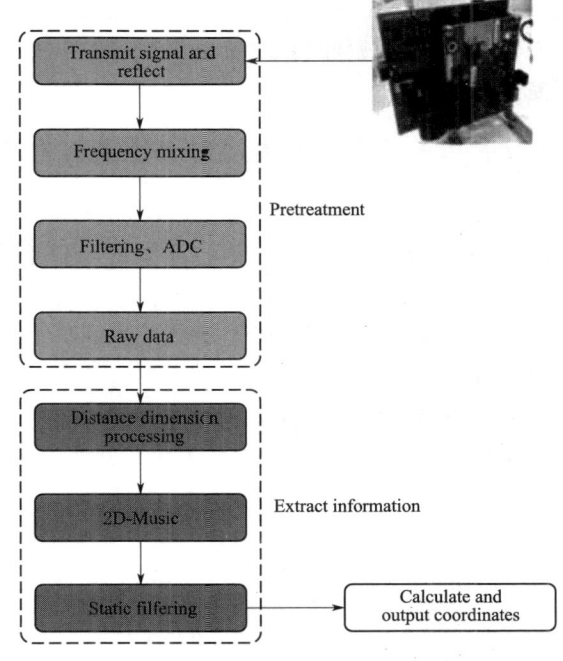

图 7.2 FMCW 雷达工作流程

径向距离 p，可通过多普勒频移相关原理可算出雷达和用户之间的方位角。然而，仅有距离和方位角信息是不够的。由于现实环境是一个三维空间，还需要得到雷达与用户的俯仰角，与距离和方位角经过简单的三角函数数学运算即可得到雷达在整个坐标系的空间位置。因此，本节采用 2D-MUSIC 算法计算用户与雷达之间的方位角和俯仰角。设雷达和用户之间的方位角为 θ_u，俯仰角为 φ_u，则天线的输出信号可表示为

$$X(t)=A(\theta_u,\varphi_u)S(t)+N(t) \quad (7.15)$$

式中：$A(\theta_u,\varphi_u)$ 为天线响应阵列；$S(t)$ 为阵元输出；$N(t)$ 为噪声。

假设这段时间内信号的空间方向不变，则此时输出信号 $X(t)$ 的协方差矩阵为

$$R=E\{[X(t)-m_x(t)][X(t)-m_x(t)]^H\} \quad (7.16)$$

其中，$m_x(t)=E[X(t)]$，且 $m_x(t)=0$，协方差矩阵可改写为

$$R=E\{[A(\theta_u,\varphi_u)S(t)+N(t)][A(\theta_u,\varphi_u)S(t)+N(t)]^H\} \quad (7.17)$$

然后，把空间协方差矩阵 R 分为两个空间，即

$$R=U_S\sum_S U_S^H+U_N\sum_N U_N^H \quad (7.18)$$

且易得相应阵列 $A(\theta_u,\varphi_u)$ 的列向量与噪声子空间正交，则

$$U_N^H a(\theta_u,\varphi_u)=0 \quad (7.19)$$

由此可得阵列的空间谱函数为

$$P_m(\theta,\varphi)=\frac{1}{a^H(\theta,\varphi)U_N U_N^H a(\theta,\varphi)} \quad (7.20)$$

通过谱峰估计可得到方位角 θ_u 和俯仰角 φ_u，即

$$\theta_u, \varphi_u = \arg_{\theta_u, \varphi_u} u\min[a^H(\theta_u)U_N U_N^H a(\theta_u)] \quad (7.21)$$

通过 2D-MUSIC 算法可得到雷达与用户之间的方位角和俯仰角，然后再根据距离 d_u、方位角 θ_u 和俯仰角 φ_u 计算出用户在坐标系中的坐标，为系统的性能优化和资源管理提供了基础。

7.3.2 基于可靠性增益的二分查找算法的功率控制方法

在考虑多径效应的基础上，将深度衰落事件或定位误差设为系统故障，用于找到通信系统中中断概率的上界，不计算交集且不考虑偶然衰落增益对较大定位误差的补偿可能性。然后，尝试找到一种最小增益，使得最终的信号波束能够传输到用户终端所在的区域。为了确保通信系统满足通信系统的可靠性约束，本节对 AF 的最小增益进行反转处理，以得到基站发射所需传输功率的最小值。

可以利用香农公式推导满足系统可靠性所需的最小信噪比，假设长度为 L 的数据包，在带宽为 B 以最大延迟 T 传输，则所需的最小信噪比为

$$\gamma_0 = 2^{\frac{L}{BT}} - 1 \quad (7.22)$$

平均信噪比为

$$\hat{\gamma} = \frac{\beta P}{\sigma^2} E[|g_{q,w}|^2] N^2 |\alpha_{RIS}|^2 \quad (7.23)$$

其中，$E[|g_{q,w}|^2] = 1$。BS 可以优化传输功率 P，使能耗最小化，同时满足信号的传输要求。

整体问题的复杂性在于瞬时信噪比很难获取，需要使用数值方法进行计算，这导致计算变得困难。同时，通信系统的要求限制了在传输前进行系统优化所需的计算量，这使得直接计算变得复杂，本节采取一种分离的方法来计算可靠性的下界。

假设 $G_0 > 0$，若 $P(|g_{q,w}|^2 \leqslant G_0) = \delta$，可得

$$P(\gamma < \gamma_0) \leqslant \delta + P\left(\hat{\gamma} \leqslant \frac{\gamma_0}{G_0}\right) \quad (7.24)$$

假设 $G(A_0)$ 为 AF 增益大于 A_0 的点的集合，设 ε 为用户在 $G(A_0)$ 中的概率，由式（7.23）、式（7.24）得到中断概率为

$$P(\gamma < \gamma_0) \leqslant \delta + \varepsilon \quad (7.25)$$

系统中基站所需的最小发射功率为

$$P \geqslant \frac{\sigma^2 \gamma_0}{N^2 G_0 A_0 \min_{x \in G(A_0)} \beta} \quad (7.26)$$

式中，满足可靠性的 AF 增益 A_0 可通过二分查找算法 7.1 算出。

算法 7.1　可靠性增益的二分查找算法

（1）输入毫米波雷达测得的用户位置，最小增益 $A_{\min}$，采样数量 N，误差阈值 ε，增益容限 ν。

（2）初始化增益的上界为 $A_h = 1 - \nu$，下界为 $A_l = A_{\min}$。

(3) 若增益的下界对应的概率 $P(x_u, A_{\min}, N) < 1-\varepsilon$，则无法满足可靠性要求，直接返回 -1。

(4) 若增益的上界对应的椭圆概率 $P(x_u, A_{\min}, N) \geqslant 1-\varepsilon$，则在最大增益条件下可以满足可靠性要求，直接返回 $1-\nu$ 并作为最大增益。

(5) 进行二分查找，直到增益的上界和下界之间的差值小于增益容限 ν：

(6) 计算中间增益 $A_0 = \dfrac{A_h + A_l}{2}$。

(7) 计算与中间增益对应的概率 $e = P(x_u, A_{\min}, N)$。

(8) 若 $e < 1-\varepsilon$，则将增益的上界更新为 A_0，即 $A_h = A_0$，缩小搜索范围。

(9) 否则，将增益的下界更新为 A_0，即 $A_l = A_0$，缩小搜索范围。

(10) 返回最终的增益下界 A_l，表示在满足可靠性要求的情况下，尽可能使用最小的增益。

7.4 毫米波雷达定位误差分析

在实际应用中，由于环境复杂性、信号传播的不确定性及 FMCW 雷达自身的特性，FMCW 雷达在测量目标位置时可能会产生一定的误差。定位误差会使雷达到与用户设备之间的距离估计存在误差，进而影响到信号强度的衰减和路径损耗，影响基于位置的通信资源分配和调度策略，尤其在高频率的 FMCW 通信中，这种影响更为显著。本节对 FMCW 雷达测量用户位置的距离误差进行了分析，将距离误差引入通信系统模型中，评估误差对中断概率、传输功率和通信质量的影响。

FMCW 雷达测距精度是指在测量目标或反射体距离时的精确度，反映了雷达测得的距离与目标真实距离之间的误差大小，与天线波束宽度、信噪比、雷达算法等因素有关。理论上，FMCW 雷达的测距精度与雷达的距离分辨率有关，FMCW 雷达的距离分辨率为

$$\Delta g = \frac{c}{2B} \tag{7.27}$$

距离分辨率是由雷达的脉冲宽度决定的[18]。脉冲宽度是雷达发射的脉冲信号持续的时间，也就是信号的带宽，较短的带宽可以提供更高的距离分辨率。在一定条件下，FMCW 的测距精度为

$$g' = \frac{\Delta g}{2} \tag{7.28}$$

由上式可知，FMCW 雷达的测距精度在理论上只与信号的带宽有关。但在实际应用中其与雷达自身的特性也有关。已有研究表明，现阶段工业 FMCW 雷达的远场测量误差通常在 $0.2 \sim 0.5 \mathrm{m}$。因此，在进行功率控制方案的设计和中断概率的计算时，本节采

用最小定位误差和最大定位误差作为定位误差的上界和下界,通过对比不同定位误差条件下的结果,分析系统的性能变化。

具体来说,距离测量误差可能会影响信号的传输距离,由此影响信号链路的损耗,增加信号丢失的可能性,进而增加中断概率,影响系统所需最小功耗。可推出全向路径损耗的误差为

$$\Delta\beta = \xi_0 e^{-\frac{T_q}{\Gamma_q} - \frac{\tau_{q,w}}{\Gamma_w}} 10^{-0.1[PL(\Delta g) + Z_q + U_p]} \tag{7.29}$$

系统所需最小功耗的误差为

$$\forall P \geqslant \frac{\sigma^2 \gamma_0}{N^2 G_0 A_0 \min_{x \in G(A_0)} \Delta\beta} \tag{7.30}$$

可以看出,当距离测量误差导致链路距离增加时,由于信号链路损耗较严重,通信系统可能需要更高的信号功率来保持稳定的通信连接,系统此时的中断概率也会更高;如果距离测量误差导致链路距离减少,通信链路的信号质量可能较好,中断概率较低,此时基站可能以较低的功率传输信号。因此,距离测量误差对中断概率和基站发射功率有直接影响,下一节中将对这种关系进行具体的系统分析和仿真验证。

7.5 数值仿真与分析

本节给出仿真结果,以评估所提出算法的有效性。本系统采用型号为 IWR6843ISK 的 FMCW 雷达作为高精度传感器感知用户位置,该 FMCW 雷达具有三个发射天线和四个接收天线。假设无人机的位置固定为 $(0,0,0)^T$,高度为 25m,设定障碍物即散射簇的数量为 3,其余参数设置见表 7.1。为了更有意义地进行比较,本节固定波束指向的仰角 $\hat{\varphi} = \frac{\pi}{4}$,考虑方位角 $\hat{\theta}$ 在 $(0, 40°]$ 内的变化对中断概率和系统功率的影响。同时,引入了通过蒙特卡罗模拟获得的理想 Oracle 方法作为基线方法,以下简称为 OPT;本节提出的实用功率控制方案记为 PC(Power Control)。

表 7.1 实验仿真参数

参数	符号	值	参数	符号	值
基站位置	x_b	$(-5,-5,5)^T$m	FMCW 雷达定位精度	μ	0.2～0.5m
用户位置	x_u	$(4,4,25)^T$m	可靠性	p_s	99.9%
高度	h	25m	参考距离	d_0	1m
RIS 位置	x_r	$(0,0,0)^T$m	路径损耗指数	ξ	2
RIS 元素数量	N	100	散射簇数量	q	3
FMCW 雷达工作频率	f	60GHz			

考虑到 FMCW 雷达的定位精度范围为 $0.2 \sim 0.5$m，本节分别探究了无定位误差以及雷达定位误差对系统性能的影响，如图 7.3、图 7.4 所示。图 7.3 给出了所提方案的基站发射信号所需最小功率与蒙特卡罗模拟值的性能对比图。由图 7.3 可知，所提出的解决方案的功率值略微高估了 OPT，且最优性相差为 $4 \sim 5.8$dB。本节默认误差朝正方向增加，当定位误差的不断增加，基站到用户之间的距离也跟着增加，路径损耗就会增加，因此满足通信系统可靠性的功率值就会增加，且误差值为 $0.4 \sim 0.5$dB。

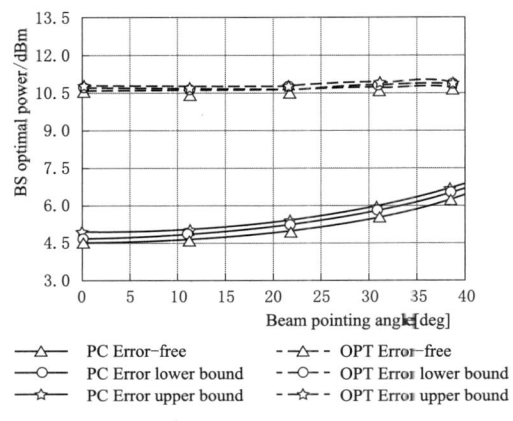 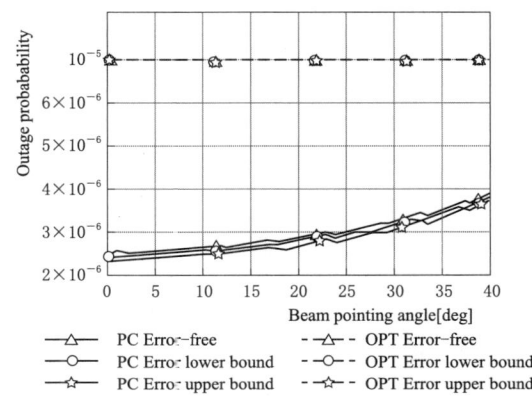

图 7.3　基站发射功率性能对比图　　图 7.4　系统中断概率性能对比图

图 7.4 给出了所提方案的系统中断概率与蒙特卡罗模拟值的性能对比图。OPT 总是具有完全等于 e^{-5} 的中断概率，这是因为它是通过 γ/P 的经验 CDF 的直接反演获得的。当定位误差不断增加时，基站到用户之间的距离也跟着增加，路径损耗就会增加，相同功率下系统的可靠性就会减少，通信系统的中断概率就会增加。

综上论述，本节所提出的功率控制方案能够以高于最优功率的水平满足通信系统要求，同时提高了通信可靠性。在考虑 FMCW 雷达定位误差的情况下，定位误差的增加会导致信号传播路径距离的增加，进而使通信系统的可靠性降低，中断概率增加，并需要更大的传输功率来保证通信的可靠性。仿真结果表明通信系统的开销和中断概率与用户距离误差的大小成正比关系，且能证明本节所提方案及算法的有效性。

7.6　本章小结

本章针对复杂动态无线环境中通信系统开销过大的问题，提出了一种基于调频连续波毫米波雷达的可重构智能表面辅助无线通信系统的功率控制方案。在分析用户位置的不确定性和多径效应对系统可靠性影响的基础上，得出系统中断概率的上界，为系统提供了可靠性保障。同时，在满足通信系统传输的约束下，采用基于二分查找算法的功率优化策略，将天线系数的最小增益反转，得出基站发射所需的最小功率。最后对 FMCW 雷达感知误差对功率控制结果的影响进行了分析，给出了误差范围内基站发射所需功率的变化情况。仿真和分析结果显示，所提出的方案在略高于最优功率值的情况下，依然能够显著提升通信系统性能，有效降低通信系统的基站发射功率，减少系统开销。

此外，本章仅将 UAV 作为节点用来部署 RIS 及 FMCW 雷达，未考虑 UAV 的抖动性影响，未来将在本章的基础上，进一步考虑 UAV 对系统的影响，探索 RIS 的最优部署策略，利用 UAV 实现完整的动态通信系统，以及结合其他先进的感知技术和智能算法，进一步提升系统的性能和可靠性，减少系统额外开销。

求 变 篇

第 8 章

自适应智能无线电环境知识图谱和推荐系统

8.1 引言

随着无线通信技术的飞速发展,有效利用频谱变得越来越复杂,竞争也越来越激烈。毫米波和亚太赫兹通信被认为是下一代无线通信系统的关键技术之一。毫米波系统工作在高频段,其性能主要取决于发射器和接收器之间的 LOS 链路。然而,高频 LOS 链路对遮挡非常敏感,可能导致信号传输过程中的阻塞问题。因此,本章提出了一种基于自适应智能无线电环境知识图谱的推荐系统(RS),旨在解决新一代通信中容易出现的阻塞问题。该系统利用深度学习技术、知识图谱技术以及对无线电环境的感知和理解,为用户提供个性化的通信服务。首先,系统通过感知和理解无线环境的知识图谱,获取有关用户位置、网络状态和周围环境的信息。然后利用深度学习技术从知识图谱中提取有效的特征表征,如用户的通信历史、设备类型和网络拥塞情况等。根据这些特征,系统会生成个性化建议,如优化通信资源分配或选择最佳通信策略等。此外,系统还能预测未来通信环境的变化,并相应调整推荐策略。通过不断学习和优化,推荐系统可以提供更高效、更可靠的通信服务,以满足用户不断变化的需求。

未来无线传播环境中的 ASRE 研究引入了 RIS 的概念,使信号传播可控。这些 RIS 可以改变入射信号的相位,从而提供额外的自由度。利用多个动态 RIS 和协调的环境反向散射通信(ABC),可以扩大地理覆盖范围,并最大限度地提高总速率吞吐量[55]。该文献研究表明,SRE 实体的异构部署有助于最大限度地降低总安装成本并优化网络频谱。然而,在密集部署 RIS 的 SRE 中有效配置多个元面是一项挑战,这取决于对通信环境的感知。传统的传感方法(如雷达、激光雷达、视觉等)需要大量时间来处理传感信息,然后利用这些信息计算环境参数,这对于需要毫秒级延迟的应用(如工厂自动化、远程手术和自动驾驶等)来说可能不是最佳选择。结合人工智能(AI)的已知技术,如深度强化学习、知识图谱等,该技术可提供增强型超可靠低延迟通信(URLLC)服务。此外,通过预测和利用通信环境的变化,无线环境有望实现自适应和部分智能化。

自适应智能无线电环境与知识图谱的结合可带来无线通信领域的创新和发展。在自适应智能无线电环境中,应用 RIS 可以精确控制信号传播,扩大覆盖范围,优化网络性能。然而,在部署密集 RIS 的环境中,有效配置多个元表面需要深入感知通信环境,而传统感知方法的时间开销可能不适用于需要毫秒级延迟的应用。结合自适应智能无线电环境和知识图谱的概念,未来的发展可能会探索使用知识图谱来帮助智能无线电环境中的感知和决策。通过将通信环境信息整合到知识图谱中,智能系统可以更准确地了解无线电环境、预测变化并进行自适应调整,从而实现更高效的频谱利用和可靠的通信服务。

基于 ASREKG 的推荐系统可以利用深度学习和知识图谱的结合提供个性化服务。推荐系统可以通过感知和理解无线电环境的知识图谱来获取用户的位置、网络状态和周围环境等信息。然后结合用户的通信需求和环境特征,利用深度学习技术从知识图谱中提取有效的特征表示。这些特征包括用户的通信历史、设备类型、设备优化参数、网络拥塞情况等。推荐系统可利用这些特征生成个性化推荐,如优化通信资源分配、选择最佳通信策略、调整 RIS 配置以适应当前环境等。此外,推荐系统还可利用知识图谱中的领域知识提供更智能的推荐,例如,根据用户的通信需求和环境特征预测通信环境的未来变化,并相应调整推荐策略。通过不断学习和优化,基于 ASREKG 的推荐系统可以提供更高效、更可靠的通信服务,满足用户不断变化的需求。

8.2 基础理论知识

8.2.1 自适应智能无线电环境

未来的无线传播环境将是一个可重构的平台,它不仅可以有意识地、确定性地控制信号的传播,还将为容量和覆盖增强带来新的可能性。出于这些考虑,在本节中引入了"智能无线电环境"的概念,并进行了详细介绍,这与 RIS 设计的最新进展保持一致。RIS 由许多能够改变入射电磁波相位的异常可控反射面组成。因此,智能无线电环境通过电子控制提供了更多的自由度环境本身,将无线介质变成软件可重构的实体,如图 8.1 所示。

与 SRE 不同,ASRE 的目标是通过环境感知和早期推理预测实现优化的网络部署。因此,本章首先构建了一个时空动态感知系统,该系统可将感知到的多维无线环境信息

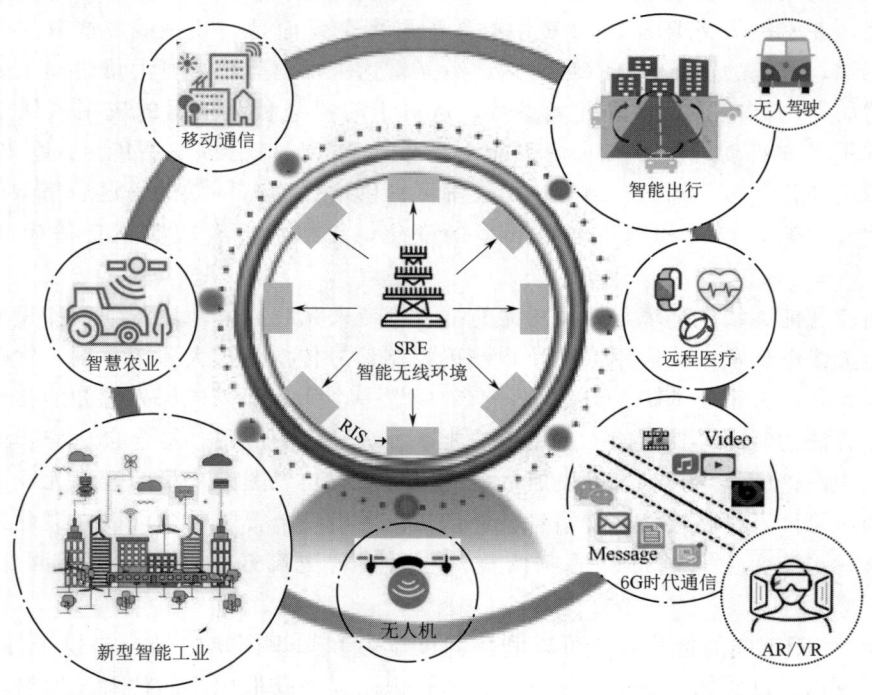

图 8.1 智能无线环境(SRE)及其应用

与可理解和可操作的知识描述相融合。然后本章阐明了特定关键性能指标（KPI）的无线环境适应机制，以及智能适应架构、适应方法和混合迁移学习方法。此外，还可以根据一定的知识图谱提前预测无线通信环境的变化，利用新信息实现无线通信环境的学习和演进。在这种情况下，通过构建以准确识别环境变化、科学适应和主动适应为特征的自适应无线通信环境，可提供具有高灵活性、高容量、高鲁棒性和高覆盖率的新型无线连接。因此，ASRE 可以感知和理解环境干扰，适应环境的不同变化，并根据知识图谱和新知识进行演进。

8.2.2 知识图谱

伴随着 Web 技术的不断演进与发展，人类先后经历了以文档互联为主要特征的 Web 1.0 时代和数据互联为特征的 Web 2.0 时代，正在迈向基于知识互联的崭新 Web 3.0 时代。知识互联的目标是构建一个人与机器都可理解的万维网，使得人们的网络更加智能化。然而，由于万维网上的内容多源异质，组织结构松散，给大数据环境下的知识互联带来了极大的挑战。因此，人们需要根据大数据环境下的知识组织原则，从新的视角去探索既符合网络信息资源发展变化又能适应用户认知需求的知识互联方法，从更深层次上揭示人类认知的整体性与关联性。知识图谱强大的语义处理能力与开放互联能力，可为万维网上的知识互联奠定扎实的基础，使 Web 3.0 提出的"知识之网"愿景成为了可能。

知识图谱并非一个全新的概念，早在 2006 年，就提出了语义网的概念，呼吁推广、完善使用本体模型来形式化表达数据中的隐含语义，RDF（resource description framework）模式和万维网本体语言（Webontology language，OWL）的形式化模型就是基于上述目的产生的。随后掀起了一轮语义网研究的热潮，知识图谱技术的出现正是基于以上相关研究，是对语义网标准与技术的一次扬弃与升华。

知识图谱于 2012 年被 Google 正式提出，其初衷是为了提高搜索引擎的能力，增强用户的搜索质量以及搜索体验。目前，随着智能信息服务应用的不断发展，知识图谱已被广泛应用于智能搜索、智能问答、个性化推荐等领域。尤其是在智能搜索中，用户的搜索请求不再局限于简单的关键词匹配，搜索将根据用户查询的情境与意图进行推理，实现概念检索。与此同时，用户的搜索结果将具有层次化、结构化等重要特征。例如，用户搜索的关键词为梵高，引擎就会以知识卡片的形式给出梵高的详细生平、艺术生涯信息、不同时期的代表作品，并配合以图片等描述信息。知识图谱能够使计算机理解人类的语言交流模式，从而更加智能地反馈用户需要的答案。此外，通过知识图谱能够将 Web 上的信息、数据以及链接关系聚集为知识，使信息资源更易于计算、理解以及评价，并且形成一套 Web 语义知识库。

在维基百科的官方词条中：知识图谱是 Google 用于增强其搜索引擎功能的知识库。本质上，知识图谱是一种揭示实体之间关系的语义网络，可以对现实世界的事物及其相互关系进行形式化地描述。现在的知识图谱已被用来泛指各种大规模的知识库。

三元组是知识图谱的一种通用表示方式，即 $G=(E,R,S)$，其中 $E=\{e_1,e_2,\cdots,e_{|E|}\}$ 是知识库中的实体集合，共包含 $|E|$ 种不同实体；$R=\{r_1,r_2,\cdots,r_{|E|}\}$ 是知识库

中的关系集合,共包含|R|种不同关系;$S \subseteq E \times R \times E$ 代表知识库中的三元组集合。三元组的基本形式主要包括实体、关系、概念、属性、属性值等,实体是知识图谱中的最基本元素,不同的实体间存在不同的关系。而关系可用来连接两个实体,刻画它们之间的关联。概念主要指集合、类别、对象类型、事物的种类,如人物、地理等;属性主要指对象可能具有的属性、特征、特性、特点以及参数,如国籍、生日等;属性值主要指对象指定属性的值,如中国、1988-09-08 等。每个实体(概念的外延)可用一个全局唯一确定的 ID 来标识,每个属性-属性值对(attribute-valuepair,AVP)可用来刻画实体的内在特性。

就覆盖范围而言,知识图谱也可分为通用知识图谱和行业知识图谱。通用知识图谱注重广度,强调融合更多的实体,较行业知识图谱而言,其准确度不够高,并且受概念范围的影响,很难借助本体库对公理、规则以及约束条件的支持能力规范其实体、属性、实体间的关系等。通用知识图谱主要应用于智能搜索等领域。行业知识图谱通常需要依靠特定行业的数据来构建,具有特定的行业意义。行业知识图谱中,实体的属性与数据模式往往比较丰富,需要考虑到不同的业务场景与使用人员。

知识图谱的架构主要包括自身的逻辑结构以及体系架构,分别说明如下。

1. 知识图谱的逻辑结构

知识图谱在逻辑上可分为模式层与数据层两个层次,数据层主要是由一系列的事实组成,而知识将以事实为单位进行存储。如果用(实体 1,关系,实体 2)、(实体、属性,属性值)这样的三元组来表达事实,可选择图数据库作为存储介质,如开源的 Neo4j、Twitter 的 FlockDB、sones 的 GraphDB 等。模式层构建在数据层之上,主要是通过本体库来规范数据层的一系列事实表达。本体是结构化知识库的概念模板,通过本体库而形成的知识库不仅层次结构较强,并且冗余程度较小。

2. 知识图谱的体系架构

知识图谱的体系架构是其指构建模式结构,如图 8.2 所示。其中,虚线框内的部分为知识图谱的构建过程,该过程需要随人的认知能力不断更新迭代。

知识图谱主要有自顶向下(top-down)与自底向上(bottom-up)两种构建方式。自顶向下指的是先为知识图谱定义好本体与数据模式,再将实体加入到知识库。该构建方式需要利用一些现有的结构化知识库作为其基础知识库,Freebase 项目就是采用这种方式,它的绝大部分数据是从维基百科中得到的。自底向上指的是从一些开放链接数据中提取出实体,选择其中置信度较高的加入到知识库,再构建顶层的本体模式。目前,大多数知识图谱都采用自底向上的方式进行构建。

8.2.3 推荐系统

知识图谱(knowledge graph,KG)是由节点和边组成的语义网络图,包含丰富的语义知识,应用于推荐系统具有精准、多样和可解释的特点。如图 8.3 所示,根据用户 1 的观影特点,就可以借助用户 2 的观影数据进行推荐。

知识图谱通过整合多源异构信息将丰富的实体关系利用复杂网络进行表示,从而获得用户与项目之间的细粒度关系。基于知识图谱的推荐系统主要利用图谱内丰富的语义

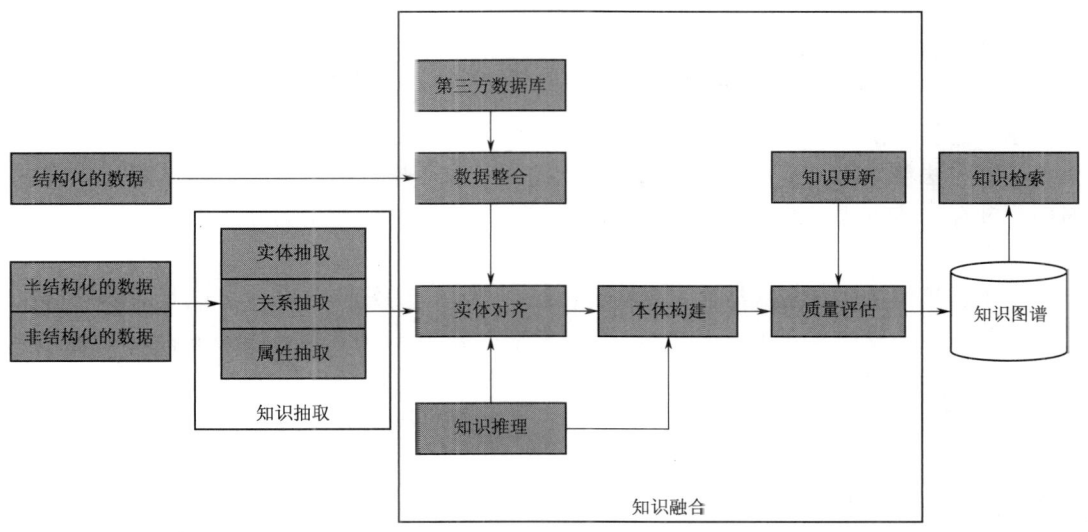

图 8.2 知识图谱的体系架构

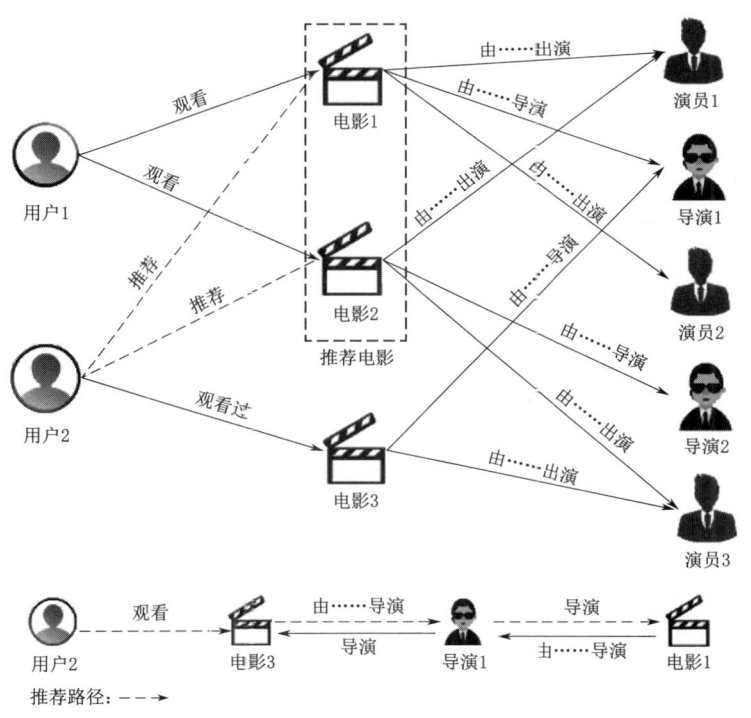

图 8.3 基于知识图谱的推荐示例

关系、项目链接等信息挖掘用户与项目之间的潜在关联,实现对用户的精准推荐。基于知识图谱的推荐系统一般包括知识图谱、推荐模块和连接模块三部分。其中,知识图谱存储丰富的实体语义信息,推荐模块计算用户与项目之间的交互信息,并通过连接模块,将图谱中的语义信息映射成低维向量结合推荐模块计算实现项目的推荐功能。不同作者对于推荐系统有不同的分类标准,按照算法思想差异将其分成基于连接的推荐、基于嵌入的推荐和基于混合的推荐。

1. 基于连接的推荐

基于连接的推荐主要是利用知识图谱中实体之间的连接关系计算节点相似性而实现推荐。该方法将知识图谱视为一个异构信息网络,然后构建基于节点之间的路径规则进行匹配计算。该方法具有可解释、可速算的特点,但该方法对不同知识图谱的路径规则制定也有不同的要求。

基于连接的推荐在实践早期主要结合传统推荐系统的矩阵分解和协同过滤思维解决推荐问题,相关模型有利用上下文相关的矩阵分解模型 HeteroMF(Heterogeneous Matrix Factorization)实现异构网络学习问题的推荐系统;使用异构关系的社交协作过滤 Hete-CF 还有引入元图概念利用"矩阵分解+分解机"的方法解决信息融合的推荐模型等。此外,在探索传统推荐思路结合知识图谱的同时,学者也开始研究其他知识图谱上更具有针对性的波形,如 SemRec 推荐模型、GraphLF 推荐模型等。

虽然基于连接的推荐系统实现了对知识图谱网络结构的利用,依赖实体连接关系完成了内容推荐,但是该方法严重依赖于图谱的连接模式,使用场景有限,在面对多领域实体的项目推荐(如新闻推荐)时有明显的瓶颈。除此之外,基于连接的推荐在实际应用中需要手动设计元路径,不同图谱结构对元路径的依赖程度差异也导致了实践应用效果的折损。

2. 基于嵌入的推荐

相比于基于连接的推荐,基于嵌入的推荐需要对图谱中的实体和关系进行一个低维向量的映射。该类模型主要由两个模块组成:图嵌入模块和推荐模块。图嵌入模块实现对于知识图谱的特征学习,推荐模块对图嵌入模块学到的信息进行处理实现内容的个性化推荐。其中,图嵌入模块根据特征学习模型的算法思想差异又可以分为两类:基于距离的翻译模型和基于语义的匹配模型。基于距离的翻译模型将实体和关系转化为连续的向量空间,通过评分函数计算测量事实合理的概率,以此实现对于图谱的学习,相关模型有 TransE 系列、高斯嵌入系列和其他距离模型等。基于语义的匹配模型使用基于相似度的评分函数估计三元组概率,并将实体和关系映射到隐语义空间进行相似度度量,相关模型有 SME、NAM、MLP 等。

根据图嵌入模块与推荐模块之间的关系,可以将推荐系统分为依次学习、联合学习和交替学习三个类别,如图 8.4 所示。这三类根据推荐模块对嵌入模块向量表示的使用方式进行区分,依次学习先学习图谱生成向量再引入推荐系统进行计算;联合学习将图谱特征学习与推荐函数进行结合,实现端对端的联合学习;交替学习将图嵌入模块与推荐模块设计成相关又分离的任务,使用多任务框架进行交替学习。

基于图嵌入的知识图谱推荐系统由于能够充分利用知识图谱语义关系优势,且受图谱扩展影响较小而受到大批研究者青睐。2016 年,Aditya Grover 等提出一种新的用于学习网络中节点连续特征表示的算法框架——Node2Vec。该框架对 Deep Walk 进行改进,采用更灵活和复杂的随机漫步探索策略,并结合神经语言模型的强大功能,为基于图嵌入的知识图谱推荐系统提供了新思路。

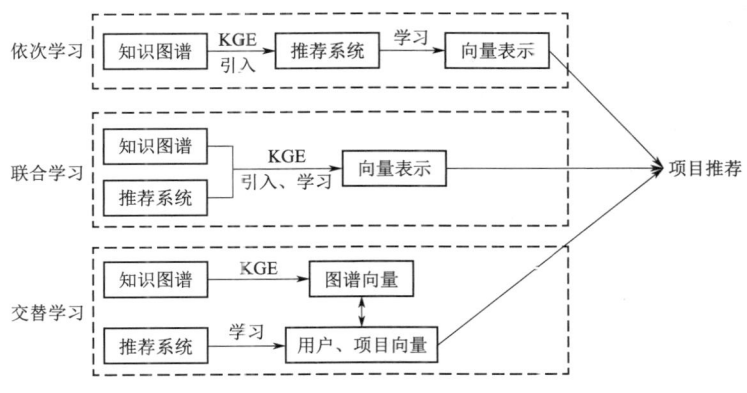

图 8.4 基于知识图谱嵌入的推荐系统分类

3. 基于混合的推荐

虽然上述两种方法都利用知识图谱对推荐系统的应用进行了改进,但是对知识图谱充分利用存在一定局限性。其中,基于连接的推荐关注知识图谱中项目之间的连接关系,基于嵌入的推荐主要学习图谱中的语义表示。部分学者开始尝试通过结合连接与嵌入的思想实现推荐。首先在整个图谱上以传播的方式获取用户的偏好,然后通过图嵌入对用户偏好进行特征学习,最后利用推荐模块实现推荐。

基于混合的推荐包括三个经典模型:RippleNet、KGCN(Knowledge Graph Convolutional Networks)和 KGAT(Knowledge Graph Attention Network)。

RippleNet 模型在 2018 年被提出,该模型首先给定一个项目和一个用户,然后将项目经过嵌入转化的低维向量不断同用户周围的 n 跳项目转化向量进行交互计算,最后组成该用户的向量表示,通过与给定项目转化向量计算获得用户点击概率从而完成推荐。

KGCN 模型的全称为知识图谱图神经网络,该模型需要先设置节点多跳参数,将节点多跳范围内邻域作为感知野,然后将邻域节点在特定用户关系范围内的得分作为权重,并用加权结果表示邻域节点向量,进而完成项目向量表示。得到向量表示后同样利用用户向量与项目向量的内积搭配 Sigmoid 函数计算点击概率从而完成推荐。

KGAT 模型的全称为知识图谱注意网络,在协同知识图谱(collaborative knowledge graph,CKG)嵌入层创新性地融合了用户-项目交互矩阵与知识图谱。它首先把用户与项目间的交互信息,以矩阵形式巧妙对接知识图谱,使得二者优势互补,为后续的数据挖掘和分析提供更丰富、更具关联性的基础。然后在注意力嵌入传播层通过邻居的多跳节点递归传播向量实现项目表示增强,通过基于知识图谱的注意力机制计算关系权重,聚合信息后完成节点向量表示,最后在预测层通过向量计算并归一化得到用户点击概率,进而实现推荐。

上述三个基于混合的知识图谱推荐系统充分利用图谱中的连接关系与语义关系,RippleNet 利用项目连接的多跳关系加强对节点的嵌入表示,KGCN 通过对图谱关系进行加权实现更精准的推荐,KGAT 在知识图谱中引入用户—项目交互矩阵并对图谱关系进行加权实现推荐。

基于混合的推荐结合了前面两种推荐思想的优势，既实现了对于知识图谱网络结构中连接关系的利用，又通过嵌入的思想实现实体和关系的低维空间向量表示。基于混合的推荐模型利用低维向量的交互计算对实体间的多跳关系进行挖掘，实现实体间高阶语义关系基础上的推荐。基于混合的推荐模型相较基于连接的推荐和基于嵌入的推荐表现出更优评分的同时，也带来了更大的资源消耗和更复杂的参数调优问题。如何解决该类模型导致的复杂问题，实现复杂模型下高效、精准、多样的推荐值得进一步探索。

8.3 知识图谱构建

从模式层到数据层的知识映射实现过程是一个从抽象到具体的过程，它规定了知识图谱的类型、关系和范围。本节采用资源描述框架（RDF）中的三元组（实体—关系—实体）来保存数据以及数据之间的关系。它描述了在场景映射过程中实体和关系类型的选择、数据的来源和收集以及图谱构建的结果。

8.3.1 通信场景

本节提出了一种由 M 个接入点（AP）、U 个 RIS 和 N 个通信用户组成的通信场景，如图 8.5 所示。在下行链路中，在不失一般性的前提下，本节假设（M 个接入点中的）子集 Mt 发射通信和传感波形，共同为 N 个用户提供服务，其中 $|\text{Mt}| = \text{Mt}$。同时，子集 Mr（在 M 个接入点中）接收传输波形对环境中各种传感用户的可能反射/散射，其中 $|\text{Mr}| = \text{Mr}$。

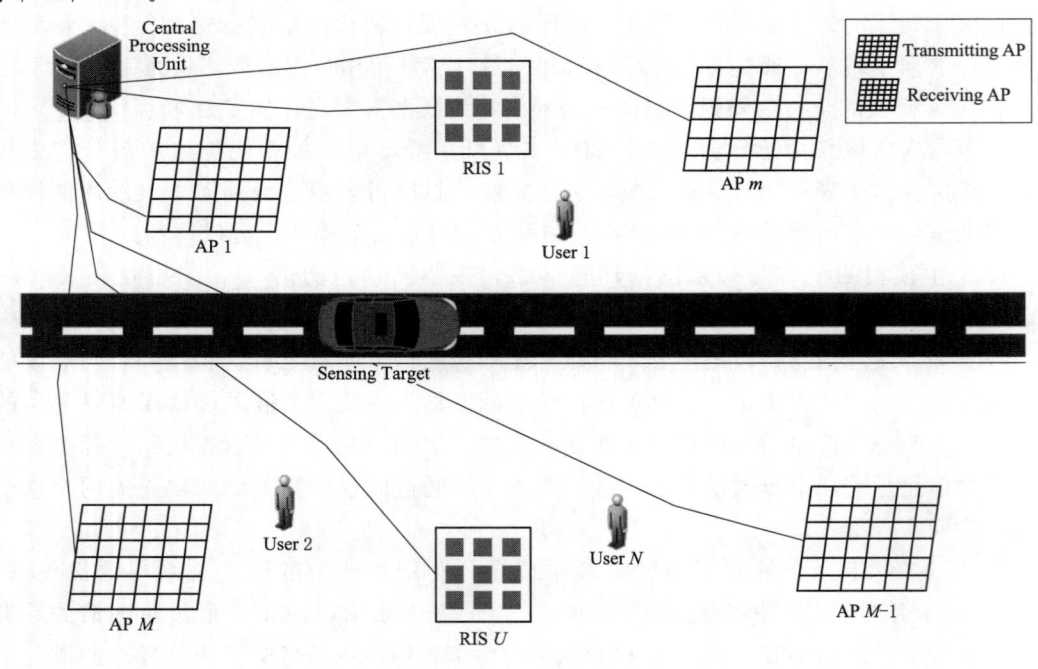

图 8.5 通信场景

值得注意的是，子集 Mt 和 Mr 通常不会重叠，这意味着没有、部分或所有 AP 都可能是 Mt 和 Mr 的一部分，并同时发射和接收信号。发射和接收 AP 分别配置有 N_t 和 N_r 根天线。此外，为简单起见，假设发射 AP 仅具有数字波束形成能力，而接收 AP 仅具有接收波束能力。AP 和 RIS 连接到一个中央处理单元，可进行联合设计和处理，它们在传感和通信方面完全同步。

8.3.2 通信本体构建

从结构上看，知识图谱可分为模式层和数据层；模式层建立在数据层之上。知识图谱的模式层通常源于领域本体的构建，本体是知识图谱的概念模型和逻辑基础，也是共享概念模型的明确正式说明。它规定了知识图谱的领域和范围，并阐明了抽象概念之间的关系。根据模式层和数据层的构建顺序，知识图谱构建可分为自下而上和自上而下两种方法。自下而上的方法是先进行数据抽取，然后构建上层本体；而自上而下的方法是先根据专家经验构建本体，然后在本体规范下向知识图谱添加实例。领域知识图谱的知识深度深、精度细，对知识的准确性要求严格，通常采用自上而下的方法构建。因此，本节采用了自顶向下的方法来构建场景知识图谱。

自适应智能无线电环境本体架构如图 8.6 所示。自适应智能无线电环境本体包括主体、属性、位置和服务四个部分。主体是指场景所依赖的现实世界中的真实用户和设备；属性是指场景中设备的属性参数；位置是指场景中用户和设备之间的相对位置；服务是指场景中设备对用户的作用，需要为不同环境下的用户提供多样化的服务。受环境影响，设备可能会有多种合作形式，能否为用户提供相应的服务取决于设备的合理配置。

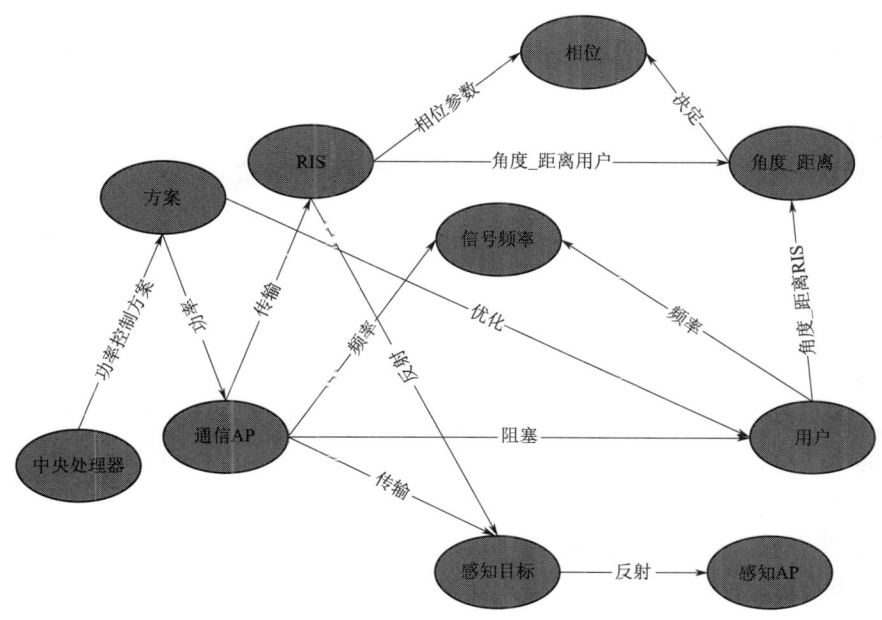

图 8.6　自适立智能无线电环境的知识图谱本体

8.3.3 知识图谱实体选择

根据提出的场景本体，本节提出以下十一类实体作为自适应智能无线电环境知识图谱的实体。

"User"实体类型：用户，又称终端，是通信环境中的主要活动对象。自适应智能无线电环境知识图谱中的"User"实体类型可以扩展到人、汽车、手机和其他交易对象。

"Sensing_target"实体类型：Sensing_target 被描述为通信环境中的目标，它可以通过接收来自通信 AP 或 RIS 的信号，将信号反射给感知 AP。

"Communication AP"实体类型：通信 AP 被描述为通信环境中的基站发射天线，用于发射信号以实现用户之间的正常通信。

"Sense AP"实体类型：感知 AP 被描述为通信环境中的基站感知天线，它通过接收感知目标反射的信号来感知目标的位置。

"RIS"实体类型：RIS 又称可重构智能表面，在通信场景中，当基站与用户之间出现阻塞现象时，RIS 可用于将信号从基站反射到用户，从而提高通信质量。

"Central processing unit"实体类型：中央处理单元通过统一控制通信环境中的接入点和 RIS，优化用户的通信质量。

"Phase"实体类型：通过用户相对于 RIS 的位置调整 RIS 的相位参数，确保 RIS 向用户反射最佳波束。

"Plan"实体类型：通过用户相对于通信 AP 的位置，调整中央处理器对通信 AP 的功率分配方案，以确保通信 AP 对用户的最佳波束发射方案。

"angle_distance"实体类型：包含距离和角度，用于确定两个对象之间的相对位置，包括 BS‐RIS 的相对位置和 User‐RIS 的相对位置。

"Signal strength"实体类型：包含通信 AP 发射信号的信号强度、用户仅接收通信 AP 信号时的接收信号强度、用户仅接收 RIS1 信号时的接收信号强度、用户仅接收 RIS2 信号时的接收信号强度以及用户仅接收 RIS2 信号时的接收信号强度。

"Signal Frequency"实体类型：包含通信 AP 发射信号的频率和用户从通信 AP 接收信号的频率。

8.3.4 知识图谱关系选择

为了详细准确地描述各类实体之间的互动关系，本节采用了以下九种关系类型。

"Relative position"关系：描述"User"类实体、"RIS"类实体和"BS"类实体之间的相对位置。例如，BS—angle_distance_RIS‐45_10，RIS‐angle_distance_User—40_13。

"Frequency"关系：描述"User"类实体、"Communication AP"类实体和"Frequency"类实体之间的相对位置。例如，User—Frequency‐3.5G，Communication AP‐Frequency—3.5G。

"Communication status"关系：描述"User"类实体、"RIS"类实体和"Communication AP"类实体之间的关系。例如，"Communication AP—NLOS—User"、"Communication AP—发送—RIS"和"RIS—反射—User"。

"Phase"关系：描述"RIS"类实体与"Phase"类实体之间的属性关系。例如，RIS—phase_parameters—phase。

"Power distribution scheme"关系：描述"Central Processing unit"类实体与"Plan"类实体之间的属性关系。例如，Central Processing unit—Power distribution scheme—Plan 1。

"Power"关系：描述"Plan"类实体与"Communication AP"类实体之间的功率分配关系。例如，Plan1—PowerA—通信AP1和Plan1—PowerB—通信AP2。

"optimize"关系：描述"Plan"类实体与"User"类实体之间的优化关系。例如，Plan1—optimize—User1。

"decide"关系：描述"angle_distance"类实体与"Phase"类实体之间的判定关系。对应的RIS相位参数。例如，30_10—decide—phase6。

"Receive"关系：描述接收设备信号的"User"类实体与"信号强度"类实体之间的关系。例如，User1—receive RIS1—20dB，User1—receive AP—55dB。

8.3.5 知识图谱基本信息

通过上述构建过程，在自适应智能无线电环境知识图谱本体的指导下，基于多个实验环境的通信环境数据，整合实验结果，提取数据中对应的实体，构建三元关系，实现知识融合，构建了自适应智能无线电环境知识图谱。

表8.1和表8.2分别总结了所构建的自适应智能无线电环境知识图谱的实体数量和关系。

表8.1　　　　　　　自适应智能无线电环境知识图谱实体数

实　体	数　量	实　体	数　量
User	68	Central processing unit	1
Sensing_target	5	Phase	68
Communication AP	2	Plan	68
Sense AP	2	angle_distance	136
RIS	2	Signal strength	104
Signal Frequency	1		

表8.2　　　　　　　自适应智能无线电环境知识图谱关系数

关　系	数　量	关　系	数　量
Relative position	272	Power	136
Frequency	69	optimize	204
Communication status	442	decide	136
Phase	68	Receive	204
Power distribution scheme	68		

基于上述实体和关系类型定义，实现了ASRE知识图谱的构建（部分）。

8.3.6 知识图谱关系预测

当通信环境中出现新用户,而知识图谱中没有该用户的当前位置时,需要计算新用户位置对应的环境参数,并利用神经网络预测新用户与计算出的环境参数之间的关系,从而得到新用户与新环境参数之间的关系,如图 8.7 所示,使知识图谱更加全面,为后续应用提供依据。本节使用 KG-BERT 算法进行关系预测,KG-BERT 使用预先训练好的语言模型来完成知识图谱。本节将知识图谱中的三元组视为文本序列,并使用知识图谱双向编码器表

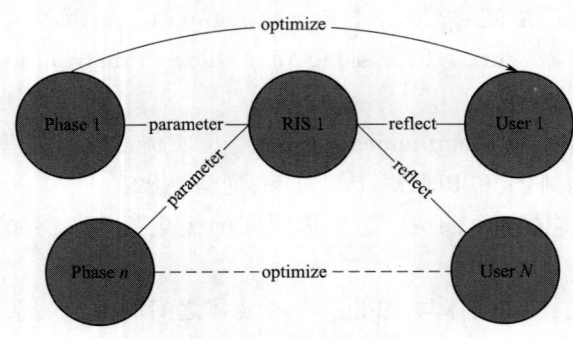

图 8.7 关系预测示意图

示变换器(KG-BERT)对这些三元组进行建模。该方法将三元组的实体描述、关系描述和关系描述作为输入,并使用 KG-BERT 语言模型计算三元组的评分函数。KG-BERT 关系预测方法叙述如下。

(1)实体和关系嵌入:KG-BERT 将实体 ei 和关系 rj 转换为相应的嵌入表示,其中 i 和 j 分别是实体和关系的索引。通常的做法是将实体和关系的名称或标识符作为输入,然后通过预先训练好的 BERT 模型获得它们的词向量表示。

(2)构建输入序列:在将实体和关系信息输入 BERT 模型时,需要构建输入序列。如图 8.8 所示,可以通过连接实体和关系的嵌入,并添加特殊标记来表示它们的类型(如实体起始标记、实体标记、关系标记和分隔符标记等)。

(3)模型预测:KG-BERT 模型由预先训练好的 BERT 模型和额外的知识图谱相关任务(如实体预测、关系预测等)组成。在关系预测任务中,模型的输出通常是对各种可能关系进行分类的概率分布。

给定两个实体 e_1 和 e_2,使用 KG-BERT 模型来预测它们之间关系的概率分布,即

$$P(r|e_1,e_2) = \text{Softmax}(W \cdot [CLS]) \tag{8.1}$$

式中,$P(r_j|e_1,e_2)$ 是给定实体总和的关系的条件概率分布;$[CLS]$ 是 BERT 模型编码的特殊标记,表示整个输入序列的句子级表示;W 是一个权重矩阵,用于将 BERT 模型的输出映射到关系空间。

将映射分数转换为概率分布,计算公式如下:

$$\hat{j} = \text{argmax}_j(P(r_j|e_1,e_2)) \tag{8.2}$$

其中,$\hat{j}$ 表示预测关系,是一个整数,代表模型根据输入实体预测出的最可能的关系;$P(r_j|e_1,e_2)$ 是模型在输入实体 j 的情况下预测关系的条件概率,每个实体 j 代表一种可能的关系;argmax 表示使概率分布 j 最大化的关系 $P(r_j|e_1,e_2)$。

使用 KG-BERT 算法对构建的知识图谱数据集进行了关系预测任务训练,预测数据集见表 8.3。

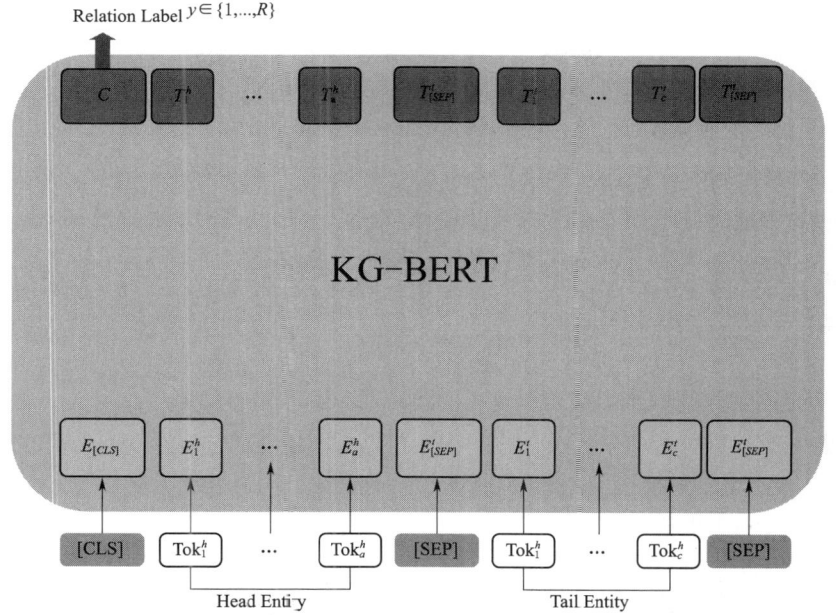

图 8.8 预测两个实体之间关系的 KG‐BERT 示例

表 8.3 知识图谱关系预测数据集

数据集	实体	关系	训练集	验证集	测试集
ASREKG	457	15	1267	149	183

在关系预测任务中，本节使用了标准的评估指标，并使用头实体和尾实体来预测训练中的关系。包括平均倒数排名（MRR）和 HITS@n（$n=1$、3 和 10）。

MRR 的具体计算公式为

$$\mathrm{MRR} = \frac{1}{|S|}\sum_{i=1}^{|S|}\frac{1}{rank_i} = \frac{1}{|S|}\left(\frac{1}{rank_1} + \frac{1}{rank_2} + \cdots + \frac{1}{rank_{|S|}}\right) \tag{8.3}$$

式中：S 为三元组的集合；$|S|$ 为三元组的个数；$rank_i$ 为第 i 个三元组的相对预测秩。MRR 值越大，模型越好。

HITS@n 衡量排在前 n 个候选三元组中的正确实体比例。其计算公式如下：

$$\mathrm{HITS}@n = \frac{1}{|S|}\sum_{i=1}^{|S|}\mathbb{I}(rank_i \leqslant n) \tag{8.4}$$

式中：$\mathbb{I}(\cdot)$ 为指示函数，如果条件为真，函数值为 1，否则为 0。

本节使用 PyTorch 实现了模型，并将优化器固定为 Adam。本节使用网格搜索确认了每个模型的最佳参数设置。最终参数是根据在验证集上评估的平均反向秩（MRR）确定的。效果良好的超参数如下：学习率为 0.01，梯度累积步数为 1，最大序列长度为 25，批量大小为 64。模型参数使用 Xavier 进行初始化。根据上述参数在 KG‐BERT 上训练 ASERKG 数据集，KG‐BERT 训练的损失值为 0.017。测试集的 MRR 和 HITS@1 如图 8.9 所示，MRR 为 0.89，HITS@1 为 0.86。

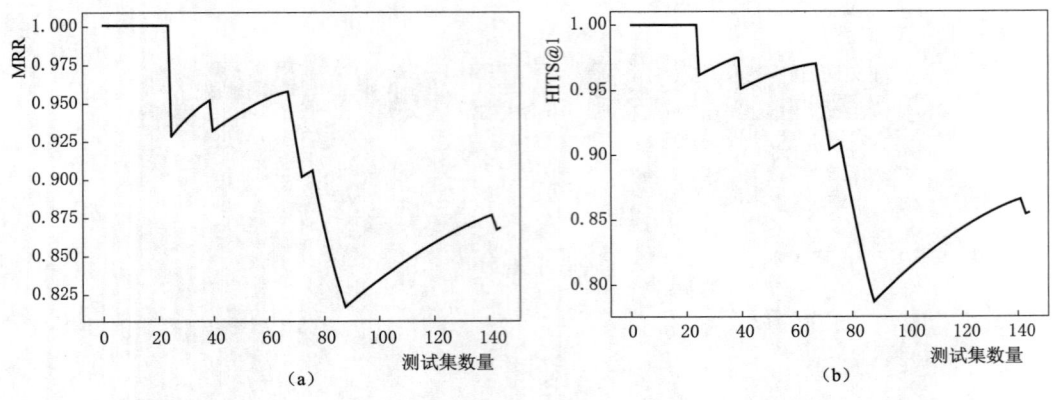

图 8.9 测试集的 MRR 和 HITS@1
(a) MRR；(b) HITS@1

8.4 知识图谱推荐

当通信环境中的用户移动时，用户特定的环境参数（如 RIS 相位参数、AP 功率分配方案等）也需要随之改变。然而，传统的感知方法需要先处理感知信息，再利用这些信息计算环境参数，从而耗费大量时间，无法满足 ASRE 所要求的毫秒级延迟。因此，本章采用推荐系统的方法，将环境参数存储到知识图谱中，当用户在通信环境中的位置发生变化时，通过感知方法感知用户的实时位置，并推荐与用户位置相对应的环境参数，这样既能解决计算环境参数耗时长的问题，又能满足 ASRE 所要求的毫秒级延迟。

基于知识图谱的推荐系统利用图谱结构来表示各种实体（如用户、物品、标签等）以及它们之间的关系。它通过分析用户的历史行为、个人偏好和实体之间的关联来提供个性化推荐服务。此类系统能更好地了解用户需求，提高推荐的准确性。

将用户接收到的每个 item 的信号强度作为推荐系统评级的依据，将信号强度最高的 item 评级设为 1，其余 item 评级设为 0。当用户位置发生变化，需要推荐 item 时，推荐系统会推荐 item 评级为 1 的 item（如 RIS 的相位配置、AP 的功率分配等），并相应配置通信环境。

8.4.1 KGCN

选择了 KGCN 算法来训练上述基于知识图谱的推荐系统数据集。KGCN 算法将知识图谱特征与图卷积神经网络模型相融合，即在计算给定实体在知识图谱中的表示时，将邻居信息与偏差相结合。通过结合邻居信息，可以更好地捕捉和存储每个实体的局部邻近结构。不同邻居的权重取决于它们与特定用户 u 之间的关系，可以更好地反映用户的个性化兴趣，从而展现实体的特征。

KGCN 是一种基于知识图谱的推荐模型，它通过结合知识图谱中的实体和关系信息来进行推荐。下面简要介绍了 KGCN 如何计算要推荐的内容。

(1) 用户表征学习：KGCN 学习每个用户的表征。这些用户表征通常是由用户历史行为和其他用户属性组成的向量。这些表征可以通过神经网络模型或其他表征学习方法获得。

(2) 知识图谱表示学习：KGCN 将知识图谱中的实体和关系表示为向量。这些表示是使用传统嵌入方法获得的向量。

(3) 推荐内容计算：在推荐过程中，对于给定的用户，KGCN 利用用户的表征与知识图谱中的实体表征进行交互。这种交互可以通过计算用户表征与实体表征之间的相似度来实现，也可以通过执行关注机制来获取与用户相关的实体信息。

(4) 推荐结果生成：根据用户与实体之间的相似度或关联度，KGCN 可以向用户推荐与这些实体相关的内容。这些内容可以是与实体直接相关的项目，也可以是与实体间接相关的项目。

设用户为 U，用户向量为 u，item 为 V，item 向量为 v。要计算用户对 item 的评分预测，最基本的公式如下：

$$\hat{y}_{UV} = f(u, v) \tag{8.5}$$

式中：$f(\cdot)$ 为一个任意函数，用于求内积，即点积；$\hat{y}$ 是预测值。

假设图 8.10 所示为通过一次图形抽样得到的子图。中间节点指的是要预测的目标 item V，N_i 表示 V 的邻居，R_i 表示关系，每条边的权重用 ω 表示，计算公式如下：

$$\omega_{R_i}^{U} = g(u, r_i) \tag{8.6}$$

式中：u 为用户向量；r_i 是连接第 i 个邻居的关系向量；$g(\cdot)$ 为一个任意函数，用于确定内积；$\omega_{R_i}^{U}$ 为目标用户 U 对关系 R_i 的偏好程度，即通过 R 边时信息传递的权重。

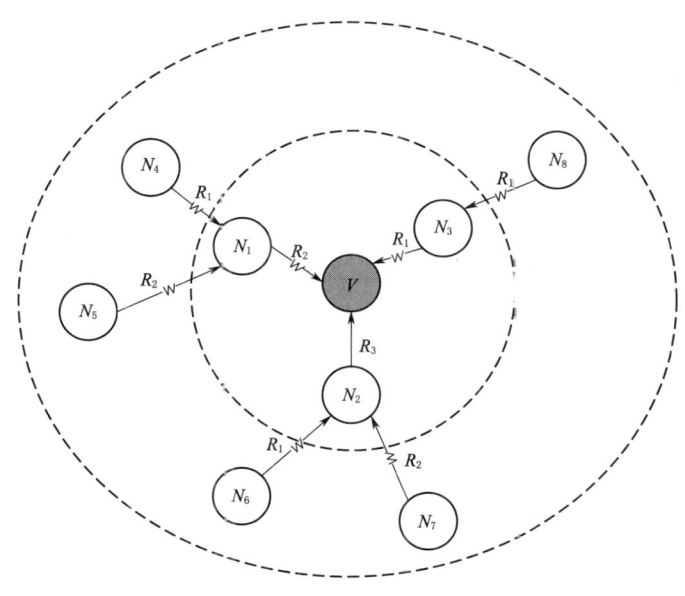

图 8.10　KGCN 流程图

对 $w_{R_i}^U$ 进行 Softmax 操作，使其归一化，公式如下：

$$w_{R_i}^U = \text{Softmax}_j(w_{R_i}^U) = \frac{\exp(w_{R_i}^U)}{\sum_{j \in N_{(V)}} \exp(w_{R_i}^U)} \tag{8.7}$$

式中：$N_{(V)}$ 为节点 V 的一阶邻居集合。

随后，对特征向量 $\tilde{v}$ 进行加权求和操作，具体如下：

$$\tilde{v} = \sum_{i \in N_{(V)}} \widetilde{w}_{R_i}^U e_i \tag{8.8}$$

式中：e_i 为第 i 个邻居的特征向量。

$\tilde{v}$ 执行一次信息聚合和一次或多次全连接层操作，利用下式获得目标项目 V 的特征向量 v，即

$$v = \sigma(W \text{agg}(\tilde{v}, e) + b) \tag{8.9}$$

式中：$\sigma(\cdot)$ 为非线性激活函数，如 ReLU、Sigmoid 等；W 为线性变换矩阵；b 为偏置项；$\text{agg}(\tilde{v}, e)$ 为 item 的另一个信息聚合；e 为项目的初始特征向量或上一轮迭代中项目 V 更新生成的向量。

聚合有三种类型：求和聚合、拼接聚合和邻接聚合。

将聚合向量引入式（8.9）以获得代表本轮 item V 的向量 v，然后再将其引入式（8.5）以获得预测值 $\hat{y}_{UV}$，并使用以下公式建立与真实值 y_{UV} 相关的损失函数，即

$$\text{loss} = L(y_{UV}, \hat{y}_{UV}) \tag{8.10}$$

式中：$L(\cdot)$ 为损失函数，例如，如果是 CTR 预测，则表示 BCE 损失函数；如果是评分预测，则表示平方差损失函数。

8.4.2 数据集

本节构建了一个基于 ASRE 知识图谱的推荐系统数据集，见表 8.4，推荐系统中的用户与知识图谱中的用户相对应，推荐系统中的项目与知识图谱中的 RIS、通信 AP、phase 和 plan 相对应。

表 8.4　　　　　　　ASREKG 推荐系统数据集

用户	ASREKG	数量	项目	ASREKG	数量
User	User	68	RIS	RIS	2
			communication AP	communication AP	2
			phase	phase	68
			plan	plan	68

8.4.3 评估指标

对于推荐系统任务，采用了标准的评估指标。其中包括 F1 - Score 和 AUC（ROC 曲线下面积）。

F1 - Score 和 AUC 是常用于评估推荐系统性能的指标。它们通常用于二元分类问题的性能评估，如判断用户是否对推荐项目感兴趣。

F1 - Score 的具体计算公式为

$$F1 - score = \frac{precison \times recall}{precision + recall} \quad (8.11)$$

F1 值越大越好，F1 值是精确度和召回率的调和平均值，综合了模型在正例和负例上的表现。

式（8.11）中，Precision 表示模型预测为正例的样本中实际为正例的比例，计算公式如下：

$$Precision = \frac{TP}{TP + FP} \quad (8.12)$$

Recall 表示模型正确预测的实际阳性样本比例，计算公式为

$$Recall = \frac{TP}{TP + FN} \quad (8.13)$$

式中：TP 为真阳性；FP 为假阳性；FN 为假阴性。

AUC 的具体计算公式为

$$AUC = \int_0^1 TPR(FPR^{-1}(t)) dt \quad (8.14)$$

式中：TPR 为真阳性率（也称召回率）；FPR 为假阳性率；$FPR^{-1}()$ 为在阈值 t 时 FPR 的反函数。

8.4.4 基线模型

为了验证在 KGCN 中构建的数据的有效性，将前面所提出的模型与该领域各种最先进的基线模型进行了比较，包括基于路径的实体解析模型（PER）、基于注意力机制的知识图谱表示学习模型（KGAT）和基于消息传递的知识图谱表示学习模型（Ripplenet）。

8.4.5 参数设置

本章使用 PyTorch 实现了模型，并将优化器固定为 Adam。本章使用网格搜索确认了每个模型的最佳参数设置。效果良好的超参数如下：学习率为 0.01、实体嵌入大小为 128、关系嵌入大小为 64、KGCN 模型的邻居数量为 2 以及数据集的批量大小为 32。

8.4.6 实验结果

图 8.11 和图 8.12 显示了基于 ASREKG 的推荐系统数据集的 F1 - Score 和 AUC 结果。红色表示在 KGCN 上的结果，蓝色表示在 KGAT 上的结果，紫色表示在 Ripplenet 上的结果，黑色表示在 PER 上的结果。KGCN 的训练 loss 为 0.03，KGCN 的 F1 - Score 比 KGAT 提高了约 7%，比 Ripplenet 提高了约 5%，比 PER 提高了约

13%，KGCN 的 AUC 比上述三个模型分别高出 4.6%、4.5% 和 19%。

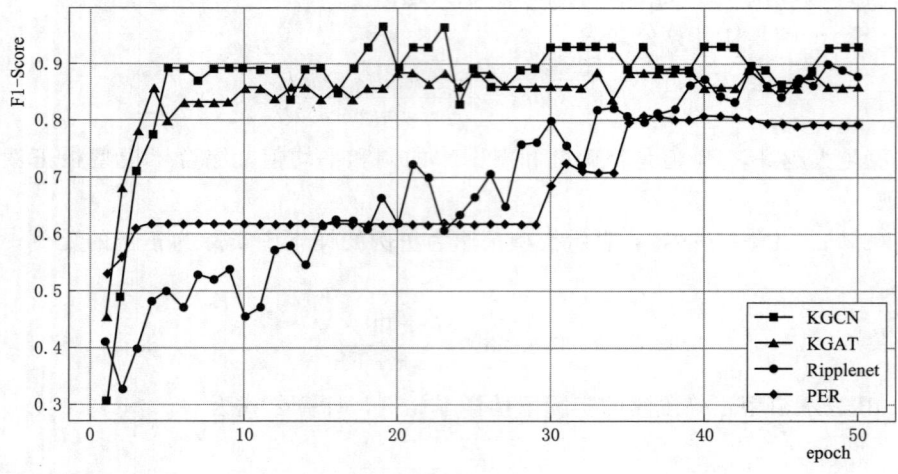

图 8.11　F1 - Score 对比

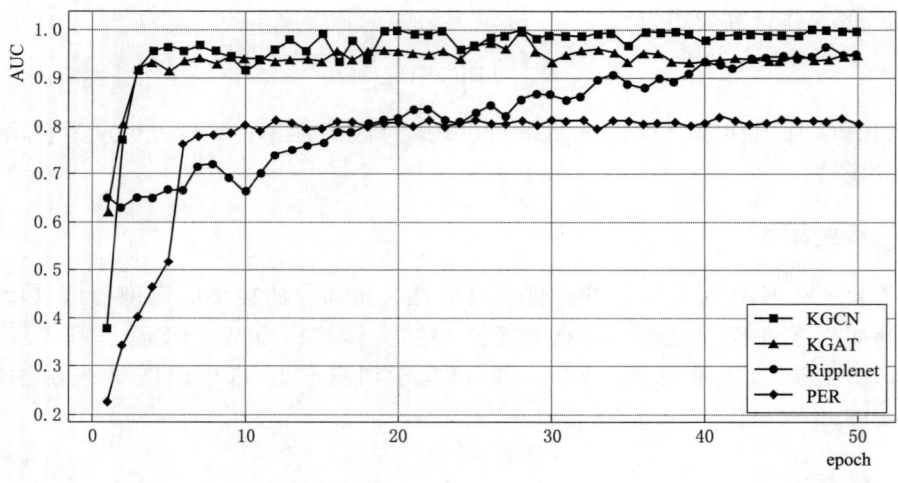

图 8.12　AUC 对比

8.5　本章小结

本章提出了一种基于 ASREKG 的推荐系统，旨在解决无线通信环境中的延迟问题。具体做法是基于 ASRE 构建 ASREKG，当环境中出现 ASREKG 中不存在的用户位置时，通过感知 AP 感知被感知目标的位置，利用关系预测将被感知目标对应的环境参数存入知识图谱，并构建 ASREKG 推荐系统，感知、知识图谱和推荐这三部分的紧密配合将确保系统性能适应无线通信环境的时变性。此外，通过预测和利用通信环境的潜在变化，无线环境有望实现自适应和部分智能化。未来的工作方向包括进一步优化推荐系统的性能，扩展到物联网等其他领域，考虑更多的环境参数，以及探索深度学习在环境感知中的应用。同时，还需要加强实验验证和实际应用，以验证系统的有效性，并不断改进和优化。

参 考 文 献

[1] ITU-R Working Party 5D. "Future technology trends for the evolution of IMT towards 2030 and beyond" Liaison statement. 2020.

[2] ITU Focus Group on Technologies for Network 2030 (FG-NET2030). "Network 2030: A blueprint of technology, applications and market drivers towards the year 2030 and beyond," White paper, May 2019.

[3] X. LI, J. GUO, C.-K. 温, et al. Multi-Task Learning-Based CSI Feedback Design in Multiple Scenarios [J]. IEEE Transactions on Communications, 2023, 71 (12): 7039-7055.

[4] 何遵文, 杜川, 张焱, 等. 多场景卫星通信信道动态建模与仿真实现 [J]. 电波科学学报, 2023, 38 (1): 87-95.

[5] A. T. AMAYA, A. DE AIMEIDA, R. LÜDERS. A Traffic-Aware Beacon Scheme for Cooperative Driving and Network Routing Trade-Off [J]. IEEE Transactions on Intelligent Transportation Systems, 2024, 25 (9): 11977-11990.

[6] S. J. SREERAJ, B. LAKSHMAN, R. GANTI, et al. Experimental Demonstration of Multi-channel Frequency Quadrupling for Analog Optical Fronthauling [J]. IEEE Photonics Technology Letters, 2024, 36 (8): 551-554.

[7] M. M. ŞAHIN, H. ARSLAN, K.-C. CHEN. Control of Electromagnetic Radiation on Coexisting Smart Radio Environment [J]. IEEE Open Journal of the Communications Society, 2022, (3): 557-573.

[8] K.-K. WONG, K.-F. TONG, Z. CHU, et al. A Vision toSmart Radio Environment: Surface Wave Communication Superhighways [J]. IEEE Wireless Communications, 2021, 28 (1): 112-119.

[9] Y. ZHAO, X. LV. Network Coexistence Analysis of RIS-Assisted Wireless Communications [J]. IEEE Access, 2022, (10): 63442-63454.

[10] X. CHENG, XIN CHENG, YAN LIN, et al. Joint Optimization for RIS-Assisted Wireless Communications: From Physical and Electromagnetic Perspectives [J]. IEEE Transactions on Communications, 2022, 70 (1): 606-620.

[11] I. YILDIRIM, A. UYRUS, E. BASAR. Modeling and Analysis of Reconfigurable Intelligent Surfaces for Indoor and Outdoor Applications in Future Wireless Networks [J]. IEEE Transactions on Communications, 2021, 69 (2): 1290-1301.

[12] M. D. RENZO, MEROUANE DEBBAH, DINH-THUY PHAN-HUY, et al. Smart radio environments empowered by AI reconfigurable meta-surfaces: An idea whose time has come [J]. EURASIP Journal on Wireless Communications and Networking volume, 2019, 129.

[13] Y. YANG, F. GAO, X. TAO, et al. Environment Semantics Aided Wireless Communications: A Case Study of mmWave Beam Prediction and Blockage Prediction [J]. IEEE Journal on Selected Areas in Communications, 2020, 41 (7): 2025-2040.

[14] M. Al-QURAAN et al. Enhancing Reliability in Federated mmWave Networks: A Practical and Scalable Solution using Radar-Aided Dynamic Blockage Recognition [J]. IEEE Transactions on

Mobile Computing, 2024, 23 (10): 10146-10160.

[15] S. WU, C. CHAKRABARTI, A. ALKHATEEB. LiDAR-Aided Mobile Blockage Prediction in Real-World Millimeter Wave Systems [J]. 2022 IEEE Wireless Communications and Networking Conference (WCNC), 2022, 2631-2636.

[16] E. PERALTA, et al. Reference Signal Design for Remote Interference Management in 5G New Radio [J]. 2019 European Conference on Networks and Communications (EuCNC), 2019: 559-564, doi: 10.1109/EuCNC.2019.8802014.

[17] A. Alkhateeb, et al. DeepSense 6G: A Large-Scale Real-World Multi-Modal Sensing and Communication Dataset [J]. IEEE Communications Magazine, 2023, 61 (9): 122-128.

[18] G. KE, Z. HONG, Z. ZENG, et al. CONAN: Contrastive Fusion Networks for Multi-view Clustering [J]. 2021 IEEE International Conference on Big Data (Big Data), Orlando, FL, USA, 2021, 653-660.

[19] ZHEN LI, BING XU, CONGHUI ZHU, et al. CLMLF: A Contrastive Learning and Multi-Layer Fusion Method for Multimodal Sentiment Detection [J]. 2022, arXiv: 2204.05515.

[20] RONGHAO LIN, HAIFENG HU. Multimodal Contrastive Learning via Uni-Modal Coding and Cross-Modal Prediction for Multimodal Sentiment Analysis [J]. 2022, arXiv: 2210.14556.

[21] E. KARGAR, V. KYRKI. Vision Transformer for Learning Driving Policies in Complex and Dynamic Environments [J]. 2022 IEEE Intelligent Vehicles Symposium (IV), Aachen, Germany, 2022, 1558-1564.

[22] H. ZHOU, S. ZHANG, J. PENG, et al. Informer: Beyond Efficient Transformer for Long Sequence Time Series Forecasting. 2020, [Online]. Available: http://arxiv.org/abs/2012.07436.

[23] J. GRIGSBY, Z. WANG, Y. QI. Long-Range Transformers for Dynamic Spatiotemporal Forecasting. 2021, [Online]. Available: http://arxiv.org/abs/2109.12218.

[24] A. ZENG, M. CHEN, L. ZHANG, et al. Are Transformers Effective for Time Series Forecasting?. May 2022. [Online]. Available: http://arxiv.org/abs/2205.13504.

[25] R. HU, A. SINGH. UniT: Multimodal Multitask Learning with a Unified Transformer. 2021. [Online]. Available: http://arxiv.org/abs/2102.10772.

[26] Q. ZHOU, R. LI, Z. ZHAO, et al. Semantic communication with adaptive universal transformer [J]. IEEE Wireless Commun. Lett, 2022, 11 (3): 453-457.

[27] W. TANG, M. CHEN, X. CHEN, et al. Wireless Communications with Reconfigurable Intelligent Surface: Path Loss Modeling and Experimental Measurement [J]. IEEE Transactions on Wireless Communications, 2021, 20 (1): 421-439.

[28] T. CHEN, et al. Model-Free Optimization and Experimental Validation of RIS-Assisted Wireless Communications Under Rich Multipath Fading [J]. IEEE Wireless Communications Letters, 2024, 13 (3): 627-631.

[29] N. I. MIRIDAKIS, T. A. TSIFTSIS, R. YAO. Zero Forcing Uplink Detection Through Large-Scale RIS: System Performance and Phase Shift Design [J]. IEEE Transactions on Communications, 2023, 71 (1): 569-579.

[30] E. BASAR. Reconfigurable Intelligent Surface-Based Index Modulation: A New Beyond MIMO Paradigm for 6G [J]. IEEE Transactions on Communications, 2020, 68 (5): 3187-3196.

[31] BAIYUN XIAO, YUE TIAN, WENDA LI, et al. Performance Analysis of Adaptive RIS-Assisted Clustering Strategies in Downlink Communication Systems [J]. in IEEE Internet of Things Journal, 2023, 10 (5): 4520-4530.

[32] WANKAI TANG, XIANGYU CHEN, MING ZHENG CHEN, et al. Path Loss Modeling and

Measurements for Reconfigurable Intelligent Surfaces in the Millimeter-Wave Frequency Band [J]. IEEE Transactions on Communications, 2022, 70 (9): 6259-6276.

[33] Z. PENG, Z. ZHANG, C. PAN, et al. Multiuser Full-Duplex Two-Way Communications via Intelligent Reflecting Surface [J]. IEEE Transactions on Signal Processing, 2021, 69: 837-851.

[34] Z. YANG, W. XU, C. HUANG, et al. Beamforming Design for Multiuser Transmission Through Reconfigurable Intelligent Surface [J]. IEEE Transactions on Communications, 2021, 69 (1): 589-601.

[35] Q. WU, S. ZHANG, B. ZHENG, et al. Intelligent Reflecting Surface Aided Wireless Communications: A Tutorial [J]. IEEE Transactions on Communications (Early Access), 2021.

[36] G. CHEN, Q. WU, R. LIU, et al. IRS Aided MEC Systems with Binary Offloading: A Unified Framework for Dynamic IRS Beamforming [J]. IEEE Journal on Selected Areas in Communications, 2023, 41 (2): 349-365.

[37] M. LIU, X. LI, B. NING, et al. Deep Learning-Based Channel Estimation for Double-RIS Aided Massive MIMO System [J]. IEEE Wireless Communications Letters, 2023, 12 (1): 70-74.

[38] M. JIAN et al. Reconfigurable intelligent surfaces for wireless communications: Overview of hardware designs, channel models, and estimation techniques [J]. Intelligent and Converged Networks, 2022, 3 (1): 1-32.

[39] 罗文宇，马怡乐，邵霞，等. 基于大规模可重构智能表面的近远场混合信道模型 [J]. 电子与信息学报, 2022, 44 (11): 3866-3873.

[40] M. D. RENZO, MEROUANE DEBBAH, et al. Smart radio environments empowered by AI reconfigurable meta-surfaces: An idea whose time has come [J]. EURASIP Journal on Wireless Communications and Networking volume, 2019, 129.

[41] M. DI RENZO, ALESSIO ZAPPONE, MEROUANE DEBBAH, et al. Smart Radio Environments Empowered by Reconfigurable Intelligent Surfaces: How It Works, State of Research, and The Road Ahead [J]. IEEE Journal on Selected Areas in Communications, 2020, 38 (11): 2450-2525.

[42] Q. WU, R. ZHANG. Towards Smart and Reconfigurable Environment: Intelligent Reflecting Surface Aided Wireless Network [J]. IEEE Communications Magazine, 2020, 58 (1): 106-112.

[43] C. LIASKOS, A. TSIOLIARIDOU, A. PITSILLIDES, et al. Design and development of software defined metamaterials for nanonetworks [J]. IEEE Circuits Syst. Mag, 2015, 15 (4): 12-25.

[44] NOUMAN ASHRAF, TAQWA SAEED, HAMIDREZA TAGHVAEE, et al. Intelligent Beam Steering for Wireless Communication Using Programmable Metasurfaces [J]. IEEE Transactions on Intelligent Transportation Systems, DOI: 10.1109/TITS.2023.3241214.

[45] S. ABADAL, C. LIASKOS, A. TSIOLIARIDOU et al. Computing and Communications for the Software-Defined Metamaterial Paradigm: A Context Analysis [J]. IEEE Access, 2017, 5: 6225-6235.

[46] A. ZAPPONE, M. DI RENZO, F. SHAMS, et al. Overhead-Aware Design of Reconfigurable Intelligent Surfaces in Smart Radio Environments [J]. IEEE Transactions on Wireless Communications, 2021, 20 (1): 126-141.

[47] 罗文宇，刘河潮. 基于可编程无线环境的太赫兹频段多射线信道模型 [J]. 通信学报, 2019, 040 (007): 162-168.

[48] 罗文宇，许丽，邵霞. 软件定义无线环境：技术、机遇与挑战 [J]. 电子学报, 2020, 48 (9):

1850 - 1859.

[49] M. RAHAL, B. DENIS, T. MAZLOUM, et al. RIS - aided Positioning Experiments based on mmWave Indoor Channel Measurements [C] //2023 13th International Conference on Indoor Positioning and Indoor Navigation (IPIN), IEEE, 2023, 1 - 6.

[50] K. - K. WONG, K. - F. TONG, Z. CHU, et al. A Vision to Smart Radio Environment: Surface Wave Communication Superhighways [J]. IEEE Wireless Communications, 2021, 28 (1): 112 - 119.

[51] R. LIU, Q. WU, M. DI RENZO, et al. A Path to Smart Radio Environments: An Industrial Viewpoint on Reconfigurable Intelligent Surfaces [J]. IEEE Wireless Communications, 2022, 29 (1): 202 - 208.

[52] C. LIASKOS, A. TSIOLIARIDOU, S. NIE, et al. An Interpretable Neural Network for Configuring Programmable Wireless Environments [J]. 2019 IEEE 20th International Workshop on Signal Processing Advances in Wireless Communications (SPAWC), Cannes, France, 2019, 1 - 5.

[53] G. C. ALEXANDROPOULOS, K. STYLIANOPOULOS, C. HUANG, et al. Pervasive Machine Learning for Smart Radio Environments Enabled by Reconfigurable Intelligent Surfaces [J]. in Proceedings of the IEEE, 2022, 110 (9): 1494 - 1525.

[54] W. WANG, W. ZHANG. Intelligent Reflecting Surface Configurations for Smart Radio Using Deep Reinforcement Learning [J]. IEEE Journal on Selected Areas in Communications, 2022, 40 (8): 2335 - 2346.

[55] C. SAIGRE - TARDIF, P. DEL HOUGNE. Self - Adaptive RISs Beyond Free Space: Convergence of Localization, Sensing, and Communication Under Rich - Scattering Conditions [J]. in IEEE Wireless Communications, 2023, 30 (1): 24 - 30.

[56] S. DOROKHIN, P. LYSOV, A. ADERKINA, et al. Reconfigurable Intelligent Surface MIMO Simulation using Quasi Deterministic Radio Channel Model [J]. 2022 IEEE International Conference on Advanced Networks and Telecommunications Systems (ANTS), Gandhinagar, Gujarat, India, 2022, 425 - 430.